U0389515

风力机空气动力性能计算方法

王同光 钟 伟 钱耀如 朱呈勇 著

科学出版社

北京

内 容 简 介

本书系统阐述了风力机空气动力性能的主流计算方法。首先介绍了与风力机有关的空气动力学基础理论，然后详细论述了叶素动量方法、涡尾迹方法和计算流体力学方法，给出了方法介绍、公式推导、计算流程和算例分析。这三种计算方法是风力机空气动力学从工程计算到理论研究的重要工具，相关论述具有突出的理论和实践意义。

本书可供从事风力机气动设计和仿真的专业技术人员使用，也可作为高等院校风能和空气动力学相关专业的本科生和研究生的参考教材。

图书在版编目 (CIP) 数据

风力机空气动力性能计算方法/王同光等著. —北京：科学出版社，2019.11
ISBN 978-7-03-062875-6

Ⅰ. ①风… Ⅱ. ①王… Ⅲ. ①风力发电机-空气动力学-计算方法
Ⅳ. ①TM315

中国版本图书馆 CIP 数据核字 (2019) 第 242416 号

责任编辑：惠　雪　曾佳佳／责任校对：樊雅琼
责任印制：师艳茹／封面设计：许　瑞

科学出版社 出版
北京东黄城根北街 16 号
邮政编码：100717
http://www.sciencep.com
三河市春园印刷有限公司 印刷
科学出版社发行　各地新华书店经销
*
2019 年 11 月第　一　版　开本：720×1000　1/16
2019 年 11 月第一次印刷　印张：14 1/4
字数：286 000
定价：129.00 元
(如有印装质量问题，我社负责调换)

前　　言

　　能源与环境是对当今世界政治、经济和科技产生重大影响的两大因素。目前，石油和煤炭等化石能源日益枯竭，且这些能源在被利用过程中会对环境造成污染。作为一种可再生的清洁能源，风能在能源和环境问题日益突出的时代，具备了大规模开发和商业化发展的市场条件，作为未来能源供应重要组成部分的战略地位受到世界各国的公认，风力发电在近三十年获得了迅速发展。

　　风力机是将风的动能转变为机械能的装置。古代风力机通常用于提水灌溉和碾磨谷物等作业，称为风车；现代风力机则主要用于产生电力，称为风力发电机。由于风车在当今已经很少使用，通常所说的风力机就是指风力发电机。风力机通常按照叶轮旋转轴线与风向的夹角划分为水平轴风力机和垂直轴风力机两类。水平轴风力机的旋转轴线与风向平行，而垂直轴风力机的旋转轴线与风向垂直。已经投入大规模应用的大型风力机绝大部分为水平轴风力机，本书的研究对象也主要针对水平轴风力机。当前主流大型风力机的主要部件有风轮、机舱、塔架、主轴、齿轮箱、发电机和控制器等。其中风轮是直接捕获风能的部件，目前最为常见的风轮由三个叶片组成。叶片的外形对风力机提取风能的效率发挥着决定性的作用，其设计方法来源于空气动力学原理。因此，开展风力机空气动力学的研究，掌握风力机空气动力性能计算方法，是风电产业的重要基础性工作。目前，在风力机空气动力学的工程应用和学术研究中，叶素动量方法、涡尾迹方法和计算流体力学方法是三种主流的计算和分析方法，也是本书重点阐述的内容。

　　风力机叶片一般展弦比大，在远离叶尖和叶根的大部分区域具有明显的二维流动特征，这为利用叶片剖面翼型的二维气动特性来计算叶片的整体气动特性提供了便利。叶素动量方法的基本思路是：将叶片沿展向分成若干小段，每一段称为一个叶素，假设各个叶素之间不存在气动干扰，结合动量理论建立当地诱导因子与叶素翼型气动力系数之间的关系式，并求出各个叶素处的诱导因子，进而获得各叶素受到的推力和扭矩，最后积分求得叶片整体的气动力。叶素/动量方法思路简明，模型实现相对简单，且计算量很小，有利于快速获得计算结果和多工况计算，得到了最广泛的工程应用。

　　涡尾迹方法将风力机流场看作是叶片附着涡和尾涡诱导的结果，不再借助动量理论求解诱导速度，而是通过毕奥–萨伐尔定律求解。其相对叶素动量方法的优势在于，放弃了叶素的二维假设，从而可以体现流场三维效应的影响。尾涡形状的描述是涡尾迹方法的关键，其描述方法主要有预定涡尾迹模型和自由涡尾迹模型。

预定涡尾迹模型的尾迹形状是当地半径和叶片处诱导速度的预定义函数,不直接求解叶片以外的空间诱导速度对尾涡形状的影响,是一种基于实验数据的半经验模型。自由涡尾迹模型通过求解整个流场的诱导速度确定尾涡形状,比预定涡尾迹模型有更好的理论基础和普遍适用性,可以用于复杂工况的计算和考虑叶片气动弹性的计算,以及其他预定涡尾迹模型难以胜任的场合。

　　无论是叶素动量方法还是涡尾迹方法,都依赖于风力机叶片所用翼型的气动力实验数据,且其理论基础决定了无法预测三维旋转效应和动态失速等复杂流动状态。作为流体力学重要分支之一的计算流体力学方法则可以克服以上缺陷。它使用数值方法对流体力学的控制方程进行求解,是一种通用的流场空间和时间信息求解方法。在风力机空气动力学研究中,计算流体力学方法因为具有许多先天的优点而受到越来越多的重视。计算流体力学方法求解获得的是风力机全流场的所有流动信息,在深入分析风力机流场特征方面具有其他方法不可比拟的优势。

　　本书分为四篇,共 12 章。第一篇为第 1~3 章,介绍了风力机空气动力学的基础知识,包括空气的物理性质、空气运动的数学描述方法以及翼型的基本知识。第二篇为第 4~6 章,论述了定常和非定常叶素动量方法,并介绍了各种必要的修正模型。第三篇为第 7~9 章,论述了定常和非定常的涡尾迹方法,包括预定涡尾迹模型和自由涡尾迹模型。第四篇为第 10~12 章,论述了计算流体力学方法,包括基于雷诺平均方法的风力机气动性能仿真和基于大涡模拟方法的风力机尾流仿真。第二篇、第三篇和第四篇的内容相对独立,对其中某一篇内容感兴趣的读者可以直接阅读。

　　本书大量内容是由王同光教授带领的南京航空航天大学江苏省风力机设计高技术研究重点实验室团队的成果,实验室的博士研究生汤洪伟、袁一平、郜志腾等承担了部分成果的总结和编写工作,硕士研究生陈恺、韩然、陈杰、唐泽灵等承担了部分文字整理工作,撰写过程中还得到了田琳琳、王珑、许波峰、张震宇、吴江海等的指导和帮助,一并向他们表示衷心的感谢! 本书的出版得到了国家 973 计划项目 "大型风力机的关键力学问题研究及设计实现"(项目编号:2014CB046200) 的资助。

　　本书涉及多种方法,在比较有限的时间内撰写完成,纰漏之处在所难免,敬请读者批评指正,以便再版时加以修订。

作　者

2019 年 7 月 26 日

目　　录

第二篇　叶素动量方法

第三篇　涡尾迹方法

第四篇　计算流体力学方法

第一篇
风力机空气动力学基础

空气动力学是一门研究空气运动规律及空气与物体之间相互作用力的科学，是现代流体力学的一个分支。风力机空气动力学是和风力机的出现、发展联系在一起的，涉及风力机的气动性能、稳定性和安全性等问题。因此，空气动力学是风力机设计所不可或缺的。

流体相对于物体的运动，可以在物体的外部进行，像空气流过风力机叶片、机舱和塔筒等部件的外表面；也可以在物体的内部进行，如空气在管道中的流动。无论是外部流动还是内部流动，都遵循一些共同的流动规律。研究风力机空气动力学需要认识流动现象的基本原理，找出其数学表达，还需要研究如何结合风力机的流动特征合理简化，获得工程实用的一系列计算方法和模型。本篇内容面向风力机空气动力学的研究和应用，介绍相关的流体力学基础知识。

第1章 空气的物理性质

固体物和流体做相对运动时，物体受到流体对它的作用力和力矩。风力机将风的动能转化为机械能，即是通过其旋转叶片与空气之间的相对运动实现的。风力机的空气动力学性能不仅取决于其叶片外形，更取决于空气的物理性质。本章主要介绍流体介质特别是空气的物理性质。

1.1 连续介质假设

空气是一种流体介质，其分子的平均自由程比分子本身的尺寸大得多。在标准状况下，空气分子的平均自由程约为 6.9×10^{-8}m，而空气分子的平均直径小于 3.5×10^{-10}m，两者之比约为 200:1。因此，从微观上来说，空气是一种有间隙的不连续介质。但是，在宏观的空气动力学研究中，详细地去研究分子的微观运动将导致极为庞大的分析和运算，对于绝大多数工程问题来说既不现实也没必要。当研究物体与空气的宏观运动时，可以采用连续介质假设，即把空气看成连绵一片的、没有间隙的、充满它所占据的空间的连续介质。事实上，包括气体和液体在内的流体在绝大多数情况下都适用连续介质假设。

由于采用了连续介质假设，在分析流体运动时，可以取一小块微元流体作为分析的对象，这块微元流体称为流体微团。流体微团中包含有许多流体分子，流体微团的特性反映了这些分子的统计特性。但是，相对于工程上物体的特征尺寸而言，流体微团的尺寸是无限微小的，可以近似地看成一个点。根据连续介质假设，可以把流体介质的宏观物理属性，如密度、速度、压强等看作是空间的连续函数，为各种数学工具的应用提供了条件。流体控制方程就是将数学推导用于流体微团动力学分析的成果。

1.2 压强、密度和温度

1.2.1 压强、密度和温度的定义

考虑流场中的一个面，这个面可以是真实的物面，例如物体表面，也可以是一个想象的面。压强就是气体分子在碰撞该面时，单位面积上所产生的法向力。压强通常定义在流场中的一个点上，或者是固体表面的一个点上。取流场中的任一点

B，并且设

$$\mathrm{d}A = B\text{所在元素的面积}$$

$$\mathrm{d}F = \text{压强在}\mathrm{d}A\text{一侧产生的力}$$

于是流场中 B 点的压强定义为

$$p = \lim_{\mathrm{d}A \to 0} \frac{\mathrm{d}F}{\mathrm{d}A} \tag{1-1}$$

密度定义为单位体积流体的质量。考虑流场中一点 B，并且设

$$\mathrm{d}V = \text{绕}B\text{点的微元体积}$$

$$\mathrm{d}m = \mathrm{d}V\text{内的流体质量}$$

于是流场中 B 点的密度为

$$\rho = \lim_{\mathrm{d}V \to 0} \frac{\mathrm{d}m}{\mathrm{d}V} \tag{1-2}$$

温度也是流体的一个重要属性，是表示物体冷热程度的物理量，微观上来讲是气体分子平均动能的标志，是气体分子大量热运动的体现。温度 T 可以由 $E_k = \frac{3}{2}kT$ 给出，其中 k 是玻尔兹曼常量，E_k 是分子平均动能。

1.2.2   理想气体状态方程

理想气体是气体分子运动论中所采用的一种模型气体 [1]。它的分子被看作是一种完全弹性的微小球粒，内聚力忽略不计，彼此只有在碰撞时才发生作用，微粒的实有总体积和气体所占空间相比较可以忽略不计。远离液态的气体基本符合这些假设，通常状况下的空气也基本符合这些假设。

理想气体的压强、密度和温度之间存在以下被称为理想气体状态方程的函数关系，理想气体状态方程最早由克拉佩龙 [2] 提出。

$$p = \frac{\overline{R}}{m}\rho T \tag{1-3}$$

式中，$\overline{R}$ 为普适气体常数，其数值为 $8.3145\mathrm{J/(mol \cdot K)}$；$m$ 为该气体的分子量；T 为热力学温度。如将 $\overline{R}/m$ 改用符号 R 表示，则式 (1-3) 可写为

$$p = \rho RT \tag{1-4}$$

式中，R 为气体常数，各种气体的数值各不相同。空气是由多种组分构成的混合物，按其组分的质量比例计算的气体常数为 $287.053\mathrm{J/(kg \cdot K)}$。

1.3 压缩性、黏性和传热性

1.3.1 压缩性

对气体施加压强, 气体的体积会发生变化。在一定温度条件下, 一定质量气体的体积或密度随压强变化而改变的特性, 叫做压缩性。

度量气体压缩性大小通常可用体积弹性模量, 其定义为产生单位相对体积变化所需的压强变化, 即

$$E = -\frac{\mathrm{d}p}{\mathrm{d}V/V} \tag{1-5}$$

式中, E 为气体的体积弹性模量; V 为一定质量气体的体积。对于一定质量的气体, 其体积与密度成反比例关系, 即

$$\frac{\mathrm{d}\rho}{\rho} = -\frac{\mathrm{d}V}{V} \tag{1-6}$$

因此, 气体的体积弹性模量可写为

$$E = \rho\frac{\mathrm{d}p}{\mathrm{d}\rho} \tag{1-7}$$

以上定义也适用于液体。在相同的压强增量作用下, 这种相对密度 (或体积) 变化的大小和体积弹性模量的值有关。不同介质的体积弹性模量不同, 因此其压缩性也各不相同。例如, 在常温下水的体积弹性模量约为 $2.1 \times 10^9 \mathrm{N/m}^2$, 当压强增加一个大气压时, 对应的相对密度变化为

$$\frac{\Delta\rho}{\rho} = \frac{\Delta p}{E} \approx 0.5 \times 10^{-4} \tag{1-8}$$

即一个大气压的压强变化引起的水的相对密度变化值只有万分之零点五, 因此通常情况下, 水可视为不可压缩流体。由于液体的体积弹性模量都比较大, 因此对大多数工程问题而言, 液体都可视为不可压缩流体。

在通常压强下, 空气的体积弹性模量比液体要小得多, 约为水的两万分之一。因此, 空气的密度容易随压强的改变而变化。对于具体流动问题, 是否考虑空气的压缩性, 应该根据流动过程中所产生的压强变化是否引起密度的显著变化而定。如果空气密度的相对变化非常小, 则气体的流动可以看作是不可压缩的。

根据伯努利方程 $p + \frac{1}{2}\rho v^2 = \mathrm{const}$ (v 是流速), 由流动引起的压强变化 Δp 可视作与动压头 $q = \frac{1}{2}\rho v^2$ 的量级相同, 所以式 (1-8) 变为 $\frac{\Delta\rho}{\rho} \approx \frac{q}{E}$。因此, 如果 $\Delta\rho/\rho \ll 1$, 则有 $q/E \ll 1$。于是, 如果动压头远小于弹性模量, 则说明气体的流动可以当作不可压缩流来处理。

如果在 $\dfrac{\Delta\rho}{\rho} \approx \dfrac{q}{E}$ 中引入声速，则可以用另一种方法来说明同样的结果。声速与介质弹性模量的关系为 $c^2 = E/\rho$，因此 $\Delta\rho/\rho \ll 1$ 也可以改写为 $\dfrac{\Delta\rho}{\rho} \approx \dfrac{\rho}{2}\dfrac{v^2}{E} \approx \dfrac{1}{2}\left(\dfrac{v}{c}\right)^2 \ll 1$。流速 v 与声速 c 之比 $Ma = \dfrac{v}{c}$，称为马赫数。根据上述讨论可得如下结论：如果 $\dfrac{1}{2}Ma^2 \ll 1$，则在讨论该气体流动时，可压缩性可以忽略不计。一般情况下，空气流动的马赫数小于 0.3 时，可以当作不可压缩流动来处理 [3]。

1.3.2　黏性

把一块无限薄的静止平板放在速度为 V_∞ 的一股直匀流中，使板面与气流速度平行，如图 1-1 所示。所谓直匀流，指的是来流的速度大小相等且彼此平行地流动。用尺寸十分小的测量气体速度的仪器，沿平板法线方向测量平板附近气体速度分布情况。图 1-1 给出了离平板前缘一定距离的截面上，沿平板法线方向气流速度分布的测量结果。由图可见：气流流过平板时，位于平板表面的那层气体完全贴附在平板表面上，气流速度降为零；随着逐渐远离平板，气流速度逐渐增大，直到离平板表面一定距离以后，气流速度才基本恢复到原来的来流值。由此可见，在平板上方，离平板距离不同，其对应的气流速度也不同。

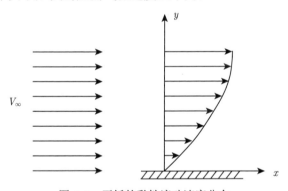

图 1-1　平板的黏性流动速度分布

气流速度之所以形成这样的变化，正是气体具有黏性的表现。造成气体具有黏性的主要原因是气体分子的不规则热运动，它使得不同速度的相邻气体层之间发生质量交换和动量交换。上层流动速度较大的气体分子进入下层时，就会带动下层气体加速；同样，下层流动速度较小的气体分子进入上层时，也会阻滞上层气体，使之减速。也就是说，相邻的两个流动速度不同的气体层之间，存在着互相牵扯的作用，这种作用称为黏性力或内摩擦力。与摩擦力相仿，黏性力或内摩擦力的方向总是阻滞速度较大的气体层使其减速，或牵动速度较小的气体层使其加速。在图1-1 所示的平板速度分布内，下层气体对上层气体作用的黏性力向左，而上层气体对下层气体作用的黏性力向右。显然，不同速度的气体层之间有内摩擦力，在紧靠平板表面的那层气体和平板表面之间也存在着摩擦力。

牛顿于 1678 年经实验研究指出，流体运动所产生的摩擦阻力与接触面积成正比，与沿接触面法线方向的速度梯度成正比，摩阻应力公式为

$$\tau = \mu \frac{\mathrm{d}u}{\mathrm{d}y} \tag{1-9}$$

式中，τ 为摩阻应力，即单位面积上的摩擦阻力；μ 为比例常数，称为流体的动力黏性系数，$\mathrm{N \cdot s/m^2}$；$\mathrm{d}u$ 为速度变化值，$\mathrm{d}y$ 为流层间沿 y 轴距离差，y 轴方向为垂直于平板方向。式 (1-9) 称为牛顿黏性定律。

不同的流体介质的黏性系数值各不相同，并且黏性系数随温度变化而变化，但与压强基本无关。实验证明，气体的黏性系数随温度升高而增大。其原因是当温度升高时，气体无规则热运动速度加大，引起速度不同的相邻气体层之间的质量交换和动量交换加剧。当温度为 288.15K 时，空气的黏性系数值为 $1.7894 \times 10^{-5} \mathrm{N \cdot s/m^2}$。

空气黏性系数随温度变化的关系，有许多近似公式可以应用，其中最常用的是萨瑟兰 (Sutherland) 公式 [4]，即

$$\frac{\mu}{\mu_0} = \left(\frac{T}{288.15}\right)^{3/2} \frac{288.15 + C}{T + C} \tag{1-10}$$

式中，μ_0 为温度等于 288.15K 时空气的黏性系数值；C 为常数，其值为 110.4K。

在空气动力学的许多问题里，惯性力总是和黏性力同时存在，动力黏性系数和密度的比值起着重要作用，有时用它们的比值来表示气体的黏性更为方便，即

$$\nu = \frac{\mu}{\rho} \tag{1-11}$$

式中，ν 为运动黏性系数，单位是 $\mathrm{m^2/s}$。运动黏性系数的量纲中只有长度和时间，都是运动学中的量。当温度为 288.15K，空气的运动黏性系数为 $1.4607 \times 10^{-5} \mathrm{m^2/s}$。

1.3.3 传热性

当气体中沿某一方向存在温度梯度时，热量就会由温度高的地方传向温度低的地方，这种性质称为气体的传热性。实验表明，单位时间内所传递的热量与传热面积成正比，与沿热流方向的温度梯度成正比，即

$$q = -\lambda \frac{\partial T}{\partial n} \tag{1-12}$$

式中，q 表示单位时间通过单位面积的热量，单位是 $\mathrm{J/(m^2 \cdot s)}$；$\partial T/\partial n$ 为温度梯度，单位是 $\mathrm{K/m}$；λ 是比例系数，称之为导热系数，单位为 $\mathrm{J/(m \cdot K \cdot s)}$。式 (1-12) 中负号表示热流量传递的方向永远和温度梯度的方向相反。

　　流体的导热系数值随流体介质不同而不同，同一种流体介质的导热系数随温度的变化略有差异。在通常温度范围，空气的导热系数为 $2.47 \times 10^{-2} \mathrm{J}/(\mathrm{m} \cdot \mathrm{K} \cdot \mathrm{s})$。由于空气的导热系数小，风力机流场的温度梯度不大，在分析风力机流场时一般可以忽略空气的传热性。

1.4　无黏假设和不可压缩假设

1.4.1　无黏假设

　　在风力机叶片与空气的相对流动中，黏性的作用通常只体现在紧贴叶片表面的很薄的一层范围 (边界层) 内。在这一薄层内，在与叶片表面垂直方向上的速度梯度很大，因而黏性力比较大。在这一薄层以外的区域，由于各层气体之间速度梯度一般不大，黏性力也就很小，甚至可以忽略。风力机空气动力学的分析方法，有相当一部分基于无黏假设，即忽略空气黏性的作用。根据无黏假设计算出来的叶片气动力和流场图画，多数情况下与实验结果比较一致。

　　但值得指出的是，流体的黏性在某些情况下会对风力机的气动特性产生明显的影响，采用无黏假设会导致计算结果与实际情况之间出现明显差异。例如，当叶片剖面的实际迎角过大，以至于出现了明显的流动分离现象，无黏假设将不再适用；在研究阻力问题时，无黏假设也无法描述摩擦阻力的产生；在风力机尾流场，黏性的作用十分显著，且常涉及湍流，因此无黏假设不能描述尾流场的发展 [5]。

1.4.2　不可压缩假设

　　风力机叶轮在空气中旋转时，叶片周围的空气速度有所变化，随之引起压强的变化及由此而造成的密度变化。现有风力机叶片叶尖处的旋转线速度大多低于 100 m/s，最高也没有超过 $0.3Ma$，空气密度的相对变化不大。因此，假设空气不可压缩，在风力机空气动力学分析中是合理的。实际应用表明，基于不可压缩假设所得结果与实际情况基本一致。

　　如果既不考虑空气的压缩性，也不考虑空气的黏性，将极大简化风机气动性能的分析。风力机气动性能计算中应用最广泛的叶素动量方法 [6]，即是基于不可压缩假设和无黏假设推导得出。

参 考 文 献

[1]　Karamcheti K. Principles of Ideal-Fluid Aerodynamics[M]. New York：Wiley, 1966.

[2]　Clapeyron É. Mémoire sur la puissance motrice de la chaleur[J]. Journal de l'École Polytechnique, 1834, 14: 153-190.

[3]　Schlichting H , Gersten K . Boundary-Layer Theory[M]. New York：McGraw-Hill, 1955.

[4] Sutherland W. LII. The viscosity of gases and molecular force[J]. The London, Edinburgh, and Dublin Philosophical Magazine and Journal of Science, 1893, 36(223): 507-531.

[5] Qian Y R, Wang T G. Numerical investigations of wake interactions of two wind turbines in tandem[J]. Modern Physics Letters B, 2018, 32(12-13): 1840008.

[6] Hansen M O L . 风力机空气动力学 [M]. 2 版. 肖劲松译. 北京：中国电力出版社, 2009.

第 2 章　空气运动的描述

空气动力学研究的是运动流体,本章利用自然科学中的三大守恒定律:质量守恒、动量守恒和能量守恒,推导出流体力学中的几个重要方程:连续方程、欧拉运动方程、伯努利方程和有黏流动的运动方程,以此来描述流体微团的运动。空气流过风力机叶片时,多数时候黏性影响显著的区域仅限于物体表面的边界层,因此,本章将对风力机空气动力学涉及的边界层理论进行简单介绍。

2.1　流体微团的运动

2.1.1　流体微团运动的分析

流体运动与刚体运动不同。刚体运动是由平移运动和绕某瞬时轴的旋转运动所组成,而流体运动除了具有类似于刚体的平移和旋转运动外,通常还具有变形运动 (包括直线变形和剪切变形)。因流体运动较刚体运动多了变形运动形式,所以流体运动方程要比刚体运动方程复杂得多。

二维情况下流体微团运动及变形情况如图 2-1 所示。图中任取了一个矩形流体微团 $ABCD$,其相邻两边的边长分别是 δ_x、δ_y,且 δ_x、δ_y 均为小量。设 v_x、v_y 为 A 点处流体微团的分速度,且都是空间点坐标的连续函数,则 B、D 两点的速

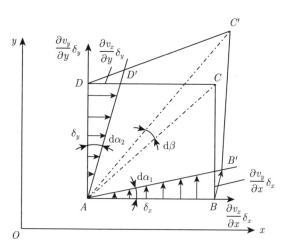

图 2-1　二维流场中的流体微团

度可用 A 点速度的泰勒展开式表达。忽略二阶以上小量，可得 B 点的分速度为

$$v_{Bx} = v_x + \frac{\partial v_x}{\partial x}\delta_x \tag{2-1}$$

$$v_{By} = v_y + \frac{\partial v_y}{\partial x}\delta_x \tag{2-2}$$

由此可得 B 点相对于 A 点在 x 轴和 y 轴方向的速度增量分别为

$$v_{Bx} - v_x = \frac{\partial v_x}{\partial x}\delta_x \tag{2-3}$$

$$v_{By} - v_y = \frac{\partial v_y}{\partial x}\delta_x \tag{2-4}$$

同理，可得 D 点相对于 A 点在 x 轴和 y 轴方向的速度增量分别为

$$v_{Dx} - v_x = \frac{\partial v_x}{\partial y}\delta_y \tag{2-5}$$

$$v_{Dy} - v_y = \frac{\partial v_y}{\partial y}\delta_y \tag{2-6}$$

由此可见，在单位时间内，矩形的角点 B、D 除了随 A 点一起平移外，相对 A 点的移动量还有 $\frac{\partial v_x}{\partial x}\delta_x$, $\frac{\partial v_y}{\partial x}\delta_x$, $\frac{\partial v_x}{\partial y}\delta_y$, $\frac{\partial v_y}{\partial y}\delta_y$。

相对速度 $\frac{\partial v_x}{\partial x}\delta_x$ 和 $\frac{\partial v_y}{\partial y}\delta_y$ 是矩形 $ABCD$ 边线的直线变形速度，在 $\mathrm{d}t$ 时间内 AB 边伸长到 $AB' = AB + \frac{\partial v_x}{\partial x}\delta_x\mathrm{d}t$，$AD$ 边伸长到 $AD' = AD + \frac{\partial v_y}{\partial y}\delta_y\mathrm{d}t$，见图 2-2。

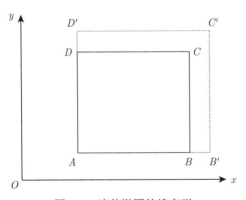

图 2-2 流体微团的线变形

矩形 $ABCD$ 的面积相对变化率为

$$\frac{\mathrm{d}(\delta S)}{\delta S \cdot \mathrm{d}t} = \frac{AB' \cdot AD' - AB \cdot AD}{AB \cdot AD \cdot \mathrm{d}t} \tag{2-7}$$

δS 为矩形 $ABCD$ 的面积, 它等于 $\delta_x\delta_y$。在略去高阶小量的情况下

$$\frac{\mathrm{d}(\delta S)}{\delta S \cdot \mathrm{d}t} = \frac{\partial v_x}{\partial x} + \frac{\partial v_y}{\partial y} \tag{2-8}$$

将以上分析推广到三维情况, 可得流体微团体积的相对变化率为三个方向变形率的代数和, 即

$$\frac{\mathrm{d}(\delta V)}{\delta V \cdot \mathrm{d}t} = \frac{\partial v_x}{\partial x} + \frac{\partial v_y}{\partial y} + \frac{\partial v_z}{\partial z} \tag{2-9}$$

式中, δV 是原微团的体积, 它等于 $\delta_x\delta_y\delta_z$。

相对速度 $\frac{\partial v_y}{\partial x}\delta_x$ 和 $\frac{\partial v_x}{\partial y}\delta_y$ 表示了 AB 边和 AD 边绕 A 点为瞬时轴的转动。若规定逆时针转动为正, 显然, AB 边转动的角速度为

$$\frac{\mathrm{d}\alpha_1}{\mathrm{d}t} = \frac{\partial v_y}{\partial x}\delta_x/\delta_x = \frac{\partial v_y}{\partial x} \tag{2-10}$$

AD 边转动的角速度为

$$\frac{\mathrm{d}\alpha_2}{\mathrm{d}t} = -\frac{\partial v_x}{\partial y}\delta_y/\delta_y = -\frac{\partial v_x}{\partial y} \tag{2-11}$$

若将 AB 边和 AD 边绕 z 轴转动角速度的平均值定义为微团绕 z 轴的转动角速度 ε_z, 则有

$$\varepsilon_z = \frac{1}{2}\left(\frac{\partial v_y}{\partial x} - \frac{\partial v_x}{\partial y}\right) \tag{2-12}$$

若将 AB 边和 AD 边在单位时间内的夹角变化量的一半定义为微团在 z 轴上的角变形率, 于是有

$$\gamma_z = \frac{1}{2}\left(\frac{\partial v_y}{\partial x} + \frac{\partial v_x}{\partial y}\right) \tag{2-13}$$

同理可得对于三维情况, 流体微团的转动角速度和角变形率分别为

$$\begin{cases} \varepsilon_x = \frac{1}{2}\left(\frac{\partial v_z}{\partial y} - \frac{\partial v_y}{\partial z}\right) \\ \varepsilon_y = \frac{1}{2}\left(\frac{\partial v_x}{\partial z} - \frac{\partial v_z}{\partial x}\right) \\ \varepsilon_z = \frac{1}{2}\left(\frac{\partial v_y}{\partial x} - \frac{\partial v_x}{\partial y}\right) \end{cases} \tag{2-14}$$

$$\begin{cases} \gamma_x = \frac{1}{2}\left(\frac{\partial v_z}{\partial y} + \frac{\partial v_y}{\partial z}\right) \\ \gamma_y = \frac{1}{2}\left(\frac{\partial v_x}{\partial z} + \frac{\partial v_z}{\partial x}\right) \\ \gamma_z = \frac{1}{2}\left(\frac{\partial v_y}{\partial x} + \frac{\partial v_x}{\partial y}\right) \end{cases} \tag{2-15}$$

由此可见，流体微团的运动，除了像刚体那样有平移运动和旋转运动外，还包含着线变形运动 (体积变化) 和角变形运动。流体微团的旋转运动和角变形运动，由式 (2-14) 和式 (2-15) 中的六个交叉偏导数决定。

2.1.2 速度散度及其物理意义

在流体力学中，定义各速度分量在其分量方向上的方向导数之和为速度矢量的散度，即

$$\nabla \cdot \boldsymbol{v} = \frac{\partial v_x}{\partial x} + \frac{\partial v_y}{\partial y} + \frac{\partial v_z}{\partial z} \tag{2-16}$$

若在流场中取一固定的矩形六面体，其边长分别为 δ_x、δ_y、δ_z，见图 2-3。设六面体中心的速度分量为 v_x、v_y、v_z，且各速度分量为空间点坐标的连续函数。图 2-3 中标出了控制面上的垂直速度分量，各面上速度分量的大小可通过在中心点的泰勒级数展开式得到。因此，可得垂直于 x 轴的左右两侧平面上平均速度分量分别为 $v_x - \frac{\partial v_x}{\partial x}\frac{\delta_x}{2}$ 和 $v_x + \frac{\partial v_x}{\partial x}\frac{\delta_x}{2}$。因为垂直于 x 轴的两平面的面积是 $\delta_y \delta_z$，所以通过左侧平面流入控制体的体积流量为 $\left[v_x - \frac{\partial v_x}{\partial x}\frac{\delta_x}{2}\right] \delta_y \delta_z$，通过右侧平面流出控制体的体积流量为 $\left[v_x + \frac{\partial v_x}{\partial x}\frac{\delta_x}{2}\right] \delta_y \delta_z$，通过这两个平面的净流出体积流量为 $\frac{\partial v_x}{\partial x}\delta_x \delta_y \delta_z$。

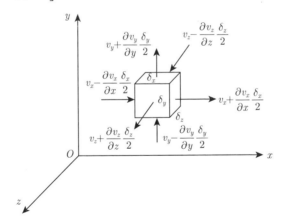

图 2-3　各控制面上的垂直速度分量

同理推论到其他四个平面，便可得单位体积控制体在单位时间内的净流出体积流量为 $\frac{\partial v_x}{\partial x} + \frac{\partial v_y}{\partial y} + \frac{\partial v_z}{\partial z}$，它与流体微团在运动中体积相对变化率相等。因此，速度的散度的物理意义是流体微团在运动过程中的相对体积变化率。

2.1.3 旋度与速度位

流体微团的旋转角速度之前是用相应的速度分量的交叉导数表达，但在分析

问题时多采用旋度，且定义旋度为旋转角速度的两倍，

$$\nabla \times \boldsymbol{v} = \left(\frac{\partial v_z}{\partial y} - \frac{\partial v_y}{\partial z}\right)\boldsymbol{i} + \left(\frac{\partial v_x}{\partial z} - \frac{\partial v_z}{\partial x}\right)\boldsymbol{j} + \left(\frac{\partial v_y}{\partial x} - \frac{\partial v_x}{\partial y}\right)\boldsymbol{k} \tag{2-17}$$

在流体力学中，可根据流体微团是否有旋转运动，而将流体运动分为有旋流动和无旋流动两大类。在流场中，如果流体微团不发生旋转运动即旋度为 0，则称这种运动为无旋流动。反之，如果旋度不为 0，则称有旋流动。若流动是无旋流动，从式 (2-17) 可得

$$\begin{cases} \dfrac{\partial v_z}{\partial y} = \dfrac{\partial v_y}{\partial z} \\[2mm] \dfrac{\partial v_x}{\partial z} = \dfrac{\partial v_z}{\partial x} \\[2mm] \dfrac{\partial v_y}{\partial x} = \dfrac{\partial v_x}{\partial y} \end{cases} \tag{2-18}$$

由数学分析可知，上式是 $v_x\mathrm{d}x + v_y\mathrm{d}y + v_z\mathrm{d}z$ 能够成为某一函数 $\phi(x,y,z)$ 的全微分的充分必要条件。因此在无旋流动中，必然存在这样一个函数 ϕ，它的全微分等于

$$\mathrm{d}\phi = v_x\mathrm{d}x + v_y\mathrm{d}y + v_z\mathrm{d}z = \frac{\partial \phi}{\partial x}\mathrm{d}x + \frac{\partial \phi}{\partial y}\mathrm{d}y + \frac{\partial \phi}{\partial z}\mathrm{d}z \tag{2-19}$$

式中，$\phi(x,y,z)$ 称为速度位函数，是标量。由式 (2-19) 可得

$$v_x = \frac{\partial \phi}{\partial x}, \quad v_y = \frac{\partial \phi}{\partial y}, \quad v_z = \frac{\partial \phi}{\partial z} \tag{2-20}$$

在柱坐标系 (r,θ,z) 下

$$v_r = \frac{\partial \phi}{\partial r}, \quad v_\theta = \frac{1}{r}\frac{\partial \phi}{\partial \theta}, \quad v_z = \frac{\partial \phi}{\partial z} \tag{2-21}$$

2.2　连续方程

流体在运动时，应服从一条普遍规律，即质量守恒定律。这条普遍规律在空气动力学中的数学表达式称为连续方程。

如果将 2.1 节中对六面体体积流量的分析应用到六面体质量流量的分析，那么在 dt 时间内，六面体净流出的质量流量为 $\left[\dfrac{\partial(\rho v_x)}{\partial x} + \dfrac{\partial(\rho v_y)}{\partial y} + \dfrac{\partial(\rho v_z)}{\partial z}\right]\delta_x\delta_y\delta_z\mathrm{d}t$。

另一方面，流体密度随时间的变化会影响六面体内流体的质量。设在 t 时刻六面体内流体的平均密度为 ρ，$t+\mathrm{d}t$ 时的平均密度为 $\rho + \dfrac{\partial \rho}{\partial t}\mathrm{d}t$，则在 dt 时间内由于密度的变化而使六面体内增加的流体质量为 $\dfrac{\partial \rho}{\partial t}\delta_x\delta_y\delta_z\mathrm{d}t$。

根据质量守恒定律，流出六面体的流体质量应该等于六面体内流体质量的减少，于是有

$$\frac{\partial \rho}{\partial t} + \frac{\partial(\rho v_x)}{\partial x} + \frac{\partial(\rho v_y)}{\partial y} + \frac{\partial(\rho v_z)}{\partial z} = 0 \qquad (2\text{-}22)$$

用矢量表达的形式为

$$\frac{\partial \rho}{\partial t} + \nabla \cdot (\rho \boldsymbol{v}) = 0 \qquad (2\text{-}23)$$

这就是微分形式的连续方程。

若流动是定常的，则 $\frac{\partial \rho}{\partial t} = 0$，则连续方程具有下列形式：

$$\frac{\partial(\rho v_x)}{\partial x} + \frac{\partial(\rho v_y)}{\partial y} + \frac{\partial(\rho v_z)}{\partial z} = 0 \qquad (2\text{-}24)$$

或

$$\nabla \cdot (\rho \boldsymbol{v}) = 0 \qquad (2\text{-}25)$$

式 (2-22) 可以写成

$$\frac{\partial \rho}{\partial t} + v_x \frac{\partial \rho}{\partial x} + v_y \frac{\partial \rho}{\partial y} + v_z \frac{\partial \rho}{\partial z} + \rho \left(\frac{\partial v_x}{\partial x} + \frac{\partial v_y}{\partial y} + \frac{\partial v_z}{\partial z} \right) = 0 \qquad (2\text{-}26)$$

上式中前四项是 ρ 对 t 的全导数，因此可以得到另一个形式的连续方程

$$\frac{\mathrm{D}\rho}{\mathrm{D}t} + \rho \left(\frac{\partial v_x}{\partial x} + \frac{\partial v_y}{\partial y} + \frac{\partial v_z}{\partial z} \right) = 0 \qquad (2\text{-}27)$$

对于定常不可压缩流体，$\rho = \text{const}$，即 $\frac{\mathrm{D}\rho}{\mathrm{D}t} = 0$，由式 (2-27) 可得不可压缩流体定常流动时的连续方程

$$\frac{\partial v_x}{\partial x} + \frac{\partial v_y}{\partial y} + \frac{\partial v_z}{\partial z} = 0 \qquad (2\text{-}28)$$

或

$$\nabla \cdot \boldsymbol{v} = 0 \qquad (2\text{-}29)$$

2.3 无黏流动的运动方程

2.3.1 欧拉运动方程

在理想流体中，应用牛顿第二定律，可以建立起流体微团上所作用的力和它的加速度之间的微分关系式，这种关系式称为欧拉方程。

　　牛顿第二定律指出，给定流体微团的动量的变化取决于流体微团的受力。若流体微团的质量为 $\rho\delta_x\delta_y\delta_z$，牛顿第二定律的数学表达式为

$$\boldsymbol{F}(\delta_x\delta_y\delta_z) = \frac{\mathrm{d}}{\mathrm{d}t}(\rho\delta_x\delta_y\delta_z\boldsymbol{v}) \tag{2-30}$$

式中，$\boldsymbol{F}$ 为作用在微团单位体积上的力，包括表面力和彻体力。上式右端为微团所具有的动量随时间的变化率。根据质量守恒定律，流体微团的 $\rho\delta_x\delta_y\delta_z$ 保持为常数，上式可简写为

$$\boldsymbol{F}'(\delta_x\delta_y\delta_z) = \rho\delta_x\delta_y\delta_z\frac{\mathrm{d}\boldsymbol{v}}{\mathrm{d}t} \tag{2-31}$$

式 (2-31) 对可压和不可压流动都适用。

　　现通过图 2-4 来分析理想流体中流体微团所受的表面力以及彻体力对微团加速度的影响。在理想流体中微团表面不受切向力。为了方便起见，在流场中划出一块微元六面体，边长分别为 δ_x、δ_y、δ_z，见图 2-4，并且只讨论 x 方向的力，至于 y 和 z 方向的力可以用类似的方法得到。设流体微团中心点的坐标为 (x, y, z)，压强为 p。由于压强是连续分布的，将压强函数作泰勒展开并只保留前两项，结果得到作用在垂直于 x 轴左侧表面中心点的压强为 $p - \dfrac{\partial p}{\partial x}\dfrac{\delta_x}{2}$，也是左侧表面上的平均压强。左侧表面的压力为 $\left(p - \dfrac{\partial p}{\partial x}\dfrac{\delta_x}{2}\right)\delta_y\delta_z$，指向正 x。右侧表面的压力为 $\left(p + \dfrac{\partial p}{\partial x}\dfrac{\delta_x}{2}\right)\delta_y\delta_z$，指向负 x，于是沿 x 轴向整个左右侧表面的合力为

$$\left(p - \frac{\partial p}{\partial x}\frac{\delta_x}{2}\right)\delta_y\delta_z - \left(p + \frac{\partial p}{\partial x}\frac{\delta_x}{2}\right)\delta_y\delta_z = -\frac{\partial p}{\partial x}\delta_x\delta_y\delta_z \tag{2-32}$$

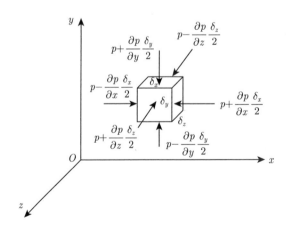

图 2-4　流体微团受力图

其次设 X, Y, Z 分别表示单位质量的彻体力在 x, y, z 轴上的投影。这块流体的质量是 $\rho\delta_x\delta_y\delta_z$，所以其所受彻体力在 x 轴方向的投影为 $\rho\delta_x\delta_y\delta_z \cdot X$。

加速度的表达式是

$$
\begin{cases}
a_x = \dfrac{\mathrm{D}v_x}{\mathrm{D}t} = \dfrac{\partial v_x}{\partial t} + v_x\dfrac{\partial v_x}{\partial x} + v_y\dfrac{\partial v_x}{\partial y} + v_z\dfrac{\partial v_x}{\partial z} \\[2mm]
a_y = \dfrac{\mathrm{D}v_y}{\mathrm{D}t} = \dfrac{\partial v_y}{\partial t} + v_x\dfrac{\partial v_y}{\partial x} + v_y\dfrac{\partial v_y}{\partial y} + v_z\dfrac{\partial v_y}{\partial z} \\[2mm]
a_z = \dfrac{\mathrm{D}v_z}{\mathrm{D}t} = \dfrac{\partial v_z}{\partial t} + v_x\dfrac{\partial v_z}{\partial x} + v_y\dfrac{\partial v_z}{\partial y} + v_z\dfrac{\partial v_z}{\partial z}
\end{cases}
\tag{2-33}
$$

应用牛顿第二定律，则可得 x 方向的关系式为

$$
\rho\delta_x\delta_y\delta_z \cdot X - \frac{\partial p}{\partial x}\delta_x\delta_y\delta_z = \frac{\mathrm{D}v_x}{\mathrm{D}t}\rho\delta_x\delta_y\delta_z
\tag{2-34}
$$

用这块流体的质量除上式两端，则得到单位质量的形式

$$
\begin{cases}
X - \dfrac{1}{\rho}\dfrac{\partial p}{\partial x} = \dfrac{\mathrm{D}v_x}{\mathrm{D}t} \\[2mm]
Y - \dfrac{1}{\rho}\dfrac{\partial p}{\partial y} = \dfrac{\mathrm{D}v_y}{\mathrm{D}t} \\[2mm]
Z - \dfrac{1}{\rho}\dfrac{\partial p}{\partial z} = \dfrac{\mathrm{D}v_z}{\mathrm{D}t}
\end{cases}
\tag{2-35}
$$

这就是直角坐标系中的理想流体的运动微分方程，称为欧拉运动方程[1]，既可应用于理想可压流，也可应用于理想不可压流。

如果将式 (2-35) 中的加速度项展开，则可把欧拉方程写成如下的形式：

$$
\begin{cases}
X - \dfrac{1}{\rho}\dfrac{\partial p}{\partial x} = \dfrac{\partial v_x}{\partial t} + v_x\dfrac{\partial v_x}{\partial x} + v_y\dfrac{\partial v_x}{\partial y} + v_z\dfrac{\partial v_x}{\partial z} \\[2mm]
Y - \dfrac{1}{\rho}\dfrac{\partial p}{\partial y} = \dfrac{\partial v_y}{\partial t} + v_x\dfrac{\partial v_y}{\partial x} + v_y\dfrac{\partial v_y}{\partial y} + v_z\dfrac{\partial v_y}{\partial z} \\[2mm]
Z - \dfrac{1}{\rho}\dfrac{\partial p}{\partial z} = \dfrac{\partial v_z}{\partial t} + v_x\dfrac{\partial v_z}{\partial x} + v_y\dfrac{\partial v_z}{\partial y} + v_z\dfrac{\partial v_z}{\partial z}
\end{cases}
\tag{2-36}
$$

式 (2-36) 这三个微分式描述了气流里压强的变化和速度的变化以及彻体力的关系。如果把速度的变化和彻体力的存在看作是压强有变化的原因，当彻体力为零，则只有速度变化产生压强变化，正加速度将产生负压强梯度。也就是说，在流动过程中如果流速越来越大时，相应的压强必是越来越小，或者说加速过程是对应于压强下降的；反之，流速下降的过程对应于压强上升。

欧拉运动微分方程组 (2-36) 还可以改写为另外的形式。为此进行变换，先变换其第一式，在方程组第一式右边加上下列各项 $\pm v_y\dfrac{\partial v_y}{\partial x}$, $\pm v_z\dfrac{\partial v_z}{\partial x}$，可得

$$
X - \frac{1}{\rho}\frac{\partial p}{\partial x} = \frac{\partial v_x}{\partial t} + \left(v_x\frac{\partial v_x}{\partial x} + v_y\frac{\partial v_y}{\partial x} + v_z\frac{\partial v_z}{\partial x}\right)
$$

$$+ v_y \left(\frac{\partial v_x}{\partial y} - \frac{\partial v_y}{\partial x} \right) + v_z \left(\frac{\partial v_x}{\partial z} - \frac{\partial v_z}{\partial x} \right) \tag{2-37}$$

不难看出, 在第一个括号内, 是二分之一的速度平方对 x 的偏微分, 即

$$\frac{\partial}{\partial x} \left(\frac{v^2}{2} \right) = \frac{\partial}{\partial x} \left(\frac{v_x^2 + v_y^2 + v_z^2}{2} \right) = v_x \frac{\partial v_x}{\partial x} + v_y \frac{\partial v_y}{\partial x} + v_z \frac{\partial v_z}{\partial x} \tag{2-38}$$

所以

$$X - \frac{1}{\rho} \frac{\partial p}{\partial x} - \frac{\partial}{\partial x} \left(\frac{v^2}{2} \right) = \frac{\partial v_x}{\partial t} + v_y \left(\frac{\partial v_x}{\partial y} - \frac{\partial v_y}{\partial x} \right) + v_z \left(\frac{\partial v_x}{\partial z} - \frac{\partial v_z}{\partial x} \right)$$

$$= \frac{\partial v_x}{\partial t} + (v_z \omega_y - v_y \omega_z) \tag{2-39}$$

式中, ω 为旋转角速度。

类似地, 进行另外两方程的变换, 最后得到

$$\begin{cases} X - \dfrac{1}{\rho} \dfrac{\partial p}{\partial x} - \dfrac{\partial}{\partial x} \left(\dfrac{v^2}{2} \right) - \dfrac{\partial v_x}{\partial t} = v_z \omega_y - v_y \omega_z \\[3mm] Y - \dfrac{1}{\rho} \dfrac{\partial p}{\partial y} - \dfrac{\partial}{\partial y} \left(\dfrac{v^2}{2} \right) - \dfrac{\partial v_y}{\partial t} = v_x \omega_z - v_z \omega_x \\[3mm] Z - \dfrac{1}{\rho} \dfrac{\partial p}{\partial z} - \dfrac{\partial}{\partial z} \left(\dfrac{v^2}{2} \right) - \dfrac{\partial v_z}{\partial t} = v_y \omega_x - v_x \omega_y \end{cases} \tag{2-40}$$

2.3.2 伯努利方程

欧拉方程可以在无旋流动的全场进行积分, 也可以在有旋流动中沿流线进行积分。在无旋流中有速度位存在, 且式 (2-40) 中各分式的右端的旋度为零。将式 (2-40) 的三个分式分别乘以 $\mathrm{d}x, \mathrm{d}y, \mathrm{d}z$, 于是有

$$\begin{cases} \dfrac{\partial U}{\partial x} \mathrm{d}x - \dfrac{1}{\rho} \dfrac{\partial p}{\partial x} \mathrm{d}x = \dfrac{\partial v_x}{\partial t} \mathrm{d}x + \dfrac{\partial}{\partial x} \left(\dfrac{v^2}{2} \right) \mathrm{d}x \\[3mm] \dfrac{\partial U}{\partial y} \mathrm{d}y - \dfrac{1}{\rho} \dfrac{\partial p}{\partial y} \mathrm{d}y = \dfrac{\partial v_y}{\partial t} \mathrm{d}y + \dfrac{\partial}{\partial y} \left(\dfrac{v^2}{2} \right) \mathrm{d}y \\[3mm] \dfrac{\partial U}{\partial z} \mathrm{d}z - \dfrac{1}{\rho} \dfrac{\partial p}{\partial z} \mathrm{d}z = \dfrac{\partial v_z}{\partial t} \mathrm{d}z + \dfrac{\partial}{\partial z} \left(\dfrac{v^2}{2} \right) \mathrm{d}z \end{cases} \tag{2-41}$$

式中, U 为彻体力势函数, $X = \dfrac{\partial U}{\partial x}, Y = \dfrac{\partial U}{\partial y}, Z = \dfrac{\partial U}{\partial z}$。

利用

$$\begin{cases} \dfrac{\partial v_x}{\partial t} = \dfrac{\partial}{\partial t} \dfrac{\partial \phi}{\partial x} = \dfrac{\partial}{\partial x} \dfrac{\partial \phi}{\partial t} \\[3mm] \dfrac{\partial v_y}{\partial t} = \dfrac{\partial}{\partial t} \dfrac{\partial \phi}{\partial y} = \dfrac{\partial}{\partial y} \dfrac{\partial \phi}{\partial t} \\[3mm] \dfrac{\partial v_z}{\partial t} = \dfrac{\partial}{\partial t} \dfrac{\partial \phi}{\partial z} = \dfrac{\partial}{\partial z} \dfrac{\partial \phi}{\partial t} \end{cases} \tag{2-42}$$

的性质，将式 (2-41) 简化，得

$$\mathrm{d}\left(\frac{\partial\phi}{\partial t}\right) + \frac{1}{2}\mathrm{d}(v^2) + \frac{1}{\rho}\mathrm{d}p = \mathrm{d}U \tag{2-43}$$

积分后得

$$\int\frac{\mathrm{d}p}{\rho} + \frac{v^2}{2} + \frac{\partial\phi}{\partial t} = U + f(t) \tag{2-44}$$

此积分称为拉格朗日积分，可用于可压缩非定常流。

当流体是不可压缩流体时，因为 $\rho = \mathrm{const}$，所以式 (2-44) 可写成

$$\frac{p}{\rho} + \frac{v^2}{2} + \frac{\partial\phi}{\partial t} = U + f(t) \tag{2-45}$$

对不可压定常流，$\dfrac{\partial\phi}{\partial t} = 0$，而任意函数 $f(t)$ 为一常数 C，式 (2-44) 变为下式：

$$\frac{p}{\rho} + \frac{v^2}{2} = U + C \tag{2-46}$$

或

$$\frac{1}{2}\rho v^2 + p - \rho U = C \tag{2-47}$$

上两式就是理想不可压定常流的伯努利方程。式 (2-47) 中的三项分别表示单位质量流体所具有的动能、压力能和势能，这三种能量总称机械能。它们三者之间可以互相转化，但总和是不变的。

在空气的绕流问题中，如果重力等彻体力可以忽略不计，式 (2-47) 变为

$$p + \frac{1}{2}\rho v^2 = C \tag{2-48}$$

上式中第一项为静压，第二项为动压，C 为总压 (通常用 p_0) 表示，即

$$p_0 = p + \frac{1}{2}\rho v^2 \tag{2-49}$$

由此得出结论，在定常无黏流中，总压 p_0 在无旋流场中为一常数。而在有旋流场中，同一流线上的总压相同，不同流线上的总压是不同的。

2.4　黏性流动的运动方程

本节将牛顿第二定律应用于黏性流动模型。牛顿第二定律常写成

$$\boldsymbol{F} = m\boldsymbol{a} \tag{2-50}$$

将牛顿第二定律应用在图 2-5 所示的运动流体微团中,可知作用于微团上力的总和等于微团的质量乘以微团运动时的加速度。现仅考虑 x 方向:

$$F_x = ma_x$$

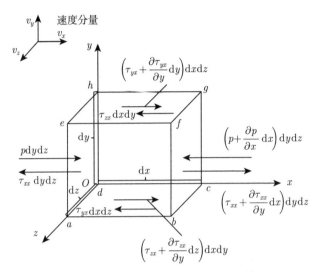

图 2-5　黏性流体运动的微团模型 [2]

等式左边为 x 方向所受到的力,这个力的来源有两个:① 彻体力,如重力、电磁力等;② 表面力,如控制面上的压力和剪切应力。

彻体力在 x 方向的分力可表示为 $\rho f_x \mathrm{d}x \mathrm{d}y \mathrm{d}z$,其中 f_x 为单位质量流体在 x 方向的彻体力。

表面力由两部分组成,其中 x 方向压力分量可表示为

$$\left[p - \left(p + \frac{\partial p}{\partial x} \right) \right] \mathrm{d}y \mathrm{d}z = -\frac{\partial p}{\partial x} \tag{2-51}$$

负号表示压力指向流体微团内部。剪切应力 (黏性应力) 的作用以 $(f_x)_{\text{viscous}}$ 来表示:

$$(f_x)_{\text{viscous}} = \frac{\partial \tau_{xx}}{\partial x} + \frac{\partial \tau_{yx}}{\partial y} + \frac{\partial \tau_{zx}}{\partial z} \tag{2-52}$$

流体微团的质量固定不变,可表示为 $\rho \mathrm{d}x \mathrm{d}y \mathrm{d}z$。加速度 a_x 可用物质导数的形式表达为 $a_x = \dfrac{\mathrm{D}v_x}{\mathrm{D}t}$。(物质导数在笛卡儿坐标系中的表达式为 $\dfrac{\mathrm{D}}{\mathrm{D}t} = \dfrac{\partial}{\partial t} + v_x \dfrac{\partial}{\partial x} + v_y \dfrac{\partial}{\partial y} + v_z \dfrac{\partial}{\partial z}$。)

综上,将各项代入牛顿第二定律在 x 方向的分量表达式,可得

$$\rho \frac{\mathrm{D}v_x}{\mathrm{D}t} = -\frac{\partial p}{\partial x} + \rho f_x + \frac{\partial \tau_{xx}}{\partial x} + \frac{\partial \tau_{yx}}{\partial y} + \frac{\partial \tau_{zx}}{\partial z} \tag{2-53}$$

同理可得 y 方向和 z 方向的表达式为

$$\rho\frac{\mathrm{D}v_y}{\mathrm{D}t} = -\frac{\partial p}{\partial y} + \rho f_y + \frac{\partial \tau_{xy}}{\partial x} + \frac{\partial \tau_{yy}}{\partial y} + \frac{\partial \tau_{zy}}{\partial z} \tag{2-54}$$

$$\rho\frac{\mathrm{D}v_z}{\mathrm{D}t} = -\frac{\partial p}{\partial z} + \rho f_z + \frac{\partial \tau_{xz}}{\partial x} + \frac{\partial \tau_{yz}}{\partial y} + \frac{\partial \tau_{zz}}{\partial z} \tag{2-55}$$

式 (2-53)、式 (2-54) 和式 (2-55) 称为纳维–斯托克斯方程。

对于不可压缩流动, ρ 为常数, 运动方程可以作进一步简化。同时根据应力与变形率关系, 运动方程变为

$$\begin{cases} \rho\dfrac{\mathrm{D}v_x}{\mathrm{D}t} = -\dfrac{\partial p}{\partial x} + \rho f_x + \mu\nabla^2 v_x \\[2mm] \rho\dfrac{\mathrm{D}v_y}{\mathrm{D}t} = -\dfrac{\partial p}{\partial y} + \rho f_y + \mu\nabla^2 v_y \\[2mm] \rho\dfrac{\mathrm{D}v_z}{\mathrm{D}t} = -\dfrac{\partial p}{\partial z} + \rho f_z + \mu\nabla^2 v_z \end{cases} \tag{2-56}$$

连续方程表示为

$$\frac{\partial v_x}{\partial x} + \frac{\partial v_y}{\partial y} + \frac{\partial v_z}{\partial z} = 0 \tag{2-57}$$

对比式 (2-56) 和式 (2-35) 可知, 无黏流欧拉方程就是纳维–斯托克斯方程中黏性系数 $\mu = 0$ 时的特殊情形。在已知彻体力情况下, 问题归结为四个未知量 u, v, w, ρ 的四个方程。当给定初始条件和边界条件后, 上述方程的解在物理上就完全确定了。如果用矢量符号, 不可压缩流动的纳维–斯托克斯方程可写作

$$\rho\frac{\mathrm{D}\boldsymbol{v}}{\mathrm{D}t} = \boldsymbol{F} - \nabla p + \boldsymbol{f}_{\mathrm{viscous}} \tag{2-58}$$

2.5 黏性边界层

2.5.1 边界层的概念

自然界中存在的流体都具有黏性。对于空气这类黏性很小的流体流过风力机时, 黏性影响显著的区域多数时候只限于物体表面很薄的一层, 受黏性显著影响的这一层称为边界层 [3]。

图 2-6 是绕曲面流动的示意图。图中虚线表示黏性扩散的法向距离沿物面的变化, 虚线与物面间的区域就是黏性影响范围。在沿物面距驻点 O 为 x 处, 黏性扩散的法向距离记为 $\delta(x)$, 则该距离为

$$\delta(x) \sim \sqrt{\nu\frac{x}{v_\infty}} \text{ 或 } \frac{\delta(x)}{x} \sim \sqrt{\frac{\nu}{xv_\infty}} = \frac{1}{\sqrt{Re_x}} \tag{2-59}$$

由式 (2-59) 可见，除前缘驻点附近，如果流动的当地雷诺数 ($Re_x = v_\infty x/\nu$) 足够大，黏性作用就限于物面附近很扁薄的一层内。边界层内，流速在物面法向上有明显的梯度，流动是有旋的、耗散的；而边界层外，流动几乎是无旋的。

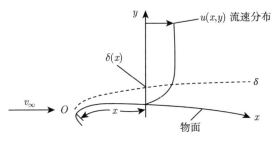

图 2-6　绕流边界层示意图

O. 驻点；x. 沿物面；y. 沿物面法向

2.5.2　边界层的厚度

气流流过平板时，沿平板法线方向气流的速度分布如图 2-7 所示。根据黏性流体的无滑移条件，在紧贴平板处的流体速度为零，在边界层厚度范围内增至远前方来流的速度。相对风力机叶片的弦长，边界层通常是十分薄的，法向速度梯度很大，因而黏性应力是不能忽略的。流动越向下游，受黏性影响减速的流体越多，即边界层越厚。通常规定流速达到 $0.99v_\infty$ 处为边界层的外边界，由平板表面到该处的距离称为边界层厚度，用 δ 表示，见图 2-8。层外的流体由于法向速度梯度很小，可以把黏性应力略去不计。可见在大雷诺数情况下，黏性流动问题可分成两个流动区域来研究——边界层外的无黏流动区域和边界层内的黏性流动区域。

在边界层理论中，还有两种边界层厚度定义，即边界层位移厚度和边界层动量损失厚度，都有比较明显的物理意义，在边界层计算中用得比较广泛，现分别叙述如下。

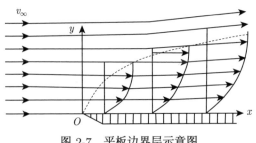

图 2-7　平板边界层示意图

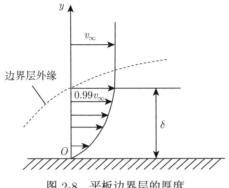

图 2-8 平板边界层的厚度

1. 位移厚度 δ^*

在边界层内由于壁面黏性阻滞作用,流速减小,为了保证流量相等,必须加宽流动通道,即流线必须向外偏移,使黏流所占的通道比无黏 (理想流体) 流动应占通道宽,其加宽的部分就是位移厚度 δ^*。

设有流速为 v_∞、密度为 ρ_∞ 的气流流过一平板,在 x_1 点处因黏性影响而减少的质量流量是 $\int_0^\infty (\rho_\infty v_\infty - \rho v_x)\mathrm{d}y$,这些减少的质量要在主流中挤出距离 δ^* 而流过去。由于这两个质量流量相等,可得 δ^* 的公式如下:

$$\rho_\infty v_\infty \delta^* = \int_0^\infty (\rho_\infty v_\infty - \rho v_x)\mathrm{d}y \tag{2-60}$$

即

$$\delta^* = \int_0^\infty \left(1 - \frac{\rho v_x}{\rho_\infty v_\infty}\right)\mathrm{d}y \tag{2-61}$$

图 2-9 中阴影线的两块面积相等,很直观地说明了这一事实。

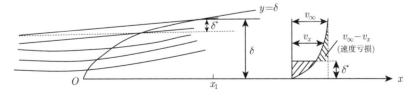

图 2-9 位移厚度的简图

当物面为曲面物体时,位移厚度为

$$\delta^* = \int_0^\infty \left(1 - \frac{\rho v_x}{\rho_\delta v_\delta}\right)\mathrm{d}y \tag{2-62}$$

式中, ρ_δ 和 v_δ 分别为理想流体流过物面时当地的密度和速度, 也可近似认为是边界层外边界上的密度和速度。显然位移厚度是离物体前缘距离 x 的函数, 越向下游, 位移厚度越大。一般情况下, δ^* 只有 δ 的几分之一。

根据上述位移厚度的意义可知, 若在物面各处向外移动 δ^* 的距离, 对这样修正所得的等效物面采用理想流体理论计算, 所得压强分布应较好地计及了黏性影响。

2. 动量损失厚度 δ^{**}

动量损失厚度, 指由于黏性作用损失掉动量的流体, 若以理想流体的动量 $\rho_\infty v_\infty^2$ 向前流动所需的通道厚度, 常用符号 δ^{**} 或 θ 表示。因此

$$\rho_\infty v_\infty^2 \delta^{**} = \int_0^\infty \rho v_x (v_\infty - v_x) \mathrm{d}y \tag{2-63}$$

即

$$\delta^{**} = \int_0^\infty \frac{\rho v_x}{\rho_\infty v_\infty} \left(1 - \frac{v_x}{v_\infty}\right) \mathrm{d}y \tag{2-64}$$

式 (2-63) 等号右边项即为边界层内的动量损失。

2.5.3　边界层的压强特性

边界层有一个极其重要的特点: 如果沿平板或风力机叶片表面 (曲率不大的物面) 的法线方向 (用 y 表示) 测量静压强 p 的变化, 其结果是压强 p 在边界层内沿着 y 方向几乎是不变的, 即

$$\frac{\partial p}{\partial y} \approx 0 \tag{2-65}$$

另外, 也可以从边界层内法线方向受力平衡来直观地解释这一结论。假设物面的曲率半径为 R, 其与边界层的厚度相比大很多, 根据牛顿第二定律, 法线方向有

$$\frac{\partial p}{\partial y} \approx \rho \frac{v_x^2}{R} \tag{2-66}$$

由于 y 为边界层厚度 δ 的量级, 远小于 R, 所以压强沿 y 方向变化很小, 即 $\frac{\partial p}{\partial y} \approx 0$。

2.5.4　边界层方程

只要当地的边界层厚度 $\delta(x)$ 远远小于当地的曲率半径 $R(x)$, 那么黏性流体平面流动的纳维–斯托克斯方程可近似简化为二维边界层方程组:

$$\begin{cases} \dfrac{\partial \rho}{\partial t} + \dfrac{\partial}{\partial x}(\rho u) + \dfrac{\partial}{\partial y}(\rho v) = 0 \\[2mm] \rho \left(\dfrac{\partial u}{\partial t} + u \dfrac{\partial u}{\partial x} + v \dfrac{\partial u}{\partial y}\right) = -\dfrac{\partial p}{\partial x} + \dfrac{\partial}{\partial y}\left(\mu \dfrac{\partial u}{\partial y}\right) \\[2mm] p = P_1(x, t) \end{cases} \tag{2-67}$$

方程组中的第三个方程就是式 (2-65)。$P_1(x,t)$ 由层外的主流 U_1 给定，而主流的动量方程为

$$\frac{\partial U_1}{\partial t} + U_1 \frac{\partial U_1}{\partial x} = -\frac{1}{\rho}\frac{\partial P_1}{\partial x} \tag{2-68}$$

式 (2-67) 是普朗特 (Prandtl)1904 年 [4] 提出的边界层运动的一般规律。

如果流动不可压，二维边界层方程组可化为

$$\frac{\partial u}{\partial x} + \frac{\partial v}{\partial y} = 0 \tag{2-69}$$

$$\frac{\partial u}{\partial t} + u\frac{\partial u}{\partial x} + v\frac{\partial u}{\partial y} = \frac{\partial U_1}{\partial t} + U_1\frac{\partial U_1}{\partial x} + \frac{1}{\rho}\frac{\partial \tau}{\partial y} \tag{2-70}$$

对动量方程式 (2-70) 在 y 方向进行积分，并利用边界上条件 $y=0, u=v=0, \tau = \tau_w$ 和 $y=\infty, u=U_1, v=\tau=0$，及连续方程 (2-69)，可得如下结果：

$$\frac{C_f}{2} = \frac{1}{U_1^2}\frac{\partial}{\partial t}(U_1\delta^*) + \frac{\partial \delta^{**}}{\partial x} + (2+H)\frac{\delta^{**}}{U_1}\frac{\partial U_1}{\partial x} \tag{2-71}$$

这就是不可压边界层的卡门动量积分关系式。$H = \delta^*/\delta^{**}$ 为边界层的形状因子；U_1 为主流流速。动量积分关系式的实际用处在于：允许在满足一些边界层内、外边界条件下，对边界层内的流速分布作近似假设，而不必拘泥于流速分布的精确程度，就可求得壁面摩擦力等有工程实际意义的物理量。

2.5.5   边界层的分离

本小节从边界层流动特点来讨论边界层流动的分离现象，以及边界层流动状态 (层流或湍流) 对流动分离和压差阻力的影响。

以翼型为例，其上表面 (吸力面) 顺着流动方向的后半段，越往下游的压力是逐渐增大的，流体凭借其自身的动能克服逆压继续沿物面向下游流动。然而，边界层底层流体流速慢、动能低，容易发生动能耗尽而不能继续沿物面向下游流动。此时，边界层内出现回流，边界层不再贴附于物面，这种现象称为流动分离。边界层方程组不适用于流动分离区。但在边界层分离之前，可以借助边界层理论对流动分离进行预测。物面上边界层即将发生流动分离的点，称为分离点。在分离点，有 $u=v=0$，物面在该点处受到的摩擦应力为零。逆压梯度下边界层速度型的变化过程如图 2-10 所示。

边界层分离大大加宽了尾流，明显降低了背风物面上的吸力，物体受到的压差阻力明显加大。对于流线形的翼型，在小迎角下，边界层流动尚未分离，压差阻力相当小，阻力中主要是黏性摩擦阻力。随着迎角增大，当翼型边界层流动分离时，压差阻力将陡增。风力机叶片靠近根部区域常用的钝尾缘翼型，在小迎角时的压差

阻力比普通翼型大,但在大迎角时可以显著延缓流动分离的发展,因此在大迎角时的压差阻力反而小。

流动状态对边界层分离也有影响 [5]。如果在分离点之前边界层为层流,则称这种分离为层流分离。如果在分离点之前边界层已成湍流,则称这种分离为湍流分离。湍流分离比层流分离发生得晚。这是由于湍流边界层内速度型比层流边界层内速度型较为 "饱满",抵抗逆压梯度的能力强,可以使分离现象推迟发生。

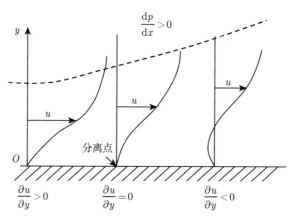

图 2-10 逆压梯度下的边界层速度型

2.6 湍流的基本概念

黏性流体的流动有两种显著不同的状态:层流状态和湍流 (又称紊流) 状态。这最早是由雷诺在实验中发现并进行研究的。

雷诺实验的装置如图 2-11 所示。当阀门 B 处于一个较小的开度,水从管中流出。然后再打开阀门 A,带颜色的液体随水流出。当管内流速不大时,管中色液规则地沿着管道流动,形成一条清晰可见的稳定色带,见图 2-12 (a)。这说明流体微团都沿着管轴线方向流动,相邻各层之间没有宏观上的掺混,而是呈 "层状" 流动。这种流动状态称为层流状态。

如果加大阀门 B 的开度,这时流速增加,色带逐渐不稳定,开始上下左右脉动,见图 2-12 (b)。如果再加大开度,这时流速继续增加,色液和水混成一片,不能再区分开来,见图 2-12 (c)。这说明当流速增大到一定程度后,流体不再做有规则的分层流动,伴随着沿管道轴线的主流运动,还存在复杂的、无规则的、随机的非定常运动,无色流体微团与色液微团发生快速强烈的混合。这种流动状态称为湍流 (紊流) 状态。

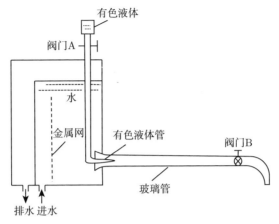

图 2-11 雷诺实验示意图

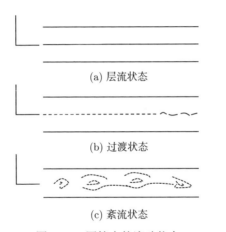

(a) 层流状态

(b) 过渡状态

(c) 紊流状态

图 2-12 圆管内的流动状态

图 2-12 (b) 状态是一种过渡状态,是从层流到湍流的过渡,称为转捩。一系列实验表明,湍流状态的出现,与流体的属性 ρ, μ 有关,与流速 v 有关,与管径 D 有关,最终发现与一个无量纲组合量的值有关。此无量纲组合量被称为雷诺数,其定义如下:

$$Re = \frac{\rho v D}{\mu} = \frac{vD}{\nu} \tag{2-72}$$

雷诺数 Re 是用来度量流体微团所受惯性力和黏性力之比值的准则数。对于管内流动,当雷诺数在 2300 左右时,流动一般转变为湍流状态。如果流体进入圆管前比较稳定,管道入口段又比较光滑,转捩雷诺数可以高于 2300,在实验条件下甚至可达 40 000 以上。当流动雷诺数较高、流体流动呈湍流状态时,逐渐降低雷诺数,使之降低到 2000 以下时,流动将恢复为层流。也就是说,在相同条件下,随雷诺数增大，流动由层流变为湍流状态对应的转捩雷诺数，与流动由湍流恢复为层流状态对应的雷诺数并不相同。

如前所述，湍流中流体微团做复杂的、无规则的、随机的非定常运动，微团间有宏观的相互混合作用。因此各流动物理量在空间固定点上是随时间不断地改变的，而且以很高频率做极不规则的脉动。图 2-13 表示空间某点 x 轴方向速度随时间变化的情况。但近代湍流研究发现，在一定空间范围内，湍流流动存在着状态关联的有组织的运动，出现各种条带结构、大涡结构以及其他有组织的流条、流团，即所谓的拟序结构。

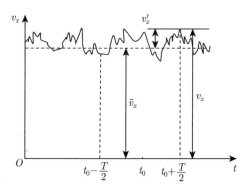

图 2-13　湍流流动中 v_x 随时间的变化

在湍流中，所有物理量都是时间和空间的随机函数。尽管追求湍流流动的细节是十分困难的，但人们研究湍流时，往往关心的是它的各流动物理量的平均值。通常采用时间平均法来确定各流动物理量的平均值，称为时均量。设 f 代表各流动物理量 (如 $v_x, v_y, v_z, p, \cdots$)，则其可由时均量 $\bar{f}$(即 $\bar{v}_x, \bar{v}_y, \bar{v}_z, \bar{p}, \cdots$) 与脉动量 $f'(v'_x, v'_y, v'_z, p', \cdots)$ 之和来表示，即

$$f = \bar{f} + f' \tag{2-73}$$

其中

$$\bar{f}(x, y, z, t_0) = \frac{1}{T} \int_{t_0 - \frac{T}{2}}^{t_0 + \frac{T}{2}} f(x, y, z, t)\mathrm{d}t \tag{2-74}$$

式中，T 是一个取平均用的时间间隔，其值比脉动周期大得多，但又远小于平均运动的特征时间 (如流经物体长度所需时间)。根据统计学规律，脉动物理量 f' 的时间平均值为零。为了表示脉动量的大小，需用脉动值平方的时均值，即

$$(\bar{f})^2 = \frac{1}{T} \int_{t_0 - \frac{T}{2}}^{t_0 + \frac{T}{2}} (f')^2 \mathrm{d}t \tag{2-75}$$

通常用脉动速度均方根与平均速度之比来表示脉动量的相对大小，即

$$I = \frac{\sqrt{\frac{1}{3}(v_x'^2 + v_y'^2 + v_z'^2)}}{\sqrt{\bar{v}_x^2 + \bar{v}_y^2 + \bar{v}_z^2}} \tag{2-76}$$

式中，I 称为湍流度。

2.7 大气边界层湍流风

2.7.1 大气边界层的基本特点

大气边界层 (atmospheric boundary layer，ABL) 是指大气层底部与陆地或海洋存在摩擦相互作用的一个薄层，它的厚度随气象条件、地形、地面粗糙度而变化，大致为 300～1000m。

大气边界层最下部约 1/10 的厚度范围称为近地层，其厚度范围为 50～100m。近地层大气运动受下垫面影响最为直接，呈现显著的湍流特性，风速、温度等随高度变化剧烈，存在由地面摩擦作用产生的小尺度湍流及地面热辐射造成的热力对流等。近地层内风向随高度近乎不变，湍流通量传输随高度变化保持不变，科氏力和气压梯度力的作用相对于湍流剪切应力可略去不计，因此大气结构主要依赖于垂直湍流输送。

近地层以外的大气边界层称为 "外层" 或 "Ekman 层"[6]。在 Ekman 层，湍流黏性力、科氏力及气压梯度力三者量级相同，风向随高度变化，形成螺旋状，风向和风速的变化曲线为 Ekman 曲线。

大气边界层内的流体运动基本上总是处于湍流状态，湍流强度最高可达 20% 左右，影响地表与大气间的动量输送、热量输送、水汽交换及物质的输送等。热辐射作用导致的地表温度的变化使近地层大气温度垂直梯度远大于自由大气。白天受阳光强烈辐射地表增温，或者冷空气流经暖地面时，地表温度高于大气，地表与大气之间在垂直方向产生温度梯度，大气边界层内的湍流运动使得这些热量向上传递，空气处于不稳定层结状态，这时的边界层称为对流边界层；而夜间地面剧烈降温，或暖气流流经冷地面时，则形成与白天相反的垂直温度梯度，空气处于稳定层结状态。大气边界层温度层结的稳定性根据铅直方向的温度梯度可以分为如下三类：

$$\frac{\partial \theta}{\partial z} < 0, \text{不稳定状态}$$

$$\frac{\partial \theta}{\partial z} = 0, \text{中性状态}$$

$$\frac{\partial \theta}{\partial z} < 0, \ 稳定状态$$

式中, θ 为位温; z 为铅垂方向。

大气边界层中的风可看作由两部分叠加组成: 长周期部分的平均风, 其周期大小一般为 10min 以上; 短周期部分的脉动风, 大致介于几秒至几十秒之间。大气边界层内的瞬时风速 $V(t)$ 可以表述为平均风速 $\overline{V}(t)$ 与脉动风速 $V'(t)$ 之和。风的平均特性和脉动特性共同决定了大气边界层风的特性。

2.7.2　平均风速特性

平均风速在高度方向的变化规律和形状, 决定了风的平均特性。由于地表上各种障碍物对气流产生的阻滞作用, 随离地高度的增加, 地表对风速的影响程度降低, 直至达到某一高度时, 可以忽略这种影响。风速随高度的变化规律称为风切变效应。

中性条件下, 大气边界层内平均风剖面有对数律和指数律两种主要描述形式。

1. 对数律分布

在大气边界层 100m 高度范围内, 平均风速剖面可采用 Prandtl 对数分布律 [7] 描述。对数律中考虑了地面粗糙度对风切变的影响, 离地高度 z 处的平均风速为

$$\overline{V}(z) = \frac{u^*}{\kappa} \ln \left(\frac{z}{z_0} \right) \tag{2-77}$$

式中, u^* 为摩擦速度; κ 为卡门 (Karman) 常数, 一般取 0.4; z_0 为地表粗糙高度。

2. 指数律分布

指数分布律, 又称赫尔曼 (Hellmann) 指数公式, 其计算方法如下:

$$\frac{\overline{V}(z)}{\overline{V}(z_0)} = \left(\frac{z}{z_0} \right)^{\alpha} \tag{2-78}$$

式中, α 为风切变指数, 与高度、地面粗糙度及地貌等因素有关, 典型取值为 0.14; $\overline{V}(z_0)$ 为参考高度 z_0 处的平均风速。指数律与对数律相比更简单, 且计算精度差别不大。

2.7.3　脉动风速特性

大气边界层中脉动风在时间和空间上, 其运动速度和方向是在统计上的随机过程, 其运动特性必须采用数理统计的方法加以统计分析。大气边界层湍流风受地表的温度层结、地貌地形以及热力现象的共同影响, 其脉动特性可以综合应用湍流强度、湍流积分尺度、脉动功率谱密度函数等来描述。

1. 湍流强度

湍流强度是描述湍流运动特性的重要特征量。习惯上所说的湍流强度是指相对湍流强度，相对湍流强度 I 定义为脉动风速的均方根值与平均风速之比：

$$I = \frac{\sigma}{V} \tag{2-79}$$

式中，V 为平均风速，一般指 10min 内的平均风速。在工程实际和数值计算中，一般将平均风速方向定义为纵向，而水平面内与纵向垂直的方向定义为横向，铅垂方向定义为垂向。在高度 z 处，风速三个方向的湍流强度定义分别为

$$I_u(z) = \frac{\sigma_u(z)}{V}, \ I_v(z) = \frac{\sigma_v(z)}{V}, \ I_w(z) = \frac{\sigma_w(z)}{V} \tag{2-80}$$

通常情况下，三个方向的湍流均方根值不同，三者之间的大小关系为 $\sigma_u > \sigma_v > \sigma_w$，即 $I_u > I_v > I_w$。湍流强度受距离地面的高度及地表粗糙度高度的影响，以纵向湍流强度为例：

$$I_u = \frac{1}{\ln(z/z_0)} \left[0.867 + 0.556 \lg z - 0.246 \left(\lg z \right)^2 \right] \lambda \tag{2-81}$$

当 $z_0 \leqslant 0.02\mathrm{m}$，$\lambda = 0$；反之，$\lambda = 0.76/z^{0.07}$。

2. 湍流积分尺度

湍流可看作不同量级尺度的旋涡叠加在一起的集合，不同大小旋涡的平均尺度可用湍流积分尺度来定义。涡旋的三个方向 x、y、z 对应脉动风速分量 u'，v'，w'。风工程中多关注顺风向的湍流积分尺度 L_u^x，其表达式为

$$L_u^x = \frac{1}{\sigma_{u'}^2} \int_0^\infty R_{u'}(x)\mathrm{d}x \tag{2-82}$$

式中，$R_{u'}(x)$ 表示在同一时刻空间两点之间顺风向脉动风速之间的相关函数；$\sigma_{u'}^2$ 为顺风向脉动速度分量的均方根值。若空间中的两涡旋之间的距离比湍流积分尺度小时，表明该两涡旋在湍流运动中经常位于同一旋涡体内；反之，则说明该两涡旋在湍流运动中经常位于不同的旋涡体内。在大气边界层内，湍流积分尺度随着离地高度 z 的增加而增加。

3. 脉动风速功率谱

湍流风场中，脉动风速分量可采用功率谱进行描述。低频的风速脉动由含能较大的大尺度旋涡引起，高频的风速脉动则是小尺度旋涡的作用。因此，在风场研究中，常采用功率谱来描述大气边界层内风的脉动特性。目前，常用的适用于大气边界层风场特性的脉动风功率谱主要有 Davenport 谱、von Karman 谱、Harris 谱、Simiu 谱、Kaimal 谱等 [8]。

参 考 文 献

[1] Hunter J K. An introduction to the incompressible Euler equations[J]. California: University of California, Davis, 2006.

[2] 约翰 D. 安德森. 计算流体力学基础及其应用 [M]. 吴颂平, 刘赵淼译. 北京：机械工业出版社, 2007.

[3] 郭永怀. 边界层理论讲义 [M]. 合肥：中国科学技术大学出版社, 2008.

[4] Prandtl L. Über Flüssigkeitsbewegung bei sehr kleiner Reibung [C]. Verh. 3 Int. Math-Kongr, Heidelberg, 1904.

[5] 钟伟, 王同光, 王强. 转捩对 S809 翼型气动特性影响的数值模拟 [J]. 太阳能学报, 2011, 32(10): 1523-1527.

[6] Cushman-Roisin B, Beckers J M. Introduction to Geophysical Fluid Dynamics: Physical and Numerical Aspects[M]. 2nd ed. Oxford: Academic Press, 2011.

[7] Panofsky H A. The atmospheric boundary layer below 150 meters[J]. Annual Review of Fluid Mechanics, 1974, 6(1): 147-177.

[8] 贺德馨. 风工程与工业空气动力学 [M]. 北京：国防工业出版社, 2006.

第 3 章　翼型的基础知识

风力机叶片的气动特性很大程度上取决于其所采用的翼型。对于叶素动量方法和涡尾迹方法, 其计算需要翼型的气动力数据作为输入; 对于计算流体力学方法, 翼型也是一个非常重要和基础的数值模拟对象。翼型的空气动力学知识是研究风力机空气动力学的重要基础。本章主要介绍翼型的几何参数和空气动力特性。

3.1　翼型的几何形状

3.1.1　翼型的几何参数

翼型通常由前缘、尾缘 (后缘)、上表面和下表面围成, 如图 3-1 所示。尽管以上各曲线段的形状决定了翼型的几何外形, 但并不便于翼型几何特征的直接描述。因此引入翼弦和中弧线两个概念, 并在此基础上定义出描述翼型几何形状的若干参数。翼弦是指翼型前缘和尾缘之间的连线, 其长度称为弦长。翼型前缘到尾缘之间某点的相对位置一般用该点到前缘的距离与弦长的比值来表示。在翼弦上各点处作垂线, 与上、下表面相交形成垂线段, 连接这些垂线段的中点所形成的弧线即为翼型的中弧线, 这些垂线段的长度称为翼型的当地厚度。翼型的形状特点可以用相对厚度、最大厚度相对位置、相对弯度、前缘半径和尾缘角等参数来描述。

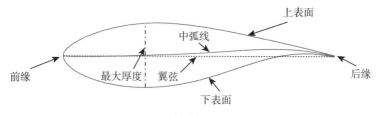

图 3-1　翼型的几何描述

相对厚度 $\bar{t}$ 是指翼型的最大厚度 t 与翼弦 c 的比值, 也称厚弦比, 一般用百分数表示为

$$\bar{t} = \frac{t}{c} \times 100\% \tag{3-1}$$

现代大型风力机叶片的翼型相对厚度一般在 18%~100%, 其中叶片根部由于要与轮毂连接, 需要设计成标准的圆形, 即相对厚度 100%。叶根到最大弦长之间为过渡段, 叶片最大弦长处的翼型相对厚度通常在 40% 左右, 叶片尖部的翼型相

对厚度在 18% 左右。图 3-2 为某 2MW 风力机叶片相对厚度沿展向的分布。

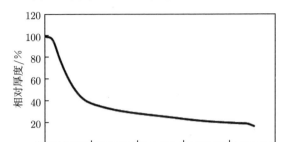

图 3-2　某 2MW 风力机叶片相对厚度沿展向的分布

翼型的最大厚度位置 x_t 与翼弦 c 的比值称为翼型的最大厚度相对位置 $\bar{x}_t$，用百分数表示为

$$\bar{x}_t = \frac{x_t}{c} \times 100\% \tag{3-2}$$

风力机翼型除了具有一定的厚度，通常还具有一定的弯度。中弧线上某点到翼弦的垂直距离被定义为当地弯度，最大弯度 f 与翼弦 c 的比值称为相对弯度 $\bar{f}$，用百分数表示为

$$\bar{f} = \frac{f}{c} \times 100\% \tag{3-3}$$

风力机翼型前缘一般为圆弧状，其前缘钝度可以用前缘处的曲率半径 r_L 来表示，r_L 即为前缘半径。翼型上下表面在尾缘处切线间的夹角称为尾缘角 τ，其取值大小表示了尾缘的尖锐度。有部分风力机翼型的尾缘和前缘一样也是圆弧状的，其钝度可以用尾缘处的曲率半径 r_T 来表示，r_T 即为尾缘半径。

3.1.2　常用翼型的编号

1. NACA 四位数字翼型

NACA 四位数字翼型 [1] 编号的前两位分别表示相对弯度 $\bar{f}$ 和最大弯度位置 $\bar{x}_f$，后两位表示相对厚度 $\bar{t}$。以 NACA 2412 翼型为例，第一个数字 2 代表相对弯度为 2%，4 代表最大弯度位置为 40% 弦长位置，后两位 12 代表相对厚度为 12%。NACA 四位数字翼型的最大厚度位置均为 $\bar{x}_t = 30\%$。

2. DU 系列翼型

DU 系列翼型 [2] 的编号由字母 DU 和一串数字/字母组成，图 3-3 显示了几种 DU 翼型的编号及外形。DU 表示代尔夫特理工大学 (Delft University of Technology)，其后的两位数字表示设计翼型的年份，W 表示应用于风力机，以区别于应用在帆船和普通航空器上的翼型，最后的 3 位数字是翼型最大相对厚度的 10 倍。如果在 W 后面有一个附加的数字，则表示当年设计了不止一个该相对厚度的翼型。

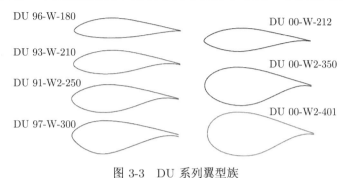

图 3-3 DU 系列翼型族

3. Risø系列翼型

Risø系列翼型族[3] 是由丹麦 Risø风能重点实验室于 20 世纪 90 年代开始为风力机研制的专用翼型，目前已有 Risø-A1、Risø-P 和 Risø-B1 等系列翼型，Risø-A1 系列翼型最初是为 600kW 风力机所设计，Risø-P 系列翼型是设计用于变桨控制的风力机，而 Risø-B1 系列翼型是为兆瓦级以上风力机所开发。Risø系列翼型的后两位数字代表翼型的最大相对厚度，如 Risø-A1-21 代表最大相对厚度为 21%的翼型。

3.1.3 翼型几何的参数化表达

翼型的几何外形通常以若干个离散坐标点的形式给出，通过这些坐标点作样条曲线可以绘制翼型。然而，在翼型的设计或优化中不便于直接使用这样的离散坐标点，需要对翼型的几何外形进行参数化表达。这里以较常用的 PARSEC 方法[4] 为例予以简要介绍。

在实际应用中可以根据实际需要对 PARSEC 方法进行合理修改[5]，例如，为了更好地描述前缘处的形状，在上下表面引入不同的前缘半径；为了更好地控制尾缘的形状，将原来尾缘角的控制参数替换为弦长 0.9 处的翼型厚度。修改之后的 PARSEC 方法针对翼型上下表面各用 6 个具有物理意义的参数 (图 3-4) 来描述其形状：上下表面的前缘半径 (R_{up}, R_{lo})、上下表面最大厚度处坐标及曲率 (X_{up}, Y_{up}, Y_{xxup}; X_{lo}, Y_{lo}, Y_{xxlo})、上表面尾缘倾角 (θ_{up})、0.9 倍弦长处的翼型厚度 ($Th|_{c=0.9}$)，以及上下表面尾缘厚度 ($Y_{\mathrm{te\_up}}$, $Y_{\mathrm{te\_lo}}$)。翼型上下表面的坐标可分别由下式确定：

$$Y = \sum_{i=1}^{6} a_i X^{i-1/2} \tag{3-4}$$

式中, $a_i (i = 1, 2, \cdots, 6)$ 与控制参数间的对应关系可以表达为一个线性方程组。以翼型上表面为例, 式 (3-5) 为确定参数 a_i 的线性方程组, 改变控制参数就可以达到改变翼型形状的目的。

$$\begin{bmatrix} 1 & 0 & 0 & 0 & 0 & 0 \\ 1 & 1 & 1 & 1 & 1 & 1 \\ X_{\text{up}}^{\frac{1}{2}} & X_{\text{up}}^{\frac{3}{2}} & X_{\text{up}}^{\frac{5}{2}} & X_{\text{up}}^{\frac{7}{2}} & X_{\text{up}}^{\frac{9}{2}} & X_{\text{up}}^{\frac{11}{2}} \\ \frac{1}{2}X_{\text{up}}^{-\frac{1}{2}} & \frac{3}{2}X_{\text{up}}^{\frac{1}{2}} & \frac{5}{2}X_{\text{up}}^{\frac{3}{2}} & \frac{7}{2}X_{\text{up}}^{\frac{5}{2}} & \frac{9}{2}X_{\text{up}}^{\frac{7}{2}} & \frac{11}{2}X_{\text{up}}^{\frac{9}{2}} \\ \frac{1}{2} & \frac{3}{2} & \frac{5}{2} & \frac{7}{2} & \frac{9}{2} & \frac{11}{2} \\ -\frac{1}{4}X_{\text{up}}^{-\frac{3}{2}} & \frac{3}{4}X_{\text{up}}^{-\frac{1}{2}} & \frac{15}{4}X_{\text{up}}^{\frac{1}{2}} & \frac{35}{4}X_{\text{up}}^{\frac{3}{2}} & \frac{53}{4}X_{\text{up}}^{\frac{5}{2}} & \frac{99}{4}X_{\text{up}}^{\frac{7}{2}} \end{bmatrix} \begin{bmatrix} a_1 \\ a_2 \\ a_3 \\ a_4 \\ a_5 \\ a_6 \end{bmatrix} = \begin{bmatrix} \sqrt{2R_{\text{up}}} \\ Y_{\text{te\_up}} \\ Y_{\text{up}} \\ 0 \\ \tan(\theta_{\text{up}}) \\ Y_{\text{xxup}} \end{bmatrix}$$

$$\tag{3-5}$$

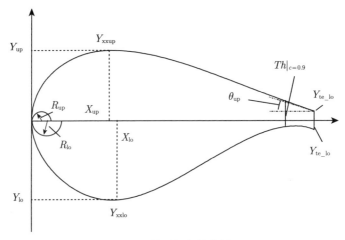

图 3-4　翼型的参数化描述

例如, 以表 3-1 中 12 个参数可生成一个相对厚度为 21% 的风力机翼型 (图 3-5)。

表 3-1　风力机翼型控制参数

参数	数值	参数	数值
R_{up}	42	R_{lo}	61.58
X_{up}	0.352	X_{lo}	0.3095
Y_{up}	0.12551	Y_{lo}	-0.08449
Y_{xxup}	-1.23	Y_{xxlo}	0.965
$Y_{\text{te\_up}}$	0	$Y_{\text{te\_lo}}$	0
θ_{up}	-10.8	$Th|_{c=0.9}$	0.031505

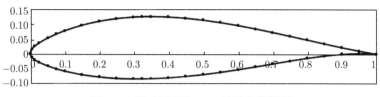

图 3-5 相对厚度为 21% 的风力机翼型

3.2 翼型的空气动力

3.2.1 翼型的绕流

当空气流过翼型,通过流动显示技术可以观察到一定的绕流图画。翼型受到的空气动力与绕流情况紧密相关,研究翼型的绕流是了解翼型空气动力成因的重要渠道。

当直匀流以较小迎角流过翼型时的绕流主要特点是:流动在翼型表面保持附着流动,基本没有流动分离发生 (图 3-6(a))。翼型表面边界层及尾迹区均较薄;驻点位于翼型下表面距前缘很近的地方,流经驻点的流线把来流分成两部分,一部分绕过前缘经上表面向后流去,另一部分沿下表面流动;沿上表面和下表面的气流在后缘处平滑地汇合后向下游流去,并逐渐转回到来流方向。

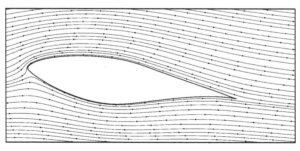

(a) 附着流动

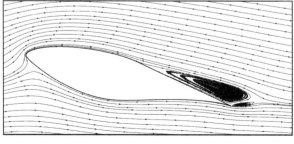

(b) 尾缘分离流动

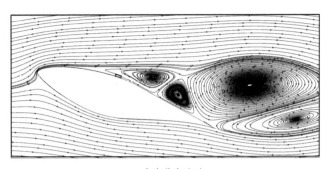

(c) 完全分离流动

图 3-6　翼型绕流示意图

随着迎角的增大，驻点逐渐沿下表面后移，上表面的最大速度点更靠近前缘，最大速度值增大，上下表面的压力差也增大，因而翼型的升力增大。在中等迎角下，上表面靠近尾缘的区域内边界层因受到逐渐增大的逆压梯度的作用而开始发生流动分离 (图 3-6(b))。当迎角继续增大，尾缘分离区向前扩展，直至在某个临界迎角后分离区覆盖翼型的整个上表面 (图 3-6(c))，彻底破坏了翼型上表面的附着流动，导致翼型升力急剧下降，阻力急剧上升，流动也变得不稳定，该现象被称作失速。

3.2.2　翼型的空气动力系数

当有气流流过翼型，会受到翼型的作用而改变流动的速度和方向，同时也对翼型产生作用力。这种作用力是通过改变翼型表面各点的压强而产生的，对翼型表面压强进行积分即可获得翼型受到的总空气动力。总空气动力的方向通常是指向垂直于相对气流的方向并略微向后倾斜，通常将其分解为垂直于相对气流和平行于相对气流的两个分量。垂直于相对气流方向的空气动力称为升力，用 L 表示；平行于相对气流方向的空气动力称为阻力，用 D 表示。理论分析和实践表明：对于给定的翼型，其升力和阻力的大小主要取决于动压 $1/2\rho V^2$、弦长 c 和迎角 α，可以通过以下表达式计算：

$$L = C_l \cdot \frac{1}{2}\rho V^2 \cdot c \tag{3-6}$$

$$D = C_d \cdot \frac{1}{2}\rho V^2 \cdot c \tag{3-7}$$

式中，系数 C_l 和 C_d 即为升力系数和阻力系数，是无量纲的参数，它们的取值主要取决于迎角 α，也受到雷诺数大小的影响。除了受到气动力，翼型还受到俯仰力矩 M_z 的作用，同样可以定义出一个无量纲的俯仰力矩系数 C_M。于是有

$$C_l = \frac{L}{\frac{1}{2}\rho V^2 \cdot c} \tag{3-8}$$

$$C_d = \frac{D}{\frac{1}{2}\rho V^2 \cdot c} \tag{3-9}$$

$$C_M = \frac{M_z}{\frac{1}{2}\rho V^2 \cdot c^2} \tag{3-10}$$

当翼型的弦长 c 被指定为 1，则以上表达式被简化为

$$C_l = \frac{L}{\frac{1}{2}\rho V^2} \tag{3-11}$$

$$C_d = \frac{D}{\frac{1}{2}\rho V^2} \tag{3-12}$$

$$C_M = \frac{M_z}{\frac{1}{2}\rho V^2} \tag{3-13}$$

3.2.3 翼型的空气动力特性

1. 翼型表面压强分布

翼型表面压强分布不仅是结构设计和强度计算的主要外载荷依据，也是判断翼型绕流状态和确定升阻力和力矩特性的重要依据。如果已知某翼型的压强分布，则小迎角下的升力系数和绕前缘的力矩系数可通过如下积分求得

$$\begin{cases} C_y = \int_0^1 \left(C_{p\text{下}} - C_{p\text{上}} \right) \mathrm{d}\overline{x} \\ M_z = -\int_0^1 \left(C_{p\text{下}} - C_{p\text{上}} \right) \overline{x}\,\mathrm{d}\overline{x} \end{cases} \tag{3-14}$$

当迎角 α 不大时，任意翼型的压强分布可用位流理论近似求解。大迎角下由于翼型表面边界层的分离，位流理论失效。计算流体力学 (computational fluid dynamics, CFD) 方法可以更精确地模拟出翼型的压力分布，包括模拟湍流边界层和流动分离的影响。但在风力机设计中使用的数据仍主要依靠风洞实验结果。

2. 翼型升力特性

翼型的升力系数 C_l 随迎角的变化曲线如图 3-7 所示。图中的曲线根据其随迎角的变化规律大致可以分为三个阶段：在小迎角下，升力系数随迎角的增加而线性增大，两者呈正比关系，存在一个升力线斜率 C_l^α；在中等迎角下，升力系数随迎角变化的线性度变差，可以看作升力线斜率不再保持常数，而是随着迎角的增加逐渐减小；在超过临界迎角以后，发生失速现象，升力系数不再随迎角的增加而增大，

反而急剧下降。以上三个阶段在流场上分别对应于没有流动分离发生的附着流动状态、尾缘分离的发生与扩展状态、从前缘开始的吸力面完全分离状态。各阶段之间的分界与翼型的设计有关,第一阶段与第二阶段的分界迎角一般在接近 10°,第二阶段与第三阶段的分界迎角 (即临界迎角) 一般为 15° ~ 20°。

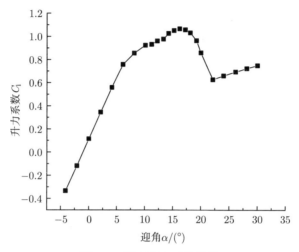

图 3-7   翼型升力系数特性

升力线斜率 C_1^α、零升迎角 α_0 和最大升力系数 $C_{1\max}$ 是表示翼型升力特性的三个标志性参数。其中升力线斜率和零升迎角受空气黏性的影响不大,基于无黏假设的位流理论可以分析其特点和数值;最大升力系数与翼型吸力面的流动分离密切相关,一般需要通过实验确定。

翼型的 C_1^α 值可以通过以下经验公式粗略估算:

$$C_1^\alpha = 1.8\pi(1 + 0.8\bar{t}) \tag{3-15}$$

零升迎角 α_0 是翼型升力系数为零时所对应的迎角,即升力系数曲线与横坐标交点处的迎角。零升迎角主要取决于翼型的弯度,可以用薄翼型理论进行估算。正弯度的翼型的零升迎角为负值,对称翼型的零升迎角为 0°。NACA 四位数字翼型的零升迎角数值大致与其相对弯度的数值大小相等,例如 $\bar{f} = 2\%$ 的 NACA 四位数字翼型,其零升迎角大约为 $-2°$。

在升力系数曲线的线性段内,翼型在任意迎角 α 的升力系数可以通过以下公式计算获得

$$C_1 = (\alpha - \alpha_0)C_1^\alpha \tag{3-16}$$

翼型的最大升力系数 $C_{1\max}$ 是翼型升力系数曲线的峰值点所对应的升力系数,其对应迎角为临界迎角。最大升力系数与翼型吸力面的流动分离密切相关,而流动

分离取决于边界层的发展情况。因此，翼型最大升力系数不仅取决于翼型的几何外形，还与影响边界层发展的雷诺数、来流湍流强度、翼型表面粗糙度等有关。一般来说，翼型的最大升力系数随雷诺数的增加而增大。

3. 翼型阻力特性

在小迎角下，翼型的阻力主要是摩擦阻力，阻力系数随迎角的变化不大，保持在相对较低的数值；在中等迎角下，随着尾缘分离的发生和扩展，压差阻力显著增大，其值近似与迎角的平方成正比，导致翼型的阻力系数随迎角的增加而迅速增大；在超过临界迎角以后，流动分离扩展至整个吸力面，翼型阻力系数急剧增大。

4. 翼型力矩特性

翼型的俯仰力矩又称为纵向力矩，一般是指翼型受到的空气动力对 1/4 翼弦点处形成的使翼型低头或抬头的力矩，通常用力矩系数曲线 $C_M\text{-}\alpha$ 或 $C_M\text{-}C_1$ 曲线来表示。当迎角 α 或升力系数 C_1 较小从而升力系数曲线在线性段时，力矩系数曲线也接近为一条直线，可以用以下公式计算：

$$C_M = C_{M0} + C_M^{C_1} \cdot C_1 \tag{3-17}$$

式中，C_{M0} 为零升力矩系数，即升力系数为零时的力矩系数，对于正弯度的翼型一般是一个小负数；$C_M^{C_L}$ 为 $C_M\text{-}C_1$ 曲线斜率，一般为负值。根据薄翼型理论[6]，零升力矩系数 C_{M0} 取决于弯度在翼弦上的分布函数，力矩曲线斜率 $C_M^{C_1} = -1/4$。

参 考 文 献

[1] Jacobs E N, Ward K E, Pinkerton R M. The Characteristics of 78 Related Airfoil Sections from Tests in the Variable-Density Wind Tunnel[R]. Washington DC: NACA Technical Report 460, 1933.

[2] Timmer W A , van Rooij R P J O M. Summary of the Delft University wind turbine dedicated airfoils[J]. Journal of Solar Energy Engineering, 2003, 125(4): 488-496.

[3] Fuglsang P, Bak C. Development of the Risø wind turbine airfoils[J]. Wind Energy, 2004, 7(2): 145-162.

[4] Sripawadkul V，Padulo M，Guenov M. A comparison of airfoil shape parameterization techniques for early design optimization[R]. AIAA Paper 2010-9050, 2010.

[5] 吴江海. 大型风力机叶片及翼型优化设计 [D]. 南京: 南京航空航天大学, 2012.

[6] Anderson Jr, J D. Fundamental of Aerodynamics[M]. New York: McGraw-Hill, 2011.

第二篇
叶素动量方法

　　叶素动量方法(blade element momentum method，BEM)将动量理论与风力机叶片局部的入流情况结合了起来。该方法简单实用，应用该方法可以进行叶片设计，根据风力机的几何参数(风轮直径、弦长、扭转角等)，估算叶片受力，确定风力机主轴的转矩和输出功率。

　　20世纪初，Betz首先将动量理论拓展应用于风力机，1948年Glauert把动量理论与叶素理论的分析结合起来，提出了动量理论与叶素理论的联立求解，即叶素动量理论。虽然该方法的提出距今已过去很长一段时间，但目前仍是风力机气动荷载计算中最常用的方法。叶素动量方法物理意义明确，模型相对简单，非常适合于风力机各种工况下的载荷计算。同时，考虑了各种修正模型的叶素动量理论，能够得到较为可靠的计算结果。

第4章　定常叶素动量方法

　　叶素动量方法由两部分组成，即动量理论和叶素理论。在动量理论中，假定风轮是可穿透的轮盘，流动过程是稳定的，风力机吸收风中的动能，并转换成为机械能。叶素理论又称为条带理论，这一理论将风力机叶片简化成沿径向叠加的有限数量的叶段，这些叶段被称为叶素，并假设每个叶素之间的流动互不干扰，作用于每个叶素的气动力仅由其翼型和当地入流速度决定。叶素动量方法就是将动量理论和叶素理论联立求解，获得每个叶素的气动载荷，进而得到整个叶片的气动性能。

　　在风力机叶片设计中，多数工况假设来流为直匀流，且风力机处于对风状态。因此，叶片绕流和气动载荷均为定常的。本章将介绍经典的定常叶素动量方法。

4.1　动　量　理　论

　　一维动量理论是叶素动量理论的基础，它将风力机叶轮简化为一个无厚度的圆盘，该圆盘从风中提取能量使气流速度发生变化，称为致动盘。该理论的模型是一个圆形流管，其平面示意图如图 4-1 所示。流管侧面由经过致动盘边缘的流线封闭，上游截至气流速度和压强均未受致动盘扰动处，下游截至气流压强恢复至环境气压处。

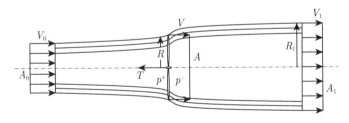

图 4-1　风力机一维动量理论的流管模型

　　一维动量理论中假设空气无黏，且空气密度为常数。无黏假设是为了保证模型的封闭性，避免动量受黏性剪切的作用发生跨流线输运。风力机的工作风速远低于声速，风流经整个流管过程中密度变化很小，因此密度为常数的假设能在保证误差可接受的基础上，极大地简化分析过程 [1]。

　　在流管入口处，横截面积为 A_0，空气流速为 V_0，压强等于环境压强 p_0。在致动盘处，横截面积为 A，流速为 V，空气的压力能被提取，压强从盘前的 p^+ 突降

至盘后的 p^-, 在致动盘前后产生压强差 Δp, 气流受到致动盘的反向推力 T 大小为

$$T = \Delta p \cdot A \tag{4-1}$$

式中, A 为致动盘的面积, $A = \pi R^2$. 而在流管出口处, 横截面积为 A_1, 流速为 V_1, 压强恢复至环境压强 p_0。

下面从质量守恒、动量守恒及伯努利方程出发, 推导上游风速、致动盘处风速和下游风速之间的关系, 以及致动盘受到的推力和提取的功率。

根据质量守恒, 单位时间内流过流管任一截面的质量流量相等:

$$\rho V_0 A_0 = \rho V A = \rho V_1 A_1 \tag{4-2}$$

根据动量定理, 单位时间内流出流管的气流动量与流入流管的气流动量之差, 等于气流在流管内的受力:

$$\rho V_1 A_1 \cdot V_1 - \rho V_0 A_0 \cdot V_0 = -\Delta p \cdot A \tag{4-3}$$

联立式 (4-2) 和式 (4-3) 有

$$\Delta p = \rho V (V_0 - V_1) \tag{4-4}$$

伯努利方程在致动盘前和致动盘后分别成立:

$$\begin{cases} \dfrac{1}{2}\rho V_0^2 + p_0 = \dfrac{1}{2}\rho V^2 + p^+ \\[2mm] \dfrac{1}{2}\rho V_1^2 + p_0 = \dfrac{1}{2}\rho V^2 + p^- \end{cases} \tag{4-5}$$

可得

$$\Delta p = p^+ - p^- = \frac{1}{2}\rho(V_0^2 - V_1^2) \tag{4-6}$$

联立式 (4-4) 和式 (4-6) 有

$$V = \frac{1}{2}(V_0 + V_1) \tag{4-7}$$

式 (4-7) 表明, 致动盘处的流速等于远上游和远下游流速的算术平均值。为了在以下推导中更加简明地利用这个关系, 也为了使推导更具有物理意义和普遍适用性, 定义轴向速度诱导因子 a:

$$a = 1 - \frac{V}{V_0} \tag{4-8}$$

因此有

$$V = (1-a)V_0 \tag{4-9}$$

$$V_1 = (1-2a)V_0 \tag{4-10}$$

从而推导出致动盘的推力系数 C_T

$$C_T = \frac{T}{1/2\rho V_0^2 A} = \frac{\Delta p \cdot A}{1/2\rho V_0^2 A} = 4a(1-a) \tag{4-11}$$

功率系数 C_P：

$$C_P = \frac{P}{1/2\rho V_0^3 A} = \frac{T \cdot V}{1/2\rho V_0^3 A} = 4a(1-a)^2 \tag{4-12}$$

式中，P 表示致动盘的提取功率。功率系数 C_P 是轴向速度诱导因子 a 的三次多项式，当 $a = 1/3$ 时，C_P 取得极值：

$$C_P = 16/27 \approx 0.593 \tag{4-13}$$

即为贝兹 (Betz) 极限 [2]，这是水平轴风力机功率系数的理论最大值。它表明，无论风力机设计得多么精良，最多也只能提取约 59.3% 的风能。

4.2 叶素动量理论

4.1 节的推导是在理想风轮的基础上展开的，没有考虑风力机叶片的几何和气动特征，也没有考虑尾流的旋转。事实上，当气流流经旋转风轮时，由牛顿第三运动定律可知，风轮的转动会导致气流相对风轮反向旋转。此时，引入切向速度诱导因子 $a' = \omega_a/\Omega$，其中 ω_a 为紧贴风轮平面下游产生的尾流旋转角速度，Ω 为叶片旋转角速度。则不同展向位置 r 处的气流相对叶片的切向速度为

$$V_{\mathrm{rot}} = (1+a')\Omega r \tag{4-14}$$

为了使动量理论在考虑了气流旋转运动后仍然适用，把风轮看作一个由一系列同心的圆环形流管组成的致动盘，并假设这些流管彼此之间是互不影响的，如图 4-2 所示。对其中一个圆环流管加以研究，可推导得到致动盘处的切向诱导速度为 $a'\Omega r$，流管出口处的切向诱导速度为 $2a'\Omega r$。

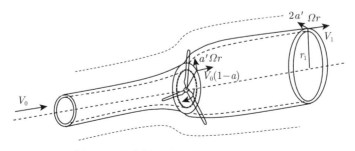

图 4-2　风力机二维动量理论的流管模型

在某径向位置，叶片剖面的入流速度三角形和角度定义如图 4-3 所示。入流合速度 $V_{\rm rel}$ 与风轮旋转平面的夹角定义为入流角 ϕ，其与剖面弦线的夹角定义为局部迎角 α，剖面弦线与风轮旋转平面的夹角定义为局部桨距角 θ，以上三个角度之间的关系为 $\phi = \alpha + \theta$。

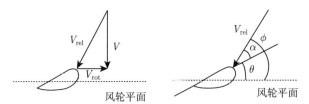

图 4-3   叶片剖面的速度三角形和角度定义

由速度三角形的几何关系可得

$$\tan\phi = \frac{V}{V_{\rm rot}} = \frac{(1-a)V_0}{(1+a')\Omega r} \tag{4-15}$$

取径向高度为 $\mathrm{d}r$ 的环状流管微元控制体，根据轴向的动量定理和切向的动量矩定理，可得该微元受到的推力和转矩分别为

$$\begin{aligned} \mathrm{d}T &= \rho \cdot 2\pi r\mathrm{d}r \cdot V_0\,(1-a) \cdot [V_0 - V_0\,(1-2a)] \\ &= 4\pi\rho V_0^2 a\,(1-a)\,r\mathrm{d}r \\ \mathrm{d}Q &= r \cdot \rho \cdot 2\pi r\mathrm{d}r \cdot V_0\,(1-a) \cdot 2a'\Omega r \\ &= 4\pi\rho\Omega V_0 a'\,(1-a)\,r^3\mathrm{d}r \end{aligned} \tag{4-16}$$

将转矩与风轮旋转角速度相乘，得到致动盘在该微元的提取功率：

$$\mathrm{d}P = 4\pi\rho\Omega^2 V_0 a'\,(1-a)\,r^3\mathrm{d}r \tag{4-17}$$

从 0 到 R 对 $\mathrm{d}P$ 进行积分，得到整个致动盘的提取功率：

$$P = 4\pi\rho\Omega^2 V_0 \int_0^R a'\,(1-a)r^3\mathrm{d}r \tag{4-18}$$

将其无量纲化得

$$C_P = \frac{8}{\lambda^2} \int_0^\lambda a'\,(1-a)\lambda_r^3\mathrm{d}\lambda_r \tag{4-19}$$

式中，$\lambda = \Omega R/V_0$，为叶尖速比，而 $\lambda_r = \Omega r/V_0$，为径向 r 处局部叶尖速比。由 C_P 表达式可以知道，为了优化功率，需要对下式取得其最大值：

$$f\,(a,a') = a'\,(1-a) \tag{4-20}$$

值得注意的是，轴向诱导因子 a 和切向诱导因子 a' 不是相互独立的。根据作用力与反作用力定律，当不考虑叶素阻力 (无黏假设的结果)，由 a 和 a' 决定的合诱导速度方向必然与叶素升力方向平行且反向，如图 4-4 所示。因为 a' 是 a 的函数，故当 $\mathrm{d}f(a, a')/\mathrm{d}a = 0$ 时，式 (4-19) 中 C_P 取最大值，将式 (4-20) 对 a 求微分得

$$\frac{\mathrm{d}f}{\mathrm{d}a} = (1 - a)\frac{\mathrm{d}a'}{\mathrm{d}a} - a' = 0 \tag{4-21}$$

移项整理后得

$$(1 - a)\frac{\mathrm{d}a'}{\mathrm{d}a} = a' \tag{4-22}$$

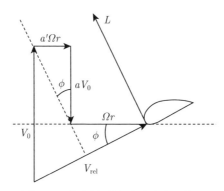

图 4-4 叶片剖面的诱导速度三角形

由诱导速度关系图 4-4 与方程 (4-15)，可得

$$\begin{cases} \tan\phi = \dfrac{a'\Omega r}{a V_0} = \dfrac{a'\lambda_r}{a} \\[2mm] \tan\phi = \dfrac{(1 - a)\, V_0}{(1 + a')\, \Omega r} = \dfrac{1 - a}{(1 + a')\, \lambda_r} \end{cases} \tag{4-23}$$

由上式可得轴向诱导因子 a 和切向诱导因子 a' 满足下式：

$$\lambda_r^2 a'\, (1 + a') = a\, (1 - a) \tag{4-24}$$

因此功率最优化问题转换为同时满足方程 (4-22) 和式 (4-24)。现将式 (4-24) 对 a 求微分：

$$(1 + 2a')\frac{\mathrm{d}a'}{\mathrm{d}a}\lambda_r^2 = 1 - 2a \tag{4-25}$$

将方程 (4-22)、式 (4-24) 和式 (4-25) 联立求解，即得 a 和 a' 之间的最优关系：

$$a' = \frac{1 - 3a}{4a - 1} \tag{4-26}$$

　　已有的计算分析表明，a' 的存在导致风轮的理论最优功率系数低于贝兹极限，但随着局部叶尖速比 λ_r 的增大，a 的最优值趋向 $1/3$，a' 趋向 0，理论最优功率系数趋向贝兹极限。

　　叶片一个叶素微元的受力如图 4-5 所示，轴向力系数和切向力系数与升、阻力系数的关系为

$$\begin{cases} C_{\mathrm{n}} = C_{\mathrm{l}}\cos\phi + C_{\mathrm{d}}\sin\phi \\ C_{\mathrm{t}} = C_{\mathrm{l}}\sin\phi - C_{\mathrm{d}}\cos\phi \end{cases} \tag{4-27}$$

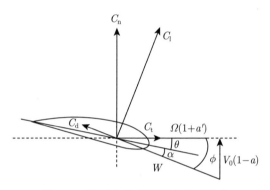

图 4-5　叶素上的来流速度及气动力

式中，C_{l} 和 C_{d} 是二维翼型的升力和阻力系数，都是迎角 α 的函数。考虑叶片数量 B，微元上受到的推力和转矩也可以通过叶素理论描述：

$$\begin{cases} \mathrm{d}T = \dfrac{1}{2}\rho W^2 C_{\mathrm{n}} Bc\,\mathrm{d}r \\ \mathrm{d}Q = \dfrac{1}{2}\rho W^2 C_{\mathrm{t}} Bcr\,\mathrm{d}r \end{cases} \tag{4-28}$$

式中，c 是叶素的弦长，W 为入流合速度：

$$W = \sqrt{V_0^2(1-a)^2 + \Omega^2 r^2 (1+a')^2} \tag{4-29}$$

　　为了计算叶片载荷，必须知道轴向诱导因子 a 和切向诱导因子 a'。经过以上的推导，已经获得了动量理论和叶素理论下的推力和转矩公式，即式 (4-16) 和式 (4-28)，令两式相等可得

$$\begin{cases} \dfrac{a}{1-a} = \dfrac{\sigma C_{\mathrm{n}}}{4\sin^2\phi} \\ \dfrac{a'}{1+a'} = \dfrac{\sigma C_{\mathrm{t}}}{4\sin\phi\cos\phi} \end{cases} \tag{4-30}$$

式中，σ 为叶片局部实度，$\sigma = Bc/(2\pi r)$。由上式可以得到轴向诱导因子和切向诱导因子的表达式为

$$\begin{cases} a = \dfrac{1}{\dfrac{4\sin^2\phi}{\sigma C_{\mathrm{n}}} + 1} \\ a' = \dfrac{1}{\dfrac{4\sin\phi\cos\phi}{\sigma C_{\mathrm{t}}} - 1} \end{cases} \tag{4-31}$$

至此，已经推导出了叶素动量方法需要的所有公式。动量理论假设了风轮为致动盘，即为一阻力圆盘产生相应的压力降，该假设意味着风轮中叶片为无穷多个，而实际风力机的叶片数目是有限的。此外，叶素动量方法是基于势流理论，假定了流体无黏无旋，而实际的风力机流场受到黏性影响，一定条件下在尾流中还会出现旋涡。理论与实际的以上物理差异，可以在叶素动量方法的具体应用中通过工程模型予以修正。接下来两节将分别介绍针对以上两方面问题的修正模型。

4.3 叶片数的影响

叶素动量理论假设风轮的叶片数量为无穷，那么通过风轮某一径向位置的每个流体质点都与叶片有相同的相互作用，产生相同的动量损失。事实上，一般的水平轴风力机叶片数为 2~3 个，空气流经风轮时，周向不同位置的流体质点与叶片的距离不同，与叶片之间相互作用的强弱也不同，这种效应在越靠近叶片尖部的区域越明显，应当予以修正 [3]。

普朗特 (Prandtl) 针对叶片数无穷的假设进行了修正，在公式 (4-16) 中引入了叶尖损失修正因子 F：

$$\begin{cases} \mathrm{d}T = 4\pi\rho V_0^2 a(1-a)rF\mathrm{d}r \\ \mathrm{d}Q = 4\pi\rho\varOmega V_0 a'(1-a)r^3 F\mathrm{d}r \end{cases} \tag{4-32}$$

其中 F 的表达式为

$$F = \frac{2}{\pi}\arccos\left(\mathrm{e}^{-\frac{B}{2}\frac{R-r}{r\sin\phi}}\right) \tag{4-33}$$

式中，B 为叶片数；ϕ 为气流相对于叶素的入流角。再根据式 (4-28)，可进一步推导出：

$$\begin{cases} a = \dfrac{1}{\dfrac{4F\sin^2\phi}{\sigma C_{\mathrm{n}}} + 1} \\ a' = \dfrac{1}{\dfrac{4F\sin\phi\cos\phi}{\sigma C_{\mathrm{t}}} - 1} \end{cases} \tag{4-34}$$

4.4　高推力系数的影响

将式 (4-2) 代入尾流速度关系式 (4-10) 中可得

$$\frac{A_0}{A_1} = 1 - 2a \tag{4-35}$$

上式表明，当 $a > 0.5$ 时，两个面积比为负值。事实上，此时动量理论已经不适用，因为尾流中的速度阶跃使得外层流动输送到尾流中，尾流边缘的自由剪切层不再稳定，使得尾流中产生旋涡，这种现象称为湍流尾迹状态。图 4-6 显示了不同轴向诱导因子下的风轮工作状态及其对应的 C_T 值。一些研究表明，湍流尾迹状态的影响从 $a \approx 0.4$ 的时候就开始了，此时与最佳运行状态 $(a = 1/3)$ 已经较为接近。

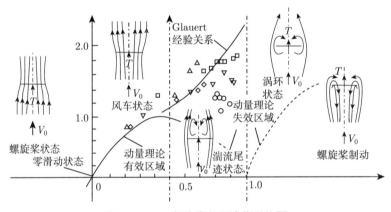

图 4-6　C_T 实验值和理论值对比图

当出现湍流尾迹状态时，动量理论下的推力公式已经不再适用。为了解决这个问题，基于实验的研究，不同学者拟合出了一些针对大诱导速度状态下的推力系数公式，例如：

Glauert[4]：$C_T = 0.89 - 0.44a + 1.56a^2, a > 0.4$

Wilson[5]：$C_T = 0.578 + 0.96a, a > 0.38$

de Vries 和 den Blanken[6]：$C_T = 0.53 + 1.07a, a > 0.4$

Anderson 等 [7]：$C_T = 0.425 + 1.39a, a > 0.326$

目前还没有有力的证据能够表明上述的修正方案中哪一个更为准确，不过 Wilmshurst 等 [8] 做过的一些测量结果倾向于支持 Wilson 以及 de Vries 和 den Blanken 的公式。

以 de Vries 和 den Blanken 的修正为例 [6]，当 $a > 0.4$ 时，$C_T = 0.53 + 1.07a$，将其用作当地推力系数，于是由动量理论得到的公式 (4-16) 变为

$$\mathrm{d}T = \pi\rho V_0^2(0.53 + 1.07a)r\mathrm{d}r \tag{4-36}$$

4.5　叶素动量方法的迭代求解

介绍了叶素动量理论的基本方程和相应修正模型后，可以根据该方法构造迭代，编写求解程序计算风力机在对风条件下的气动性能。典型的计算步骤如下。

第 1 步：对轴向、切向诱导因子 a 和 a' 初始化，一般取 $a = a' = 0$。

第 2 步：使用式 (4-15) 计算入流角 ϕ 和局部迎角 $\alpha = \phi - \theta$。

第 3 步：从二维翼型静态气动数据中读取升、阻力系数 C_l 和 C_d。

第 4 步：使用式 (4-27) 计算 C_n 和 C_t。

第 5 步：使用式 (4-34) 计算新的诱导因子 a 和 a'。

第 6 步：如果计算得到的 a 和 a' 较上一步结果差值超过设定的容差，则返回第 2 步。否则，进行下一步。

第 7 步：计算叶片各叶素的局部载荷，并沿展向积分获得叶片的推力、叶根弯矩和机械功率等性能参数，计算完成。

以上就是叶素动量理论的基本计算方法，其特点是理论简单，计算成本低，并能给出风力机性能的合理预测结果 [9,10]。在一些工况下，风力机叶片可能发生局部失速，此时应在第 3 步针对翼型静态气动数据，进行考虑三维旋转效应的失速延迟修正，将在第 6 章给出相应的模型介绍。

将式 (4-27) 与式 (4-16) 和式 (4-28) 进行结合，并考虑叶片与旋转平面的夹角 θ_{cone} 的影响，构造可以进行迭代计算的方程，分别记为 f_n 和 f_t：

$$f_{\mathrm{n}} = \begin{cases} \sigma C_{\mathrm{n}}(1-a)\cos\theta_{\mathrm{cone}} - 8Fa\sin^2\phi = 0, & a \leqslant 0.4 \\ \sigma C_{\mathrm{n}}(1-a)\cos\theta_{\mathrm{cone}} - (1.06 + 2.14a)F\sin^2\phi/(1-a) = 0, & a > 0.4 \end{cases} \tag{4-37}$$

$$f_{\mathrm{t}} = \sigma C_{\mathrm{t}}(1+a')/\cos\theta_{\mathrm{cone}} - 8Fa'\sin\phi\cos\phi = 0 \tag{4-38}$$

上述计算步骤属于常规的迭代方法，在实度和推力系数较小时，能够实现迭代计算的收敛。但是随着实度和推力系数的增加，迭代计算会出现发散的现象。为了解决这一问题，用推导出的式 (4-37) 和式 (4-38) 可求出风轮在所有运转范围 (指叶尖速比 λ) 和任何叶素处的速度诱导因子 a、a'，然后用数值积分的方法求出风轮的性能。但是由于式 (4-37) 和式 (4-38) 比较复杂，不可能求出其解析解。因此下文提出了二元弦截法来提高收敛性。

首先对弦截法加以改进，先搜寻出只含一个解的区间，使初始的两个弦截点处的函数值异号，然后用弦截法进行迭代，并在迭代过程中保持两个弦截点处的函数值是异号。其次再对这种改进后的弦截法求解由方程 (4-37) 和方程 (4-38) 组成的二元方程组，由方程 (4-37) 迭代出一个新的 a 值，由方程 (4-38) 确定出新的 a' 值，当 a、a' 相邻两次迭代值的差均小于给定的数值或函数 f_n、f_t 的残值小于给定的数值时，迭代停止。上述方法即"二元弦截法"，下面给出具体叙述。

设轴向速度诱导因子 a 的第 k 次迭代的结果为 a_k，切向速度诱导因子 a' 的第 k 次迭代的结果为 a'_k，二者应满足方程：

$$f_\mathrm{t}(a_k, a_{k+1}) = 0 \tag{4-39}$$

则 a'_k 可通过下式改进的弦截法迭代给出：

$$(a'_k)_{n+1} = \frac{(a'_k)_{n-1} g(a_k, (a'_k)_n) - (a'_k)_n g(a_k, (a'_k)_{n-1})}{g(a_k, (a'_k)_n) - g(a_k, (a'_k)_{n-1})} \tag{4-40}$$

对 a' 赋予初值 $(a'_k)_0$，$(a'_k)_1$，并在迭代中保持

$$g(a_k, (a'_k)_n) \cdot g(a_k, (a'_k)_{n-1}) < 0 \tag{4-41}$$

那么 $(a'_k)_{n+1}$ 收敛于 a'_k。

根据方程 (4-37)，用改进弦截法迭代求轴向速度诱导因子 a：

$$a_{k+1} = \frac{a_{k-1} f(a_k, a'_k) - a_k f(a_{k-1}, a'_{k-1})}{f(a_k, a'_k) - f(a_{k-1}, a'_{k-1})} \tag{4-42}$$

给定初值 (a_0, a'_0) 和 (a_1, a'_1)，并在迭代中保持

$$f(a_k, a'_k) \cdot f(a_{k-1}, a'_{k-1}) < 0 \tag{4-43}$$

那么 a_{k+1} 收敛于 a_*，a_* 对应的 a'_* 值最后由式 (4-40) 迭代给出，这样就求出了方程 (4-37) 和方程 (4-38) 的解 (a_*, a'_*)。为了搜寻方程只含一个解的区间，对第一个叶素，给定 a、a' 搜寻初值 (一般不为零)；对于其他叶素，则用上一叶素的最后迭代结果作为搜寻初值。对于每一叶素，以该初值为中心，左右交替搜寻，从而可以快速找出含解的区间，大大减少计算量。

方程 (4-37) 和方程 (4-38) 有时只有一组解，有时会有多组解。对于多解情况，会存在解的取舍问题，Wilson 等 [11] 曾就产生多解的原因做了说明，并建议按照连续性的原则在多解中选取一组。该方法虽然可行，但是 a、a' 随 r 的变化十分复杂，导致使 a、a' 沿叶片展向连续的原则并不好掌握。

建议将求出的多组 a、a' 值用式 (4-24) 来检验，使该方程残值最小的一组解即为所要求的结果。通过算例的计算表明，用此方法取舍多解，可提高对应的风轮功率系数 C_P 的准确性。

4.6 计 算 实 例

下面给出 NREL phase Ⅵ风力机的叶素动量方法计算结果与实验结果的对比,从而验证叶素动量方法的可靠性。该风力机叶片采用 NREL S809 翼型,径向各剖面参数如表 4-1 所示。采用叶素动量方法计算了风力机在风速为 5~25m/s 范围的气动性能,叶尖修正采用了 Prandtl 模型,三维旋转效应采用了 Du-Selig 模型。相关计算结果如图 4-7~ 图 4-11 所示,与实验值的对比显示出叶素动量方法较好地预测了风轮的气动性能和叶片的载荷分布。

表 4-1   NREL phase Ⅵ 叶片参数分布

径向距离/m	展向位置 (r/R)	弦长/m	扭角/(°)
0.6604	0.131	0.218	0
0.8835	0.176	0.183	0
1.0085	0.2	0.349	6.7
1.0675	0.212	0.441	9.9
1.1335	0.225	0.544	13.4
1.2575	0.25	0.737	20.04
1.343	0.267	0.728	18.074
1.51	0.3	0.711	14.292
1.648	0.328	0.697	11.909
1.952	0.388	0.666	7.979
2.257	0.449	0.636	5.308
2.343	0.466	0.627	4.715
2.562	0.509	0.605	3.425
2.867	0.57	0.574	2.083
3.172	0.631	0.543	1.15
3.185	0.633	0.542	1.115
3.476	0.691	0.512	0.494
3.781	0.752	0.482	−0.015
4.023	0.8	0.457	−0.381
4.086	0.812	0.451	−0.475
4.391	0.873	0.42	−0.92
4.696	0.934	0.389	−1.352
4.78	0.95	0.381	−1.469
5	0.994	0.358	−1.775

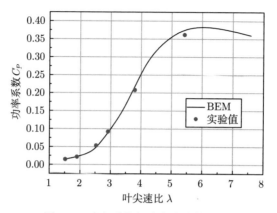

图 4-7　功率系数与叶尖速比的关系

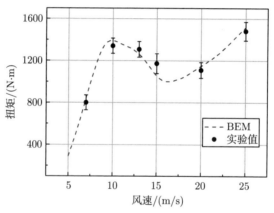

图 4-8　扭矩与风速的关系

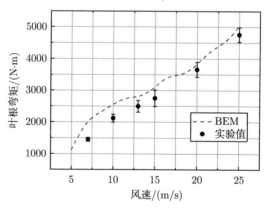

图 4-9　叶根弯矩与风速的关系

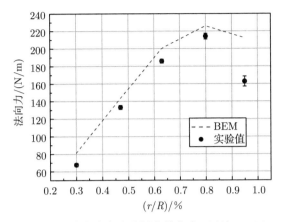

图 4-10 叶片法向力沿展向的分布 (风速 7m/s)

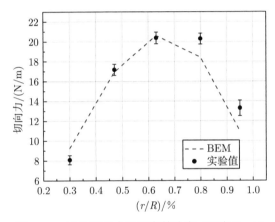

图 4-11 叶片切向力沿展向的分布 (风速 7m/s)

参 考 文 献

[1] Hansen M O L. Aerodynamics of Wind Turbines [M]. 2nd ed. New York: Routledge, 2008.

[2] Prandtl L, Betz A. Vier Abhandlungen zur Hydrodynamik und Aerodynamik [M]. Göttingen: Universitätsverlag Göttingen, 1927.

[3] Anderson M B, Garrad A D, Hassan U. Teeter excursions of a two-bladed horizontal-axis wind-turbine rotor in a turbulent velocity field[J]. Journal of Wind Engineering and Industrial Aerodynamics, 1984, 17(1): 71-88.

[4] Glauert H. The Elements of Aerofoil and Airscrew Theory [M]. Cambridge: Cambridge University Press, 1948.

[5] Wilson R E. Aerodynamic potpourri[C] // Proceedings of the First Wind Turbine Dynamics Conference. Cleveland, 1981.

[6] de Vries O, den Blanken M H G. Second series of wind-tunnel tests on a model of a two-bladed horizontal-axis wind turbine; influence of turbulence on the turbine performance and results of a aflow survey behind the rotor [R]. NLRTR, 1981.

[7] Anderson M B, Ross N J, Milborrow D J. Performance and wake measurements on a 3 M diameter horizontal axis wind turbine: Comparison of theory, wind tunnel and field test data [R]. Cambridge: University of Cambridge, 1982,

[8] Wilmshurst S, Metherell A J F, Wilson D M A, et al. Wind turbine rotor performance in the high thrust region [C]. Proceedings of the Sixth BWEA Wind Energy Conference. Reading, Engl: Cambridge University Press, 1984: 268-278.

[9] Yang H, Shen W Z, Xu H R, et al. Prediction of the wind turbine performance by using BEM with airfoil data extracted from CFD[J]. Renewable Energy, 2014, 70: 107-115.

[10] de Freitas Pinto R L U, Goncalves B P F. A revised theoretical analysis of aerodynamic optimization of horizontal-axis wind turbines based on BEM theory[J]. Renewable Energy, 2017, 105: 625-636.

[11] Wilson R E, Lissaman P B S, Walker S N. Aerodynamic performance of wind turbines[R]. NASA STI/Recon Technical Report N, 1976, 77.

第5章 修正模型

本章将介绍叶素动量理论使用中，较为重要的三类修正模型。第一类，为叶尖损失修正模型，用于描述实际风力机有限叶片数的影响；第二类，为三维旋转效应模型，用于描述科氏力和离心力导致的旋转叶片失速延迟的影响；第三类，为动态失速模型，用于描述叶素局部迎角随时间变化导致的叶素气动力非定常效应[1]。

5.1　叶尖损失修正模型

5.1.1　Prandtl 模型

根据 Betz 的分析，叶片载荷分布达到最优状态的必要条件是风轮后的脱体涡呈现刚性的螺旋面分布 (图 5-1)。将这些螺旋涡面看成刚性膜片，其彼此之间的距离为常值，并以相同的速度向后移动。在尾流内可忽略径向流动速度，但在尾流边界处必须考虑径向速度[2−4]。Prandtl 简化了这一模型，以间距为 s 的平行线代替涡面，s 可用下式表示：

$$s = \frac{2\pi R}{B}\sin\phi_1 = \frac{2\pi R}{B}\frac{1}{\sqrt{1+\lambda^2}} \tag{5-1}$$

式中，ϕ_1 是螺旋涡面在尾流边界处的角度，可近似表示为 $\tan\phi_1=1/\lambda$。

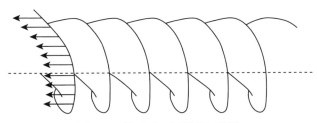

图 5-1　桨面后理想脱体涡草图

整个涡系向后移动的速度 v' 在复平面 Z 中可表示为

$$u - \mathrm{i}v = \frac{v'\mathrm{e}^{\pi Z/s}}{\sqrt{1-\mathrm{e}^{2\pi Z/s}}} \tag{5-2}$$

为了求出 $P'P_1$ 之间的平均流动速度，Prandtl 以 $\phi(AB)$ 表示从一点 P 到任意一点 Q 的速度势的增加量 (图 5-2)，于是从点 P' 到 P_1 速度差可由垂直方向上

的速度 v 积分得到

$$\int_0^s v\mathrm{d}y = \phi(P'P_1) = \phi(P'A) + \phi(AA_1) + \phi(A_1P_1) \tag{5-3}$$

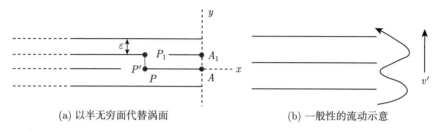

(a) 以半无穷面代替涡面　　　　　　　　　(b) 一般性的流动示意

图 5-2　Prandtl 近似模型

而 $\phi(P'A) = -\phi(AP') = -\phi(PA), \phi(A_1P_1) = -\phi(AP) = -\phi(PA), \phi(AA_1) = v's$，
于是有

$$\int_0^s v\mathrm{d}y = v's - 2\phi(PA) \tag{5-4}$$

假设 PA 的长度为 a，则

$$\phi(PA) = v' \int_{-a}^0 \frac{\mathrm{e}^{\pi x/s}\mathrm{d}x}{\sqrt{1-\mathrm{e}^{2\pi x/s}}} \tag{5-5}$$

对之积分，得

$$\phi(PA) = \frac{v's}{\pi}\left(\frac{\pi}{2} - \arcsin \mathrm{e}^{-\pi a/s}\right) = \frac{v's}{\pi}\arccos \mathrm{e}^{-\pi a/s} \tag{5-6}$$

于是 $P'P_1$ 之间的平均速度为

$$\frac{1}{s}\int_0^s v\mathrm{d}y = v'\left(1 - \frac{2}{\pi}\arccos \mathrm{e}^{-\pi a/s}\right) \tag{5-7}$$

显然，$v'\dfrac{2}{\pi}\arccos \mathrm{e}^{-\pi a/s}$ 即为损失的速度，在应用这一结果时，a 要用 $(R-r)$ 替换，r 表示截面半径。令 $f = -\dfrac{\pi a}{s}$，进一步可得

$$f = \frac{B(R-r)\sqrt{1+\lambda^2}}{2R} \tag{5-8}$$

于是可定义叶尖损失修正系数：

$$F_t = \frac{2}{\pi}\arccos \mathrm{e}^{-f} \tag{5-9}$$

5.1.2 Glauert 系列模型

1. Glauert 模型

Glauert 推导出叶尖损失函数 $F = a_{\mathrm{m}}/a_{\mathrm{b}}$。其中，$a_{\mathrm{b}}$ 为叶片截面处的轴向诱导因子，并在此叶片截面处卷起相应的涡面。a_{m} 和 $a(r,\theta)$ 分别为平均轴向诱导因子和局部轴向诱导因子。当风轮叶片数为无穷时，则有 $a_{\mathrm{b}} = a_{\mathrm{m}}$。此外，Glauert 利用 Prandtl 叶尖损失函数 F，通过轴向动量方程和角动量方程，分别引入了针对轴向和切向诱导因子的修正函数 [5]。

Glauert 在 Prandtl 提出的修正公式的基础上进行了一定的修改，得到了一个近似表达：

$$F = \frac{2}{\pi} \arccos \mathrm{e}^{-\frac{B(R-r)}{2r\sin\phi}} \tag{5-10}$$

式中，r 为局部径向位置；R 为叶片半径；ϕ 为入流角；B 为叶片数。

Glauert 认为叶尖损失效应只影响诱导速度而不影响质量流量，于是诱导因子的最终表达式为

$$\begin{cases} a = \dfrac{1}{4F\sin^2\phi/(\sigma C_{\mathrm{n}}) + 1} \\[3mm] a' = \dfrac{1}{4F\sin\phi \ \cos\phi/(\sigma C_{\mathrm{t}}) - 1} \end{cases} \tag{5-11}$$

2. Wilson-Lissaman 模型

Wilson 和 Lissaman 利用环量的概念重构了叶尖损失修正模型 [6]。鉴于环量主要来源于升力，他们在分析过程中也仅考虑了升力 (即 $C_{\mathrm{d}} = 0$)，并将 Glauert 模型修正因子 F 的影响扩展到质量流量上，从而得到了新的轴向诱导因子的表达式。切向诱导因子的表达式与 Glauert 提出的表达式相同。最终结果为

$$\begin{cases} \dfrac{aF(1-aF)}{(1-a)^2} = \dfrac{\sigma C_1 \cos\phi}{4\sin^2\phi} \\[3mm] \dfrac{a'F}{1+a'} = \dfrac{\sigma C_1}{4\cos\phi} \end{cases} \tag{5-12}$$

3. de Vries 模型

由于叶素动量理论不考虑黏性的影响，从而风轮对气流的作用力应垂直于叶片上相对来流速度的方向，即诱导速度的合速度应与相对速度保持正交。de Vries 指出 Wilson 和 Lissaman 提出的修正公式不满足这种正交性 [7,8]，并提出了新的方法以满足正交性要求，最终的修正模型为

$$\begin{cases} \dfrac{aF(1-aF)}{(1-a)^2} = \dfrac{\sigma C_1 \cos\phi}{4\sin^2\phi} \\[3mm] \dfrac{a'F(1-aF)}{(1+a')(1-a)} = \dfrac{\sigma C_1}{4\cos\phi} \end{cases} \tag{5-13}$$

5.1.3　Goldstein 模型

Goldstein 根据旋转叶片的诱导速度确定沿叶片的环量分布，发展了一种理论推导上更严谨的叶尖修正模型 [9]。其解决方案是通过使用合适的边界条件求解 Laplace 方程，对于有限叶片数的转子，获得其对应于最小能量损失的环量形式如下：

$$\Gamma = \frac{2\pi}{B} \frac{\omega U_0}{\Omega} \left[\frac{8}{\pi^2} \sum_{m=0}^{\infty} \frac{T_{1,\nu}(\nu\lambda_r)}{(2m+1)^2} + \frac{2}{\pi} \sum_{m=0}^{\infty} a_m \frac{I_\nu(\nu\lambda_r)}{I_\nu(\nu\lambda)} \right] \tag{5-14}$$

式中，ν 为转子的前进速度，表达式可写为 $\nu = B(m + 0.5)$；μ 为局部叶尖速比，r 为所处径向位置，λ 为叶尖速比，Ω 为叶轮旋转角速度，a_m 为环量分布系数，ω 为螺旋涡面推进速度。相应的叶尖损失因子可表示为

$$K = \left(\frac{\lambda_r^2}{1 + \lambda_r^2} \right)^{-1} \left[\frac{8}{\pi^2} \sum_{m=0}^{\infty} \frac{T_{1,\nu}(\nu\lambda_r)}{(2m+1)^2} + \frac{2}{\pi} \sum_{m=0}^{\infty} a_m \frac{I_\nu(\nu\lambda_r)}{I_\nu(\nu\lambda)} \right] \tag{5-15}$$

Goldstein 模型适用于有限个叶片数以及低叶尖速比的情况。根据研究表明，随着叶片数或叶尖速比的增加，该模型与 Prandtl 模型的环量差异会逐渐减小。

5.1.4　Shen 模型

根据叶素动量理论进行计算时，所使用的二维翼型的升、阻力系数在叶尖附近区域常常不为零，但理论分析表明，叶尖附近的升、阻力应该趋近于零，这意味着叶尖附近的翼型数据需要进行修正。Shen[10] 提出一个因子 F_1，对叶素的法向力系数和切向力系数进行如下修正：

$$C_n^r = F_1 C_n \tag{5-16}$$

$$C_t^r = F_1 C_t \tag{5-17}$$

轴向诱导因子和切向诱导因子由以下公式确定：

$$\begin{cases} \dfrac{aF(1 - aF)}{(1 - a)^2} = \dfrac{\sigma C_n}{4\sin^2\phi} F_1 \\[3mm] \dfrac{a'F(1 - aF)}{(1 - a)(1 + a')} = \dfrac{\sigma C_t}{4\sin\phi\cos\phi} F_1 \end{cases} \tag{5-18}$$

Shen 提出的 F_1 的表达式为

$$F_1 = \frac{2}{\pi} \arccos e^{-g\frac{B(R-r)}{2r\sin\phi}} \tag{5-19}$$

其中参数 g 的一般表达式为

$$g = e^{-c_1(B\lambda - c_2)} \tag{5-20}$$

通过拟合两种不同条件下的计算结果与实验结果，Shen 提出 g 的一种近似表达为

$$g = \mathrm{e}^{-0.125(B\lambda - 21) + 0.1} \tag{5-21}$$

对于收尖的叶片构型，F_1 和 g 的表达式分别可以进一步修改为

$$F_1 = \frac{2}{\pi} \arccos \mathrm{e}^{-g\frac{B(R-r)^n}{2r^n \sin\phi}} \tag{5-22}$$

$$g = \mathrm{e}^{-\frac{0.125(B\lambda - 21)}{1 - 2\min(\mathrm{d}c/\mathrm{d}r)}} + 0.1 \tag{5-23}$$

式中，$\mathrm{d}c/\mathrm{d}r$ 为叶尖部分弦长沿径向的分布梯度，而 $n = 1 + 0.5\min(\mathrm{d}c/\mathrm{d}r)$。

求解方程 (5-18) 得

$$\begin{cases} a = \dfrac{2 + Y_1 - \sqrt{4Y_1(1-F) + Y_1^2}}{2(1 + FY_1)} \\[3mm] a' = \dfrac{1}{(1 - a_B F)Y_2/(1 - a_B) - 1} \end{cases} \tag{5-24}$$

式中，$Y_1 = 4F\sin^2\phi/(\sigma C_n F_1), Y_2 = 4F\sin\phi\cos\phi/(\sigma C_t F_1)$。

5.1.5 叶根修正

与发生叶尖损失的原理相同，叶片根部附近也会发生气动载荷的下降。尽管叶根区域的载荷对风轮整体扭矩和叶根弯矩的贡献占比较小，但如果需要获得一个比较符合实际的载荷分布，也有必要进行相应的修正。叶根修正一般借鉴 Glauert 叶尖修正模型，其修正因子的表达式如下：

$$F_{\mathrm{hub}} = \frac{2}{\pi} \arccos \mathrm{e}^{-\frac{B(r - R_{\mathrm{hub}})}{2r\sin\phi}} \tag{5-25}$$

式中，R_{hub} 为轮毂半径。若叶尖损失因子表示为 F_{tip}，则叶片整体的叶根叶尖损失因子为

$$F = F_{\mathrm{tip}} \cdot F_{\mathrm{hub}} \tag{5-26}$$

将其代入式 (4-34) 中，即可得到考虑叶尖和叶根损失的诱导因子迭代公式。以 Glauert 叶尖叶根损失模型为例，图 5-3 给出了某风力机的损失因子沿径向位置的变化曲线。可见，叶尖和叶根损失对风力机在叶尖和叶根的气动载荷有显著影响，而对于叶片中段的影响则可以忽略不计。

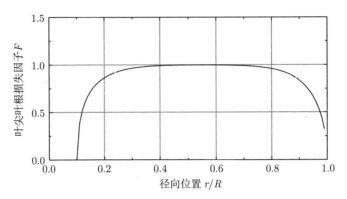

图 5-3 叶尖叶根损失因子沿径向位置的变化

5.2 三维旋转效应模型

在叶素动量理论的应用中,叶片剖面的气动特性由二维翼型的升力、阻力以及力矩特性决定。事实上,叶片的旋转会产生科氏力和离心力,进而引起失速延迟现象,这就是所谓的三维旋转效应。图 5-4 给出了 NREL Phase Ⅵ 叶片在风洞实验中,各个剖面的升力曲线与其二维翼型的升力系数曲线的对比。从该图可以看出,靠近叶根的 30%剖面的最大升力系数相对二维翼型大幅提升,对应的临界迎角增大了约 15°。这就是三维旋转效应导致的失速延迟现象,在叶根附近区域较显著。

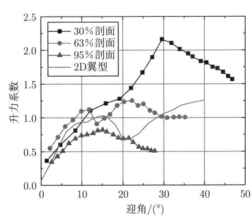

图 5-4 NREL Phase Ⅵ 叶片各剖面升力系数与二维翼型升力系数对比

学者们基于不同的理论,发展了一系列的三维旋转效应修正模型,这些模型大多采用以下形式对气动力进行修正:

$$\begin{cases} C_{l,3D} = C_{l,2D} + f_l \Delta C_l \\ C_{d,3D} = C_{d,2D} + f_d \Delta C_d \end{cases} \tag{5-27}$$

式中，$C_{1,2D}$ 和 $C_{d,2D}$ 为叶片剖面翼型的二维升、阻力系数，而 $C_{1,3D}$ 和 $C_{d,3D}$ 为修正之后的三维气动力系数。公式右端的第二项是修正模型所要确定的量，根据确定该量的方式不同，可以把修正模型分为两类。

第一类：针对 f_1 和 f_d 建立修正表达式。ΔC_1 和 ΔC_d 取势流线性理论与实际二维翼型气动力数据的差值 (与迎角相关)。

第二类：针对 ΔC_1 和 ΔC_d 建立修正表达式。f 取 1 或经验常数。

5.2.1 第一类模型

1. Snel 模型

Snel 模型利用有黏-无黏耦合迭代的方法，求解积分型的三维边界层动量方程 [11]。通过对实验数据进行拟合，Snel 提出的修正函数为 (仅对升力系数进行修正)

$$f_1 = 3(c/r)^2 \tag{5-28}$$

式中，c 表示叶片当地弦长；r 表示叶片当地半径。

2. Chaviaropoulos 模型

Chaviaropoulos 模型来源于求解三维不可压 N-S 方程 [12]。建模思路与 Snel 模型类似，不同的是，Chaviaropoulos 模型考虑了对阻力系数的修正：

$$f_1 = f_d = a(c/r)^h \cos^n(\phi_t) \tag{5-29}$$

式中，ϕ_t 表示叶片剖面的局部扭转角。Chaviaropoulos 给出的常数为：$a = 2.2$，$h = 1$，$n = 4$。

3. Du-Selig 模型

Du-Selig 模型基于旋转叶片的三维积分型层流边界层方程提出 [13]，基于 Banks 和 Gadd[14] 的经典研究，推导出了二维和三维情况下叶片分离因子的差值，其修正因子具体形式为

$$
\begin{cases}
f_1 = \dfrac{1}{2\pi}\left[\dfrac{1.6(c/r)}{0.1267}\dfrac{a - (c/r)^{\frac{d}{\Lambda}\frac{R}{r}}}{b + (c/r)^{\frac{d}{\Lambda}\frac{R}{r}}} - 1\right] \\[3mm]
f_d = \dfrac{1}{2\pi}\left[\dfrac{1.6(c/r)}{0.1267}\dfrac{a - (c/r)^{\frac{d}{2\Lambda}\frac{R}{r}}}{b + (c/r)^{\frac{d}{2\Lambda}\frac{R}{r}}} - 1\right]
\end{cases} \tag{5-30}
$$

式中，$\Lambda = \dfrac{\Omega R}{\sqrt{V_\infty^2 + (\Omega R)^2}}$，$\Omega$ 为风轮旋转速度；R 为风轮半径；V_∞ 为均匀来流速度。参数 a、b 一般取 0.8~1.2，d 一般取 0.4~1。

4. Raj 模型

Raj 以 Du-Selig 模型为基础,增加了新的修正因子依赖项 [15]。Raj 模型最重要的修正是由三维旋转效应而引起的阻力系数增加,而非 Du-Selig 模型所预测的减小。修正因子具体形式为

$$
\begin{cases}
f_{\mathrm{l}} = \dfrac{1}{2\pi}\left[\dfrac{1.6(c/r)}{0.1267}\dfrac{a_{\mathrm{l}} - (c/r)\dfrac{(r/R)^{n_{\mathrm{l}}}}{d_{\mathrm{l}}\lambda}}{b_{\mathrm{l}} + (c/r)\dfrac{(r/R)^{n_{\mathrm{l}}}}{d_{\mathrm{l}}\lambda}}\right]\left(1 - \dfrac{r}{R}\right) \\[4mm]
f_{\mathrm{d}} = \dfrac{1}{2\pi}\left[\dfrac{1.6(c/r)}{0.1267}\dfrac{a_{\mathrm{d}} - (c/r)\dfrac{(r/R)^{n_{\mathrm{d}}}}{d_{\mathrm{d}}\lambda}}{b_{\mathrm{d}} + (c/r)\dfrac{(r/R)^{n_{\mathrm{d}}}}{d_{\mathrm{d}}\lambda}}\right]\left(1 - \dfrac{r}{R}\right)
\end{cases}
\tag{5-31}
$$

式中,参数 $a_{\mathrm{l}}, b_{\mathrm{l}}, d_{\mathrm{l}}, n_{\mathrm{l}}, a_{\mathrm{d}}, b_{\mathrm{d}}, d_{\mathrm{d}}, n_{\mathrm{d}}$ 的值将根据实验确定。根据 NREL 第三期和第六期的实验数据,各参数值可取为

$$a_{\mathrm{l}} = 2.0 \quad b_{\mathrm{l}} = 0.6 \quad d_{\mathrm{l}} = 0.6 \quad n_{\mathrm{l}} = 1.0$$
$$a_{\mathrm{d}} = 1.0 \quad b_{\mathrm{d}} = 1.0 \quad d_{\mathrm{d}} = 0.3 \quad n_{\mathrm{d}} = 1.0$$

5.2.2 第二类模型

1. Corrigan 模型

Corrigan 模型基于边界层压力梯度分析建立,通过引入一个延迟角度来表示叶片旋转时的失速延迟效应 [16],表达式为

$$
\Delta\alpha = (\alpha_{C_{\mathrm{lmax}}} - \alpha_0)\left[\left(\dfrac{K\dfrac{c}{r}}{0.136}\right)^n - 1\right]
\tag{5-32}
$$

式中,$\alpha_{C_{\mathrm{lmax}}}$ 表示升力系数第一个峰值对应的迎角;α_0 为零升迎角;K 表示逆向速度梯度。Corrigan 建议指数 n 为 0.8~1.6。修正后的升阻力系数为

$$
\begin{cases}
(C_{\mathrm{l}})_{\mathrm{3D}}(\alpha + \Delta\alpha) = (C_{\mathrm{l}})_{\mathrm{2D}}(\alpha) + (C_{\mathrm{l}}^{\alpha})_{\mathrm{2D}}\Delta\alpha \\[2mm]
(C_{\mathrm{d}})_{\mathrm{3D}}(\alpha + \Delta\alpha) = (C_{\mathrm{d}})_{\mathrm{2D}}(\alpha)
\end{cases}
\tag{5-33}
$$

式中,$(C_{\mathrm{l}}^{\alpha})_{\mathrm{2D}}$ 表示二维翼型的升力系数斜率。Corrigan 建议该模型应用在叶片上的范围为叶根至 75% 展长处。

2. Lindenburg 模型

Lindenburg[17] 基于尾缘分离流对旋转叶片的附加截面载荷进行了分析,得到升力和阻力系数修正表达式分别为

$$
(C_{\mathrm{l}})_{\mathrm{3D}} = (C_{\mathrm{l}})_{\mathrm{2D}} + 1.6\dfrac{c}{r}\dfrac{\lambda_r^2}{1 + \lambda_r^2} \cdot [(1 - f)^2\cos\alpha_{\mathrm{rot}} + 0.25\cos(\alpha_{\mathrm{rot}} - \alpha_0)]
\tag{5-34}
$$

$$(C_{\rm d})_{\rm 3D} = (C_{\rm d})_{\rm 2D} + 1.6(1-f)^2 \frac{c}{r} \frac{\lambda_r^2}{1+\lambda_r^2} \sin\alpha_{\rm rot} \tag{5-35}$$

式中，λ_r 表示当地叶尖速比；$\alpha_{\rm rot}$ 为旋转时当地剖面分离点位置与二维流动下相同时所对应的迎角，其与二维状态下迎角的关系为

$$\alpha_{\rm rot} = \alpha_{\rm 2D} + 1.6 \frac{0.25}{2\pi} \frac{c}{r} \frac{\lambda_r^2}{1+\lambda_r^2} \tag{5-36}$$

与其他模型不同的是，该模型升力系数在叶尖处作了单独处理。当展向位置超过风轮半径的 80% 时，升力系数修正为

$$(C_{\rm l})_{\rm 3D,tip} = (C_{\rm l})_{\rm 2D} - \frac{\lambda_r^2}{1+\lambda_r^2} e^{-1.5H} \frac{\Delta C_{\rm l}(C_{\rm l})_{\rm 2D}}{(C_{\rm l})_{\rm pot}} \tag{5-37}$$

式中，H 表示叶片尖部形状的纵横比；$(C_{\rm l})_{\rm pot}$ 表示势流升力系数。

3. Bak 模型

Bak 等通过比较旋转叶片截面和二维翼型的压力分布建立了一种三维旋转效应模型 [17]，得到压力系数分布差 ΔC_p 的表达式，为

$$\Delta C_p = \frac{5}{2} \left(1-\frac{x}{c}\right)^2 \left(\frac{\alpha-\alpha_{f=1}}{\alpha_{f=0}-\alpha_{f=1}}\right)^2 \frac{\sqrt{1+\left(\frac{R}{r}\right)^2}\left(\frac{c}{r}\right)}{1+\tan^2(\alpha+\theta)} \tag{5-38}$$

式中，α 表示翼型迎角；$\alpha_{f=1}, \alpha_{f=0}$ 分别为翼型上表面流动开始分离和完全分离时的迎角；θ 表示叶片截面的局部桨距角。ΔC_p 沿翼型几何形状积分得 $\Delta C_{\rm n}$ 和 $\Delta C_{\rm t}$，加上二维翼型值便是旋转叶片截面的法向力系数和弦向力系数，通过迎角变换得到升阻力系数为

$$\begin{cases} (C_{\rm l})_{\rm 3D} = (C_{\rm n})_{\rm 3D}\cos\alpha + (C_{\rm t})_{\rm 3D}\sin\alpha \\ (C_{\rm d})_{\rm 3D} = (C_{\rm n})_{\rm 3D}\sin\alpha - (C_{\rm t})_{\rm 3D}\cos\alpha \end{cases} \tag{5-39}$$

5.3 动态失速模型

当风力机运行在非定常状态 (如偏航、湍流风、阵风、大气边界层剪切、部件干扰、风场中风力机间尾流干扰等)，会引起风力机叶片剖面的迎角产生非定常变化，如果因此产生非定常流动分离，则被称为动态失速，导致明显的非定常气动载荷。相比于静态失速，动态失速的临界迎角明显延迟，并导致气动力和力矩表现出迟滞效应。动态失速的主要特征为叶片吸力面有分离涡的运动和脱落，对压力场产生高度非定常的扰动，进而产生非定常气动力 [19−21]。

图 5-5 给出了 Vertol VR-7 翼型在 0.25 马赫数下的典型俯仰振荡动态失速升阻特性，迎角变化为 $\alpha = 15° \pm 10° \sin(2\pi ft)$，衰减频率 $k = 0.1$。图 5-6 给出了一个振荡周期内图 5-5 中所标记的分离点位置。不同时刻的流动机理可以归纳如下：

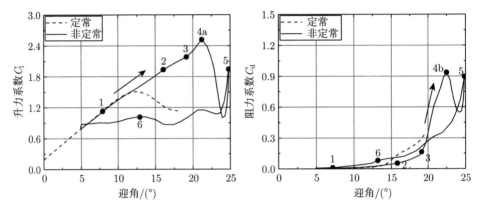

图 5-5   Vertol VR-7 翼型动态失速升阻力迟滞曲线

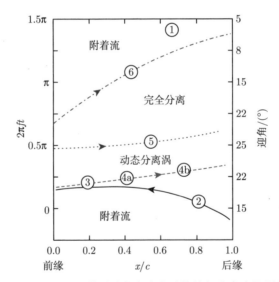

图 5-6   Vertol VR-7 翼型动态失速流动特性与分离点位置的变化

1→2   符合非定常薄翼型理论的线性区。

2→3   边界层由于逆压梯度，有反流，分离点位置由后缘向前缘移动。

3→4a   流动分离涡由前缘卷起，并向后缘移动，导致阻力迅速增大。值得注意的是，由于涡升力的影响，升力却继续增加。

4b→5   由于次生涡的影响，产生二次吸力峰，增加升力、减小阻力，减小低头力矩。

5→6 分离点由前缘向后缘运动,但速度小于来流速度,因而导致气动力迟滞,最终回到线性区。

基于不同的理论基础,学者提出了不同的动态失速模型,下面将介绍 Beddoes-Leishman 模型、Øye 模型、ONERA 模型及 Boeing-Vertol 模型。其中由于 Beddoes-Leishman 模型考虑较多的流动机理,较少的经验参数,却能产生较高的预测精度,因而被广泛应用在风力机设计中。

5.3.1 Beddoes-Leishman 模型

Beddoes-Leishman 模型[22] 由螺旋桨剖面载荷计算发展而来,是半经验模型。这一模型并非针对特定的翼型和特定的翼型运动,而是更多地考虑动态翼型的绕流物理特性,辅助以二维风洞实验结果,能较好地模拟翼型的非定常空气动力和动态失速特性。

根据 Beddoes-Leishman 模型,可以将动态翼型气动特性的模拟分为三个部分:

(1) 非定常附着流的模拟。主要是通过阶跃响应的叠加来模拟翼型的附着流动。

(2) 非定常分离流的模拟。根据 Kirchhoff 流动理论将分离点与翼型气动力联系起来,从而模拟分离时气动力的非线性特性。在动态条件下,引入一阶滞后来模拟翼型分离时的动态响应。

(3) 动态失速的模拟。给出前缘失速的准则,计算动态失速涡诱导产生的气动力和力矩。

1. 附着流模拟

1) 阶跃响应

准确模拟附着流的气动特性是求解非定常气动力的前提条件,可以用扰动时产生的阶跃气动响应来描述,即阶跃响应方法。总的阶跃响应假设由两部分组成:一是环量项,它很快增长到接近定常状态的值并保持稳定;二是非环量项 (即脉冲项),它开始时是脉冲的并且随时间迅速衰减。因此,法向力系数在 1/4 弦长处对迎角的阶跃变化在无量纲时间范围 S 内可以写成如下阶跃响应形式:

$$\Delta C_{\mathrm{n}}^{\alpha}(S) = \left[C_{\mathrm{n}_\alpha}(\phi_\alpha^C)_{\mathrm{n}} + \frac{4}{M}(\phi_\alpha^I)_{\mathrm{n}} \right] \Delta \alpha \tag{5-40}$$

式中,C_{n_α} 是法向力系数斜率,与升力线斜率近似。无量纲时间 S 表示以速度 W 经过的用半弦长来度量的距离:

$$S = \frac{2Wt}{c} \tag{5-41}$$

环量和非环量阶跃响应系数近似表示为如下指数函数的形式:

$$(\phi_\alpha^C)_{\mathrm{n}} = 1 - A_1 \mathrm{e}^{-b_1\beta^2 S} - A_2 \mathrm{e}^{-b_2\beta^2 S} \tag{5-42}$$

$$(\phi_\alpha^I)_n = e^{-\frac{S}{S_\alpha^n}} \tag{5-43}$$

式中，$A_1 = 0.3, A_2 = 0.7, b_1 = 0.14, b_2 = 0.53$，这些系数是根据实验结果和理论分析得到的；$\beta$ 是压缩性修正因子，$\beta = \sqrt{1 - Ma^2}$，Ma 是当地马赫数。另外，

$$S_\alpha^n = \frac{1.5Ma}{1 - Ma + \pi\beta Ma^2(A_1b_1 + A_2b_2)} \tag{5-44}$$

俯仰力矩系数对迎角的阶跃变化得到如下阶跃响应形式：

$$\Delta C_M^\alpha(S) = \left[\left(\frac{1}{4} - \frac{x_{ac}}{c}\right) C_{n_\alpha}(\phi_\alpha^C)_n - \frac{1}{Ma}(\phi_\alpha^I)_M\right]\Delta\alpha \tag{5-45}$$

式中，x_{ac} 是气动中心的弦向位置。

2) 环量项

对于所研究的翼型，给出 3/4 弦长处的上洗速度表达式：

$$w_e = W\alpha + \dot{\alpha}\frac{c}{2} = W\alpha + W\frac{q}{2} \tag{5-46}$$

w_e 确定了 3/4 弦长处的有效边界条件，它包括翼型脱体尾流的时间历程效应。采用 Duhamel 迭代积分并取 N 为当前采样，则

$$\begin{aligned}
w_e(N) =& W(0)\alpha(0) + W(N)\sum_{j=0}^{N}\Delta\alpha(j) - X_1(N) - Y_1(N) \\
& + \alpha(N)\sum_{j=0}^{N}\Delta W(j) - X_2(N) - Y_2(N) \\
& + \frac{c}{2}\sum_{j=0}^{N}\Delta\dot{\alpha}(j) - X_3(N) - Y_3(N)
\end{aligned} \tag{5-47}$$

参数改变量为两个连续采样的差值：

$$\Delta\alpha(j) = \alpha(j) - \alpha(j-1) \tag{5-48}$$

$$\Delta W(j) = W(j) - W(j-1) \tag{5-49}$$

$$\Delta\dot{\alpha}(j) = \dot{\alpha}(j) - \dot{\alpha}(j-1) \tag{5-50}$$

式中，$X_i(N), Y_i(N)$ 是差值函数，表示脱体尾流的时间历程效应，可以用指数函数的形式表示为

$$X_i(N) = X_i(N-1)e^{-b_1\beta^2\Delta S} + A_1\Delta_ie^{-b_1\beta^2\Delta S/2} \tag{5-51}$$

$$Y_i(N) = Y_i(N-1)e^{-b_2\beta^2\Delta S} + A_2\Delta_ie^{-b_2\beta^2\Delta S/2} \tag{5-52}$$

而 Δ_j 分别为

$$\Delta_1 = W(N)\Delta\alpha(N) \tag{5-53}$$

$$\Delta_2 = \alpha(N)\Delta W(N) \tag{5-54}$$

$$\Delta_3 = \frac{c}{2}\Delta\dot{\alpha}(N) \tag{5-55}$$

位移增量 ΔS 为

$$\Delta S = \frac{2W(N)\Delta t}{c} \tag{5-56}$$

因此，在非定常附着流条件下的有效迎角可近似表示为

$$\alpha_{e} = \frac{w_{e}(N)}{W(N)} \tag{5-57}$$

则对应于环量响应的法向力系数为

$$C_{n}^{C}(N) = C_{n_{\alpha}}(\alpha_{e} - \alpha_{0}) \tag{5-58}$$

式中，α_0 是零升迎角。

同理，环量俯仰力矩系数为

$$C_{M}^{C}(N) = \left(\frac{1}{4} - \frac{x_{ac}}{c}\right)C_{n}^{C}(N) - \frac{\pi}{8\beta}\left[\frac{c\sum_{j=0}^{N}\Delta\dot{\alpha}(j)}{W(N)} - X_4(N)\right] \tag{5-59}$$

其中，

$$X_4(N) = X_4(N-1)\mathrm{e}^{-b_5\beta^2\Delta S} + \Delta q(N)\mathrm{e}^{-b_5\beta^2\Delta S/2} \tag{5-60}$$

$$\Delta q(N) = \frac{\dot{\alpha}(N)c}{W(N)} - \frac{\dot{\alpha}(N-1)c}{W(N-1)} \tag{5-61}$$

3) 非环量项

非环量法向力和俯仰力矩的数值递推算法与上文相似，非环量法向力系数为

$$\begin{aligned}C_{n}^{I}(N) =& \frac{4S_{\alpha}^{n}}{M}[D_{\alpha}(N) - D_1(N) + D_W(N) - D_2(N)] \\ &+ \frac{S_{q}^{n}}{M}[D_q(N) - D_3(N)]\end{aligned} \tag{5-62}$$

其中，

$$\begin{cases} D_{\alpha}(N) = \Delta\alpha(N)/\Delta S \\ D_W(N) = \alpha(N)\Delta W(N)/[W(N)\Delta S] \\ D_q(N) = \Delta q(N)/\Delta S \end{cases} \tag{5-63}$$

$$D_1(N) = D_1(N-1)\mathrm{e}^{-\frac{\Delta S}{S_\alpha^m}} + [D_\alpha(N) - D_\alpha(N-1)]\mathrm{e}^{-\frac{\Delta S}{2S_\alpha^m}} \tag{5-64}$$

$$D_2(N) = D_2(N-1)\mathrm{e}^{-\frac{\Delta S}{S_\alpha^m}} + [D_W(N) - D_W(N-1)]\mathrm{e}^{-\frac{\Delta S}{2S_\alpha^m}} \tag{5-65}$$

$$D_3(N) = D_3(N-1)\mathrm{e}^{-\frac{\Delta S}{S_q^m}} + [D_q(N) - D_q(N-1)]\mathrm{e}^{-\frac{\Delta S}{2S_q^m}} \tag{5-66}$$

非环量俯仰力矩系数为

$$C_M^I(N) = -\frac{S_\alpha^m A_3 B_3}{M}[D_\alpha(N) - D_4(N)] - \frac{S_\alpha^m A_4 B_4}{M}[D_\alpha(N) - D_5(N)]$$
$$- \frac{7S_q^m}{12M}[D_q(N) - D_6(N)] \tag{5-67}$$

其中，

$$D_4(N) = D_4(N-1)\mathrm{e}^{-\frac{\Delta S}{S^m_\alpha b_3}} + [D_\alpha(N) - D_\alpha(N-1)]\mathrm{e}^{-\frac{\Delta S}{2S^m_\alpha b_3}} \tag{5-68}$$

$$D_5(N) = D_5(N-1)\mathrm{e}^{-\frac{\Delta S}{S^m_\alpha b_4}} + [D_\alpha(N) - D_\alpha(N-1)]\mathrm{e}^{-\frac{\Delta S}{2S^m_\alpha b_4}} \tag{5-69}$$

$$D_6(N) = D_6(N-1)\mathrm{e}^{-\frac{\Delta S}{S_q^m}} + [D_q(N) - D_q(N-1)]\mathrm{e}^{-\frac{\Delta S}{2S_q^m}} \tag{5-70}$$

2. 前缘分离

　　动态失速的模拟必须要给出前缘分离发生的条件，可以把翼型前缘压力的临界值作为失速开始的标志。而前缘压力与法向力系数有关，为避免计算翼型压力，通常可以把它转化为计算法向力系数。从翼型的静态实验数据中，可以得到一个静态的临界法向力系数 C_{n1}，该值对应于前缘分离开始时的临界压力。在非定常情况下，随着迎角变化前缘压力存在滞后效应，则前缘压力相关的法向力系数也存在滞后效应，可以引入一阶滞后来体现该效应。对于一个离散系统，可以写成如下递推形式：

$$C_n'(N) = C_n(N) - D_p(N) \tag{5-71}$$

式中

$$C_n(N) = C_n^C(N) + C_n^I(N) \tag{5-72}$$

　　差值函数表达式为

$$D_p(N) = D_p(N-1)\mathrm{e}^{-\frac{\Delta S}{S_p}} + [C_n(N) - C_n(N-1)]\mathrm{e}^{-\frac{\Delta S}{2S_p}} \tag{5-73}$$

式中，常数 S_p 可以从实验数据中得到。当 $C_n' > C_{n1}$，前缘分离发生；如果迎角减小，当 $C_n' < C_{n1}$，则可以判断为前缘处的边界层再附。

3. 后缘分离

1) Kirchhoff 流动理论

后缘分离是在大多数翼型失速中涉及的一个普遍发生的现象，与后缘分离有关的环量损失会引起升力、阻力和俯仰力矩的非线性特性。后缘分离引起的翼型非线性气动特性用 Kirchhoff 流动模型来模拟 (图 5-7)。如果分离点离前缘的弦向距离为 x，那么翼型的法向力系数 C_n 可以表达为 $f = x/c$ 的函数：

$$C_n = C_{n_\alpha} \left(\frac{1 + \sqrt{f}}{2} \right)^2 (\alpha - \alpha_0) \tag{5-74}$$

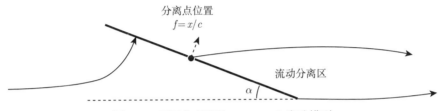

图 5-7 平面分离流的 Kirchhoff 流动模型

由上式可得分离点的位置 f 与迎角间的函数关系：

$$f = 4 \left[\sqrt{\frac{C_n}{C_{n_\alpha}(\alpha - \alpha_0)}} - \frac{1}{2} \right]^2 \tag{5-75}$$

通过调研一系列翼型数据，方程 (5-75) 可以用指数形式表达，重构后的分离点位置 f' 与迎角的关系为

$$f' = \begin{cases} 1 - 0.3e^{\frac{\alpha - \alpha_1}{S_1}}, & \alpha \leqslant \alpha_1 \\[2mm] 0.04 + 0.66e^{\frac{\alpha_1 - \alpha}{S_2}}, & \alpha > \alpha_1 \end{cases} \tag{5-76}$$

式中，S_1, S_2 表示与翼型静态失速特性相关的常数，α_1 对应于分离点 $f = 0.7$ 的迎角。S_1, S_2, α_1 易由风力机静态实验数据得到。

Kirchhoff 流动理论并不能得到翼型俯仰力矩系数 C_M，因此，L-B 模型利用翼型静态气动数据，通过最小二乘法拟合出下列结果：

$$\frac{C_M}{C_n} = k_0 + k_1(1 - f) + k_2 \sin(\pi f^\mu) \tag{5-77}$$

式中，k_0 是 1/4 弦长点与气动中心的距离；常数 k_1 表示了分离流区域增长对压力中心的直接影响；常数 k_2 表示了俯仰力矩失速的趋势。不同的翼型可以通过改变该式的 k_0, k_1, k_2 和 μ 值，得到最佳的比值 C_M/C_n。

小迎角下，弦向力系数可近似表示为

$$C_t = C_1\alpha - C_d \tag{5-78}$$

由 Kirchhoff 流动理论得

$$C_1 = C_{1_\alpha}\alpha \left(\frac{1 + \sqrt{f}}{2} \right)^2 \tag{5-79}$$

$$C_d = C_{1_\alpha}\alpha^2 \left(\frac{1 - \sqrt{f}}{2} \right)^2 \tag{5-80}$$

将式 (5-79)、式 (5-80) 代入式 (5-78)，得到

$$C_t = C_{1_\alpha}\alpha^2 \sqrt{f} \tag{5-81}$$

弦向力系数也可表示成与法向力系数有关的更普遍的形式：

$$C_t = C_{n_\alpha}(\alpha - \alpha_0)\sqrt{f}\sin\alpha \tag{5-82}$$

2) 非定常后缘分离

滞后的法向力系数 $C'_n(t)$ 可由式 (5-71) 得到，那么与之对应的迎角可表示为

$$\alpha'(N) = \frac{C'_n(N)}{C_{n_\alpha}} + \alpha_0 \tag{5-83}$$

将上式代入式 (5-76)，则考虑了前缘压力响应滞后的后缘分离点可表示为

$$f'(N) = \begin{cases} 1 - 0.3\mathrm{e}^{\frac{\alpha'(N)-\alpha_1}{S_1}}, & \alpha'(N) \leqslant \alpha_1 \\ 0.04 + 0.66\mathrm{e}^{\frac{\alpha_1-\alpha'(N)}{S_2}}, & \alpha'(N) > \alpha_1 \end{cases} \tag{5-84}$$

除了翼型的非定常前缘压力响应以外，还存在非定常边界层响应，该边界层响应对后缘分离点的影响可用对 f' 的一阶滞后来表示。对于一个离散样本，可以将其过程表示为

$$f''(N) = f'(N) - D_f(N) \tag{5-85}$$

式中，差值函数为

$$D_f(N) = D_f(N-1)\mathrm{e}^{-\frac{\Delta S}{S_f}} + [f'(N) - f'(N-1)]\mathrm{e}^{-\frac{\Delta S}{2S_f}} \tag{5-86}$$

式中，常数 S_f 可以由非定常翼型实验数据中估算得到。在求非定常法向力、弦向力及俯仰力矩时代入 f'' 即可。

4. 动态失速涡的模拟

动态失速包括翼型前缘涡的形成、涡从翼型表面的脱落以及涡向下游的移动。涡在移动过程中会产生一个涡升力及相关的力矩，所以当动态失速开始后，动态失速涡的模拟对翼型气动载荷的计算非常关键。其中，涡法向力可以看作是由翼型附近的环量累积直到满足临界条件时产生的。对于离散采样系统，假设涡法向力的增量 C_v 由非定常环量法向力的线性值和由 Kirchhoff 理论近似得到的非定常法向力的非线性值之间的差值决定，即

$$C_v\left(N\right) = C_{\rm n}^C\left(N\right)\left\{1 - \left[\frac{1+\sqrt{f''\left(N\right)}}{2}\right]^2\right\} \tag{5-87}$$

总的涡法向力系数 $C_{\rm n}^v$ 以指数形式随时间衰减，但与此同时又会有一个新的增量补充进来。该过程可表示成如下形式：

$$C_{\rm n}^v\left(N\right) = C_{\rm n}^v\left(N-1\right){\rm e}^{-\frac{\Delta S}{S_v}} + \left[C_v\left(N\right) - C_v\left(N-1\right)\right]{\rm e}^{-\frac{\Delta S}{2S_v}} \tag{5-88}$$

翼型的压力中心随着涡的弦向移动而变化，在一个无量纲时间段 τ_{vl} 之后，当涡到达翼型后缘时，压力中心的变化会达到最大值。经过对大量的实验数据分析，随动态失速涡变化的压力中心位置与 1/4 弦长处的弦向距离可以经验地表示为

$$\left({\rm CP}\right)_v = 0.25\left(1 - \cos\frac{\pi\tau_v}{\tau_{vl}}\right) \tag{5-89}$$

式中，τ_v 为无量纲时间，$0 \leqslant \tau_v \leqslant 2\tau_{vl}$，$\tau_v = 0$ 表示动态失速涡从翼型上表面开始分离，$\tau_v = \tau_{vl}$ 表示涡到达翼型后缘。涡衰减时间常数 S_v 和涡通过翼弦的时间常数 τ_{vl} 都由大量动态失速实验数据得到。因此，动态失速涡的移动导致对 1/4 弦长处的俯仰力矩的增量为

$$C_M^v = -\left({\rm CP}\right)_v C_{\rm n}^v \tag{5-90}$$

当前缘分离临界条件满足时，即 $C_{\rm n}' > C_{\rm n1}$，气动载荷会发生突变。此时，假设累积涡升力开始沿弦线移动。在涡移动的过程中，涡升力通过式 (5-55) 和式 (5-56) 计算得到。当涡到达后缘时，即 $\tau_v = \tau_{vl}$，涡升力停止累积。

5. 非定常气动载荷

1) 法向力系数

与后缘分离相关的非线性项表示如下：

$$C_{\rm n}^f = C_{\rm n}^C\left(\frac{1+\sqrt{f''}}{2}\right)^2 \tag{5-91}$$

式中，C_n^C 是由式 (5-58) 得到；f'' 是由式 (5-85) 得到。

总的非定常法向力系数为

$$C_n = C_n^f + C_n^I + C_n^v \tag{5-92}$$

式中，C_n^I 由式 (5-62) 计算得到。当动态失速开始，C_n^v 则由式 (5-88) 计算得到。

2) 弦向力系数

在深失速时，翼型非定常实验数据显示出模型未能模拟的负的弦向力，因此对与分离点相关的弦向力公式 (5-82) 进行修正：

$$C_t^f = k_t \eta_t C_n^C \sqrt{f''} \sin\alpha_e \tag{5-93}$$

式中，k_t 称为弦向力有效系数，可由气动数据估计，通常近似为 1。

$$\eta_t = \begin{cases} (f'')^{K_f(C_n' - C_{n1})}, & C_n' > C_{n1} \\ 1, & C_n' \leqslant C_{n1} \end{cases} \tag{5-94}$$

总的弦向力系数：

$$C_t = C_t^f + (C_n^I + C_n^v) \sin\alpha \tag{5-95}$$

3) 俯仰力矩系数

式 (5-77) 考虑后缘分离对压力中心的影响后变为

$$C_M^f = C_{M0} + \{k_0 + k_1(1 - f'') + k_2 \sin[\pi(f'')^\mu]\} C_n^f \tag{5-96}$$

式中，C_{M0} 是零升力俯仰力矩系数。总的俯仰力矩系数是

$$C_M = C_M^C + C_M^f + C_M^I + C_M^v \tag{5-97}$$

C_M^C 和 C_M^I 分别通过式 (5-59) 和式 (5-67) 得到，当动态失速发生，C_M^v 从式 (5-90) 计算得到。

5.3.2 Øye 模型

Øye 模型[23] 针对后缘失速，也就是流动分离起始于后缘，并且随迎角增加，分离点逐渐向上游移动。升力系数是通过在两种极端情况下的气动数据之间进行插值而得到，即流动完全分离和流动完全无黏性作用，相应的表达式为

$$C_l = f_s C_{l,inv}(\alpha) + (1 - f_s) C_{l,fs}(\alpha) \tag{5-98}$$

式中，α 是当地迎角；$C_{l,inv}$ 是没有任何分离的非黏性流动升力系数；$C_{l,fs}$ 是已经完全分离的流动升力系数。$C_{l,inv}$ 通常根据翼型静态升力曲线进行插值得到，根据

Hansen 等的有关报告 [24]，可采用以下方式计算系数 $C_{\mathrm{l,fs}}$：

$$C_{\mathrm{l,fs}} = \frac{C_{\mathrm{l,st}} - C_{\mathrm{l},\alpha}(\alpha - \alpha_0)f_{\mathrm{s}}^{\mathrm{st}}}{1 - f_{\mathrm{s}}^{\mathrm{st}}} \tag{5-99}$$

式中，$C_{\mathrm{l,st}}$ 表示静态升力系数；$C_{\mathrm{l},\alpha}$ 表示附着流线性区域的升力线斜率；α_0 表示零升迎角；$f_{\mathrm{s}}^{\mathrm{st}}$ 表示分离函数 f_{s} 的静态值，可按下式计算：

$$C_{\mathrm{l,st}} = C_{\mathrm{l},\alpha}\left(\frac{1 + \sqrt{f_{\mathrm{s}}^{\mathrm{st}}(\alpha)}}{2}\right)^2 \tag{5-100}$$

$$f_{\mathrm{s}}^{\mathrm{st}} = \left(\sqrt{\frac{C_{\mathrm{l,st}}(\alpha)}{C_{\mathrm{l},\alpha}(\alpha - \alpha_0)}} - 1\right)^2 \tag{5-101}$$

通常假设 f_{s} 总是趋向于静态值 $f_{\mathrm{s}}^{\mathrm{st}}$：

$$\frac{\mathrm{d}f_{\mathrm{s}}}{\mathrm{d}t} = \frac{f_{\mathrm{s}}^{\mathrm{st}} - f_{\mathrm{s}}}{\tau} \tag{5-102}$$

通过解析方法积分可以得到

$$f_{\mathrm{s}}(t + \Delta t) = f_{\mathrm{s}}^{\mathrm{st}} + [f_{\mathrm{s}}(t) - f_{\mathrm{s}}^{\mathrm{st}}]\mathrm{e}^{-\frac{\Delta t}{\tau}} \tag{5-103}$$

式中，τ 是时间常数，近似等于 $A \cdot \dfrac{c}{W}$，其中 c 表示局部弦长，W 表示叶片截面入流合速度，A 是常数，一般取为 4。

5.3.3 ONERA 模型

ONERA 模型利用微分方程的特性，直接模拟风力机在时间域内的气动响应 [25]。尚未进入失速状态时，翼型上的气动载荷可由相应变量的一阶微分表示，失速之后，则由相应变量的二阶微分表示。设函数 F 表示总的气动载荷，控制方程可写为

$$F = F_1 + F_2 \tag{5-104}$$

$$\frac{\partial F_1}{\partial t} + \lambda F_1 = \lambda F_1 + (\lambda s + \sigma)\frac{\partial \alpha}{\partial t} + s\frac{\partial^2 \alpha}{\partial t^2} \tag{5-105}$$

$$\frac{\partial^2 F_2}{\partial t^2} + a\frac{\partial F_2}{\partial t} + rF_2 = -\left(r\Delta + \mathrm{e}\frac{\partial \Delta}{\partial t}\right) \tag{5-106}$$

式中，系数 λ, s, σ, a, r 仅是翼型瞬时迎角 α 的函数；F_1 表示根据静态载荷曲线进行线性外插得到的值；Δ 表示外插法计算的结果与实际静态曲线结果之间的差值。F_1 和 Δ 也只是 α 的函数，并且完全由翼型静态特性所决定。

当振荡频率趋近于零时，方程 (5-104)~(5-106) 将退化为

$$\lim_{\tau \to 0} F = F_1 - \Delta = F_{\mathrm{s}} \tag{5-107}$$

式中，F_{s} 是静态载荷响应。如果翼型运动是非定常但保持在线性范围内，则 $\Delta = 0$，翼型载荷将由式 (5-105) 求得的 F_1 决定。

5.3.4 Boeing-Vertol 模型

Boeing-Vertol 模型 [26] 假设静态失速迎角与动态失速迎角之间存在一定的关系。Gross 和 Harris[27] 给出的关系式为

$$\alpha_{\mathrm{ds}} - \alpha_{\mathrm{s}} = A_1 \sqrt{\frac{c|\dot{\alpha}|}{2V}} \tag{5-108}$$

式中，$\alpha_{\mathrm{ds}}, \alpha_{\mathrm{s}}$ 分别为动态和静态失速迎角；$\dot{\alpha}$ 为迎角 α 对时间的一阶导数；c 为翼型弦长；V 为来流平均速度。静态迎角 α 与动态迎角 α_{d} 之间的关系可写为

$$\alpha_{\mathrm{d}} = \alpha - A_1 \sqrt{\frac{c|\dot{\alpha}|}{2V}} \frac{\dot{\alpha}}{|\dot{\alpha}|} \tag{5-109}$$

于是升力系数表达式为

$$C_{\mathrm{l}} = C_{\mathrm{l}}(0) + \frac{C_{\mathrm{l}}(\alpha_{\mathrm{d}}) - C_{\mathrm{l}}(0)}{\alpha_{\mathrm{d}}} \alpha \tag{5-110}$$

5.3.5 动态失速模型与三维旋转效应的耦合

动态失速与三维旋转效应都会导致失速延迟，两者并非线性叠加的关系，而是存在一定的耦合效应 [28,29]。本节以 Beddoes-Leishman 模型为例，讨论三维旋转效应与动态失速模型的耦合。

1. 法向力系数

假设 Kirchhoff 流动理论在三维情况下仍然有效，那么由式 (5-75) 可以将三维后缘分离点 $f_{3\mathrm{D}}$ 与三维定常法向力系数联系起来：

$$f_{3\mathrm{D}} = 4 \left[\sqrt{\frac{(C_{\mathrm{n}})_{3\mathrm{D}}}{C_{\mathrm{n}_\alpha}(\alpha - \alpha_0)}} - \frac{1}{2} \right]^2 \tag{5-111}$$

显然，对于给定叶尖速比，$f_{3\mathrm{D}}$ 不仅像二维情况那样是迎角的函数，而且是当地径向距离 r 的函数：

$$f_{3\mathrm{D}} = g(\alpha, r) \tag{5-112}$$

非定常情况下，对于法向力，前缘压力相应存在延迟。如方程 (5-71) 所示，这种延迟产生了新的法向力系数 $(C'_{\mathrm{n}})_{3\mathrm{D}}$ 以代替原来的 $(C_{\mathrm{n}})_{3\mathrm{D}}$。因此，迎角 (式 (5-83))变为

$$\alpha' = \frac{(C'_{\mathrm{n}})_{3\mathrm{D}}}{C_{\mathrm{n}_\alpha}} + \alpha_0 \tag{5-113}$$

将 α' 代入方程 (5-112)，得到后缘分离点方程：

$$f'_{3\mathrm{D}} = g(\alpha', r) \tag{5-114}$$

分离点 f'_{3D} 依赖于叶片截面的迎角、径向位置以及叶尖速比。因此，三维分离点的位置变化不能仅仅由式 (5-76) 得到。

除了翼型非定常压力响应外，还有非定常边界层响应，这一效应对后缘分离点位置的影响可应用 f'_{3D} 的一阶延迟模型表达：

$$f''_{3D} = f'_{3D} - D_f \tag{5-115}$$

与二维情形类似，式中差值函数 D_f 由下式给出：

$$D_f(N) = D_f(N-1)\,\mathrm{e}^{-\frac{\Delta S}{S_f}} + [f'_{3D}(N) - f'_{3D}(N-1)]\,\mathrm{e}^{-\frac{\Delta S}{2S_f}} \tag{5-116}$$

同样地，对于动态失速，方程 (5-87) 变为

$$C_v(N) = C_\mathrm{n}^C(N)\left\{1 - \left[\frac{1 + \sqrt{f''_{3D}(N)}}{2}\right]^2\right\} \tag{5-117}$$

最后，非定常三维法向力系数可以表达为

$$C_\mathrm{n} = C_{\mathrm{n}_\alpha}\left(\frac{1 + \sqrt{f''_{3D}}}{2}\right)^2 (\alpha_\mathrm{e} - \alpha_0) + C_\mathrm{n}^I + C_\mathrm{n}^v \tag{5-118}$$

2. 弦向力系数

三维弦向力系数可表示为

$$C_\mathrm{t}^f = k_\mathrm{t}\eta_\mathrm{t}\sqrt{f''_{3D}}\,C_{\mathrm{n}_\alpha}(\alpha_\mathrm{e} - \alpha_0)\sin\alpha_\mathrm{e} \tag{5-119}$$

与二维情形相比，旋转条件下的三维效应非常明显，因此对于同样的翼型，在同样的展向位置，k_t 的取值将发生较大变化，原有的计算方式不再适用。

如果旋转效应引起的翼型表面剪切应力的变化可以忽略不计，那么旋转效应只产生压力的变化 ΔC_p，其对弦向力系数的贡献为

$$\Delta C_\mathrm{t} = -\int \Delta C_p \mathrm{d}\left(\frac{y}{c}\right) \tag{5-120}$$

式中，ΔC_p 表示翼型的压力系数增量；y 是翼型上表面垂直于弦长的坐标。因为旋转效应对附着流的影响很小，而主要影响分离流区域，所以可以将压力的增加限制在分离流区域，见图 5-8。进一步地，作为一阶近似，假设压力的改变在整个分离流区域是常数，那么可以将压力的变化与法向力的变化联系起来：

$$\Delta C_p = -\frac{\Delta C_\mathrm{n}}{1 - f} \tag{5-121}$$

其中

$$\Delta C_{\mathrm{n}} = C_{\mathrm{n}_\alpha} \left[\left(\frac{1 + \sqrt{f_{3\mathrm{D}}''}}{2} \right)^2 - \left(\frac{1 + \sqrt{f_{2\mathrm{D}}''}}{2} \right)^2 \right] (\alpha_{\mathrm{e}} - \alpha_0) \tag{5-122}$$

这样一来，可以近似地求得弦向力系数的增加：

$$\Delta C_{\mathrm{t}} = -\frac{\Delta C_{\mathrm{n}}}{1 - f_{3\mathrm{D}}''} \frac{y_f}{c} \tag{5-123}$$

式中，y_f 是分离点到弦线的垂直距离。

最后，总的非定常三维弦向力系数是

$$C_{\mathrm{t}} = (C_{\mathrm{t}})_{2\mathrm{D}} + \Delta C_{\mathrm{t}} \tag{5-124}$$

这里的 $(C_{\mathrm{t}})_{2\mathrm{D}}$ 可由式 (5-95) 得到。

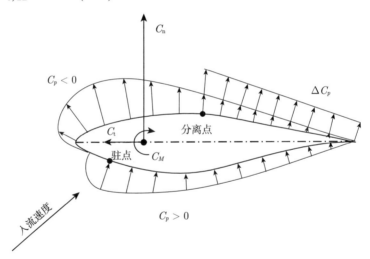

图 5-8　三维旋转效应引起的翼型表面压力变化示意图

3. 俯仰力矩系数

三维旋转效应所引起的俯仰力矩系数的变化 ΔC_M 与法向力系数的变化 ΔC_{n} 和分离点的位置有关。即正的 ΔC_{n} 会产生负的 ΔC_M，因为压力的变化主要出现在分离流区域。这一变化量可由以下公式描述：

$$\Delta C_M = \int_f^1 \Delta C_p \left(\frac{x}{c} - \frac{1}{4} \right) \mathrm{d} \left(\frac{x}{c} \right) + \int_{y_f/c}^0 \Delta C_p \left(\frac{y}{c} \right) \mathrm{d} \left(\frac{y}{c} \right) \tag{5-125}$$

如果整个分离流区的压力变化可近似认为是常数，则上式可写为

$$\Delta C_M = -\frac{\Delta C_{\mathrm n}}{1-f}\left[\int_f^1\left(\frac{x}{c}-\frac{1}{4}\right)\mathrm d\left(\frac{x}{c}\right)+\int_{y_f/c}^0\left(\frac{y}{c}\right)\mathrm d\left(\frac{y}{c}\right)\right] \qquad (5\text{-}126)$$

类似于弦向力的情况，上式可以简化为

$$\Delta C_M = -\frac{\Delta C_{\mathrm n}}{2}\left[\frac{1+2f_{3\mathrm D}''}{2}-\frac{y_f^2}{c^2\left(1-f_{3\mathrm D}''\right)}\right] \qquad (5\text{-}127)$$

最后，总的三维俯仰力矩系数为

$$C_M = C_M^C + C_M^f + C_M^v + C_M^I \qquad (5\text{-}128)$$

后缘分离引起的压力中心的移动可表示为

$$C_M^f = C_{M0} + \{k_0 + k_1(1-f_{3\mathrm D}'') + k_2\sin[\pi(f_{3\mathrm D}'')^\mu]\}(C_{\mathrm n}^f)_{2\mathrm D} + \Delta C_M \qquad (5\text{-}129)$$

而

$$(C_{\mathrm n}^f)_{2\mathrm D} = C_{\mathrm n_\alpha}\left(\frac{1+\sqrt{f_{2\mathrm D}''}}{2}\right)^2(\alpha_{\mathrm e}-\alpha_0) \qquad (5\text{-}130)$$

参 考 文 献

[1] Breton S P, Coton F N, Moe G. A study on rotational effects and different stall delay models using a prescribed wake vortex scheme and NREL phase Ⅵ experiment data[J]. Wind Energy, 2008, 11(5): 459-482.

[2] Sørensen J N. General Momentum Theory for Horizontal Axis Wind Turbines [M]. New York: Springer International Publishing, 2016.

[3] Sørensen J N. Aerodynamic Analysis of Wind Turbines [M] // Sayigh A. Comprehensive Renewable Energy. Oxford: Elsevier, 2012: 225-241.

[4] Brandlard E. Wind turbine tip-loss corrections: Review, implementation and investigation of new models [D]. Lyngby Denmark: Technical University of Denmark, 2011.

[5] Glauert H. Airplane Propellers [M]. New York: Dover Publications, 1963.

[6] Wilson R E, Lissaman P B S. Applied aerodynamics of wind power machines[R]. NASA STI/Recon Technical Report N, 1974, 75.

[7] de Vries O. Fluid dynamic aspects of wind energy conversion [R]. AGARD, Neuilly sur Seine, France, 1979.

[8]　de Vries O. Wind tunnel tests on a model of a two bladed horizontal-axis wind turbine and evaluation of an aerodynamic performance calculation method [R]. NLRTR, 1979.

[9]　Wilson R E, Lissaman P B S, Walker S N. Aerodynamic performance of wind turbines[R]. NASA STI/Recon Technical Report N, 1976, 77.

[10]　Shen W Z, Mikkelsen R, Sørensen J N. Tip loss corrections for wind turbine computations[J]. Wind Energy, 2005, 8(4): 457-475.

[11]　Snel H, Houwink R, Van Bussel G J W, et al. Sectional prediction of 3D effects for stalled flow on rotating blades and comparison with measurements [C]. European Community Wind Energy Conference Proceedings, Lübeck Travemünde. Germany, 1993: 395-399.

[12]　Chaviaropoulos P K, Hansen M O L. Investigating three-dimensional and rotational effects on wind turbine blades by means of a quasi-3D Navier–Stokes solver [J]. Journal of Fluids Engineering, 2000, 122(2): 330-336.

[13]　Du Z H, Selig M. A 3-D stall-delay model for horizontal axis wind turbine performance prediction [C]. 1998 ASME Wind Energy Symposium, 1998.

[14]　Banks WHH, Gadd GE. Delaying effect of rotation on laminar separation[J]. AIAA Journal, 1963, 1: 941-941.

[15]　Raj N V. An Improved Semi-empirical Model for 3-D Post-stall Effects in Horizontal Axis Wind Turbines [M]. Illinois: University of Illinois Urbana-Champaign, 2000.

[16]　Corrigan J J, Schillings J J. Empirical model for stall delay due to rotation [C]. American Helicopter Society Aeromechanics Specialists Conference Proceedings, San Francisco, 1994: 1-15.

[17]　Lindenburg C. Investigation into rotor blade aerodynamics [R]. Energy Research Centre of the Netherlands (ECN), ECN-C-03-025, 2003.

[18]　Bak C, Johansen J, Andersen P B. Three-dimensional corrections of airfoil characteristics based on pressure distributions [C]. Proceedings of the European Wind Energy Conference, Greece, 2006: 1-10.

[19]　Larsen J W, Nielsen S R K, Krenk S. Dynamic stall model for wind turbine airfoils[J]. Journal of Fluids and Structures, 2007, 23(7): 959-982.

[20]　Leishman J G, Beddoes T S. A semi-empirical model for dynamic stall[J]. Journal of the American Helicopter Society, 1989, 34(3): 3-17.

[21]　Tran C T, Petot D. Semi-empirical model for the dynamic stall of airfoils in view of the application to the calculation of responses of a helicopter blade in forward flight[J]. Vertica, 1981, 5: 35-53.

[22]　Leishman J G, Beddoes T S, Ltd W H. A generalised model for airfoil unsteady aerodynamic behaviour and dynamic stall using the indicial method[C]. Proceedings of the 42nd Annual Forum of the American Helicopter Society, Washington, DC, USA, 1986.

[23]　Øye S. Dynamic stall simulated as time lag of separation [C]. Proceedings of the 4th IEA Symposium on the Aerodynamics of Wind Turbines, 1991.

[24] Chaviaropoulos P K, Hansen M O L. Investigating three-dimensional and rotational effects on wind turbine blades by means of a quasi-3D Navier-Stokes solver [J]. Journal of Fluids Engineering, 2000, 122(2): 330-336.

[25] Petot D. Progress in the semi-empirical prediction of the aerodynamic forces due to large amplitude oscillations of an airfoil in attached or separated flow [C]. 9th European Rotorcraft Forum, Italy, 1983.

[26] Harris F D. Preliminary study of radial flow effects on rotor blades[J]. Journal of the American Helicopter Society, 1966, 11(3): 1-21.

[27] Gross DW, Harris FD. Prediction of in-flight stalled airloads from oscillating airfoil data [C]. 25th Annual Forum of the American Helicopter Society. Washington, DC. 1969.

[28] Guntur S, Sorensen N N, Schreck S, et al. Modeling dynamic stall on wind turbine blades under rotationally augmented flow fields[J]. Wind Energy, 2016, 19(3): 383-397.

[29] Elgammi M, Sant T. A new stall delay algorithm for predicting the aerodynamics loads on wind turbine blades for axial and yawed conditions[J]. Wind Energy, 2017, 20(9): 1645-1663.

第6章 非定常叶素动量方法

在风力机的初步设计阶段或者对风力机进行年发电量预测时，多采用定常叶素动量方法。实际情况中，大气中的湍流、风剪切及风力机塔架的出现会引起流动的非均匀性和不稳定性，偏航条件下风轮的旋转也使得风力机在运行中承受着非定常载荷，从而影响到叶片的气动外形和风轮的气动性能。此时，采用定常叶素动量方法会产生误差，甚至不可用，需要采用非定常叶素动量方法来计算风力机的气动载荷。

6.1 坐 标 变 换

为实现非定常叶素动量方法的计算，需要构建风力机的整机模型。风力机是一个由多部件组成的旋转系统，在建立方程时，为了确定载荷、位移、速度和加速度等矢量在空间与时间上的分布情况，方便在风力机各部件之间进行转换，必须建立多个坐标系进行描述，本章采用如图 6-1 所示的 8 个坐标系 [1]，其中：坐标系 0 为风向坐标系，原点位于塔架底部，x 轴与风向一致；坐标系 1 为塔底坐标系，原点与坐标系 0 重合，x 轴指向正南方向；坐标系 2 为塔顶坐标系，原点位于塔架轴线与塔顶平面的交点，x 轴与坐标系 1 一致；坐标系 3 为偏航坐标系，与坐标系 2 相比，其原点和 z 轴与之重合，其 xy 平面与之相差一偏航角；坐标系 4 为轮毂坐标系，原点位于风轮中心，y 轴与坐标系 3 的 y 轴方向一致，x 轴沿主轴方向并指向下游，并与水平面之间存在一俯仰角；坐标系 5 为风轮坐标系，其原点与 x 轴与坐标系 4 重合，并随风轮旋转，其在 yz 平面与坐标系 4 相差一方位角；坐标系 6 为叶根坐标系，位于叶根中心，其 y 轴与坐标系 5 方向一致，二者在 xz 平面内相差一锥角；坐标系 7 为截面坐标系，原点位于变桨轴与叶片截面弦线的交点，z 轴与坐标系 6 中 z 轴方向一致。

不同坐标系中定义的标量和矢量等参数需要在坐标系之间进行坐标变换，可以通过坐标变换矩阵来实现各物理量的坐标转换，现基于坐标系之间的相对关系，给出各坐标系之间的坐标变换矩阵。

针对速度、力等矢量，可用下式进行坐标转换：

$$\boldsymbol{X}_B = \boldsymbol{a}_{BA}\boldsymbol{X}_A \tag{6-1}$$

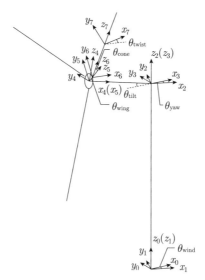

图 6-1 风力机模型坐标系统示意图

式中，$\boldsymbol{X}_A = (x_A, y_A, z_A)$，$\boldsymbol{X}_B = (x_B, y_B, z_B)$，表示矢量在不同坐标系中的值，$\boldsymbol{a}_{BA}$ 为由坐标系 A 到坐标系 B 的变换矩阵。

针对坐标点位置矢量，可用下式进行坐标转换：

$$\boldsymbol{X}_B = \boldsymbol{a}_{BA}\boldsymbol{X}_A + \boldsymbol{r}_{BA} \tag{6-2}$$

式中，$\boldsymbol{r}_{BA}$ 表示 A 坐标系中，坐标系 A 原点到坐标系 B 原点的矢径。

针对力矩，可用下式进行坐标变换：

$$\boldsymbol{M}_B = \boldsymbol{a}_{BA}\boldsymbol{M}_A + \boldsymbol{r}_{BA} \times \boldsymbol{F}_A \tag{6-3}$$

式中，$\boldsymbol{M}_A$，$\boldsymbol{M}_B$ 分别表示不同坐标系下的力矩值；$\boldsymbol{F}_A$ 为简化至坐标系 A 原点的合力值。

风向坐标系与塔底坐标系之间的变换矩阵为

$$\boldsymbol{a}_{10} = \begin{bmatrix} \cos\theta_{\text{wind}} & -\sin\theta_{\text{wind}} & 0 \\ \sin\theta_{\text{wind}} & \cos\theta_{\text{wind}} & 0 \\ 0 & 0 & 1 \end{bmatrix} \tag{6-4}$$

式中，θ_{wind} 为风向角。

塔底坐标系与塔顶坐标系之间的变换矩阵为

$$\boldsymbol{a}_{21} = \begin{bmatrix} 1 & 0 & 0 \\ 0 & 1 & 0 \\ 0 & 0 & 1 \end{bmatrix} \tag{6-5}$$

并有 $\boldsymbol{a}_{12}=\boldsymbol{a}_{21}^{\mathrm{T}}, \boldsymbol{r}_{21}=(0,0,H), H$ 为塔架高度。

塔顶坐标系与偏航坐标系之间的变换矩阵为

$$\boldsymbol{a}_{32}=\left[\begin{array}{ccc} \cos\theta_{\mathrm{yaw}} & \sin\theta_{\mathrm{yaw}} & 0 \\ -\sin\theta_{\mathrm{yaw}} & \cos\theta_{\mathrm{yaw}} & 0 \\ 0 & 0 & 1 \end{array}\right] \tag{6-6}$$

式中，θ_{yaw} 为偏航角。

偏航坐标系与轮毂坐标系之间的变换矩阵为

$$\boldsymbol{a}_{43}=\left[\begin{array}{ccc} \cos\theta_{\mathrm{tilt}} & 0 & -\sin\theta_{\mathrm{tilt}} \\ 0 & 1 & 0 \\ \sin\theta_{\mathrm{tilt}} & 0 & \cos\theta_{\mathrm{tilt}} \end{array}\right] \tag{6-7}$$

式中，θ_{tilt} 为俯仰角。$\boldsymbol{r}_{43}=(-x_{\mathrm{ov}},0,z_h), x_{\mathrm{ov}}$ 为伸出距离，z_h 为轮毂高度与塔架高度的差值。

轮毂坐标系与风轮坐标系之间的变换矩阵为

$$\boldsymbol{a}_{54}=\left[\begin{array}{ccc} 1 & 0 & 0 \\ 0 & \cos\theta_{\mathrm{wing}} & \sin\theta_{\mathrm{wing}} \\ 0 & -\sin\theta_{\mathrm{wing}} & \cos\theta_{\mathrm{wing}} \end{array}\right] \tag{6-8}$$

式中，θ_{wing} 为方位角。

风轮坐标系与叶根坐标系之间的变换矩阵为

$$\boldsymbol{a}_{65}=\left[\begin{array}{ccc} \cos\theta_{\mathrm{cone}} & 0 & -\sin\theta_{\mathrm{cone}} \\ 0 & 1 & 0 \\ \sin\theta_{\mathrm{cone}} & 0 & \cos\theta_{\mathrm{cone}} \end{array}\right] \tag{6-9}$$

式中，θ_{cone} 为锥角。$\boldsymbol{r}_{65}=(0,0,R_{\mathrm{hub}}), R_{\mathrm{hub}}$ 为轮毂半径。

叶根坐标系与叶片截面坐标系之间的变换矩阵为

$$\boldsymbol{a}_{76}=\left[\begin{array}{ccc} \cos\theta_{\mathrm{twist}} & \sin\theta_{\mathrm{twist}} & 0 \\ -\sin\theta_{\mathrm{twist}} & \cos\theta_{\mathrm{twist}} & 0 \\ 0 & 0 & 1 \end{array}\right] \tag{6-10}$$

式中，θ_{twist} 为局部桨距角。$\boldsymbol{r}_{65}=(0,0,r), r$ 为截面与叶根的距离。

综上，从风向坐标系到叶片截面坐标系的变换矩阵为

$$\boldsymbol{a}_{70}=\boldsymbol{a}_{76}\cdot\boldsymbol{a}_{65}\cdot\boldsymbol{a}_{54}\cdot\boldsymbol{a}_{43}\cdot\boldsymbol{a}_{32}\cdot\boldsymbol{a}_{21}\cdot\boldsymbol{a}_{10} \tag{6-11}$$

6.2 诱导速度的计算

在风力机非定常载荷计算时，一般将变量映射到截面坐标系，即坐标系 7，以获得截面的入流速度大小及方向，进而获得截面迎角及相应气动力[2]。考虑叶片不在轴流的条件下，截面的速度关系如图 6-2 所示。

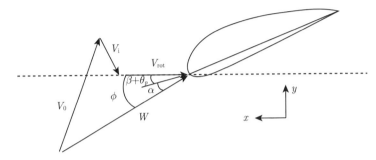

图 6-2　叶片截面速度关系示意图

由速度三角形的矢量关系，可得截面入流速度为

$$\boldsymbol{W} = \boldsymbol{V}_0 + \boldsymbol{V}_{\mathrm{rot}} + \boldsymbol{V}_{\mathrm{i}} = \begin{bmatrix} V_x \\ V_y \end{bmatrix} + \begin{bmatrix} -\Omega z \cos\theta_{\mathrm{cone}} \\ 0 \end{bmatrix} + \begin{bmatrix} V_{\mathrm{i},x} \\ V_{\mathrm{i},y} \end{bmatrix} \tag{6-12}$$

式中，$\boldsymbol{W}$ 为流经叶片的相对速度；$\boldsymbol{V}_0$ 为坐标系 7 中的速度；$\boldsymbol{V}_{\mathrm{rot}}$ 为风轮旋转线速度；$\boldsymbol{V}_{\mathrm{i}}$ 为诱导速度。

将风轮简化为一圆盘，在偏斜来流下，会在风轮位置处产生不连续的压力降。该压力降会产生垂直于风轮平面的推力 T，进而产生推力方向上的诱导速度 $V_{\mathrm{i},\mathrm{n}}$，诱导速度的方向会引起风轮尾流的偏转。如图 6-3 所示。

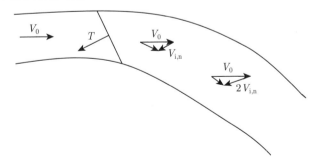

图 6-3　风轮在偏斜来流下的尾流偏转

诱导速度与推力的关系为

$$V_{\mathrm{i},\mathrm{n}} = \boldsymbol{n} \cdot \boldsymbol{V}_{\mathrm{i}} = \frac{T}{2\rho A \left| \boldsymbol{V}' \right|} \tag{6-13}$$

式中，$|\boldsymbol{V}'| = |\boldsymbol{V}_0 + \boldsymbol{n}(\boldsymbol{n}\cdot\boldsymbol{V}_i)|$；$\boldsymbol{n}$ 为推力方向的单位向量，在风轮坐标系 5 中为 $\boldsymbol{n} = (0,\,0,\,1)$。

假定在叶片截面只有升力引起诱导速度，诱导速度的方向因此与升力方向相反，则 $T = -L$。取半径为 r、径向厚度为 $\mathrm{d}r$ 的截面区域，则该区域的面积为

$$\mathrm{d}A = 2\pi r\mathrm{d}r \tag{6-14}$$

设总叶片数为 B，则可以认为在该径向位置处每个叶片的力影响的区域为

$$\mathrm{d}A = 2\pi r\mathrm{d}r/B \tag{6-15}$$

将风轮诱导速度的整体效应应用到叶片截面局部，根据式 (6-13)，可以推导得出每一个叶片的诱导速度的法向和切向分量为

$$\begin{aligned} V_{i,n} = V_y &= \frac{-BL\cos\phi}{4\pi\rho r F\,|\boldsymbol{V}_0 + f_g\boldsymbol{n}\,(\boldsymbol{n}\cdot\boldsymbol{V}_i)|} \\ V_{i,t} = V_x &= \frac{-BL\sin\phi}{4\pi\rho r F\,|\boldsymbol{V}_0 + f_g\boldsymbol{n}\,(\boldsymbol{n}\cdot\boldsymbol{V}_i)|} \end{aligned} \tag{6-16}$$

式中，ϕ 为入流角；ρ 为空气密度；r 为叶片截面的展向位置；$\boldsymbol{n}$ 为风轮平面的法向向量；F 为 Prandtl 叶尖损失因子；f_g 为湍流尾流下对推力的修正，通常指推力系数 C_T 与轴向诱导因子 a 的经验关系式。据 Glauert 的研究表明，当 $a\approx 0.4$ 后，定常状态下的推力系数及压力系数表达式便不再适用。为解决这一问题，基于实验研究提出了一些诱导速度较大情况下的推力系数公式，前面 4.4 节已具体提到。以 de Vries 和 den Blanken 的修正为例，此时 f_g 的表达式为

$$f_g = \begin{cases} 1, & a \leqslant 0.4 \\ \dfrac{2.93a - 0.53}{4a^2}, & a > 0.4 \end{cases} \tag{6-17}$$

至此便可确定诱导速度 $\boldsymbol{V}_i$，从而获得截面入流速度 $\boldsymbol{W}$ 和入流角 ϕ，其表达式为

$$\tan\phi = \frac{W_y}{-W_x} \tag{6-18}$$

再根据 $\alpha = \phi - (\beta + \theta_p)$，可获得迎角，从而通过查表获得升阻力系数，再计算新的诱导速度。

6.3   动态入流模型

从动量理论中的稳态假设中可看出，诱导速度是跟随瞬态载荷而变化的，这通常被称为平衡尾流假设。但是当受力突然发生变化，如俯仰角、风速或风轮转速发

生变化时, 流场中的气流会发生加速或者减速, 因而诱导速度将会发生滞后[3]。在这种情况下, 风轮后的尾流在一定的延迟后才会达到稳定状态, 这种现象通常被称为 "动态入流"。

图 6-4 解释了动态流入效应, 尾涡在叶片处形成, 以局部合速度向下游对流, 并诱导部分尾流、俯仰角方向等产生变化, 从而改变了尾涡。由于尾涡以有限速度对流, 因而产生的尾流成了旧涡和新涡的混合, 由二者共同作用产生尾涡。旧涡在风轮后移动了 2~4 倍风轮直径的距离后, 便不再对风轮平面产生影响, 从而达到新的平衡状态。在此过程中, 诱导速度从原来的平衡值逐渐变化到新的平衡值, 该动态变化是动态入流现象的基本特征。

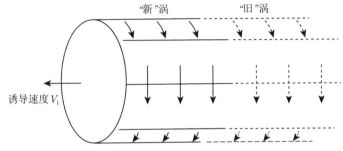

图 6-4　尾流混合涡诱导速度

动态入流模型的建立, 一般采用在动量理论中添加轴向诱导速度的一阶时间导数项。在欧洲学者 Snel 和 Schepers[4] 的研究中, 发现诱导延迟是叶片受力临时扩大的原因, 特别是在快速俯仰阶段, 并推导出了半径为 r 处的诱导速度表达式:

$$4Rf_a \frac{\mathrm{d}u_\mathrm{i}}{\mathrm{d}t} + 4u_\mathrm{i}(V_\mathrm{w} - u_\mathrm{i}) = \sigma V_\mathrm{eff}^2 C_\mathrm{n} \tag{6-19}$$

当风速恒定时, 表达式可以写成轴向诱导因子的一阶微分方程:

$$\frac{R}{V_\mathrm{w}} f_a \frac{\mathrm{d}a}{\mathrm{d}t} + a(1-a) = \mathrm{d}C_\mathrm{d,ax}/4 \tag{6-20}$$

式中, $C_\mathrm{d,ax}$ 为风轮转子半径为 r 处的轴向力系数, f_a 为

$$f_a = 2\pi \left/ \int_0^{2\pi} \frac{[1 - (r/R)\cos\phi_r]}{[1 + (r/R)^2 - 2(r/R)\cos\phi_r]^{3/2}} \mathrm{d}\phi_r \right. \tag{6-21}$$

以上一阶微分方程使得诱导速度对轴向力系数的变化逐渐作出反应, 记 $\tau = \frac{R}{V_\mathrm{w}} f_a(r)$ 为时间常数, 该参数随着距叶尖距离的增加而降低, 随着风轮直径的增加而增加。

动态入流是由轴向力系数的变化导致的, 发生在俯仰角瞬时变化期间。因此, 通常会根据俯仰角变化来描述动态入流效应。此外, 在风速和 (或) 风轮转速变化期间，也会发生动态入流效应。然而，自由流速的变化几乎不会导致任何动态入流效应。这是由于虽然轴向诱导因子随风速变化，但诱导速度本身几乎不受影响。这在 Snel 和 Schepers 基于线性化的 BEM 模型，以及开放式喷气设施中进行的风速变化测量中得以显示。

需要注意的是，动态入流效应随风轮尺寸增大而变得显著，从式 (6-20) 中时间常数随着直径的增加而增加也能得以体现。因此，动态入流效应在兆瓦级风力机气动性能中越来越不容忽视。

6.4　动态尾流模型

由于自然风不论在风速的大小和方向上都不可能是完全稳定的，因而很少能精确满足动量理论的假设。风从风轮上游流动到风轮下游远处的尾流中需要一定的时间，在这段时间内风的状态会发生改变，平衡的稳态流动是无法达到的。即便平均风速缓慢地发生变化，由于小尺度的湍流存在，也会在风轮叶片处产生持续的非定常现象。因此需要引入动态尾流模型来考虑气动载荷处于平衡前的时间延迟。

Øye 提出对诱导速度设置一阶滤波的动态尾流模型 [5]：

$$V_{i,temp} + \tau_1 \frac{dV_{i,temp}}{dt} = V_{i,qs} + k\tau_1 \frac{dV_{i,qs}}{dt}$$
$$V_i + \tau_2 \frac{dV_i}{dt} = V_{i,temp} \tag{6-22}$$

式中，$V_{i,qs}$ 为准定常解，由式 (6-16) 获得；$V_{i,temp}$ 为临时中间变量；V_i 为最终滤波得到的诱导速度值；k 为常数 0.6。使用简单的旋涡理论可对两个时间常数 τ_1, τ_2 进行标定：

$$\tau_1 = \frac{1.1R}{(1 - 1.3a)\,V_0}$$
$$\tau_2 = \left[0.39 - 0.26\left(\frac{r}{R}\right)^2\right]\tau_1 \tag{6-23}$$

式中，R 为风轮半径；a 为轴向诱导因子。可简单估计为

$$a = \frac{|\boldsymbol{V}_0 - \boldsymbol{V}'|}{|\boldsymbol{V}_0|} \tag{6-24}$$

式 (6-23) 标定的时间常数一般要求 $a < 0.5$。针对方程 (6-22) 可以用不同的数值方法来求解，常用随时间步的向后差分来求解，具体算法如下：

(1) 使用式 (6-16)，计算 $V_{i,qs}$。

(2) 使用向后差分估计方程 (6-22) 的右端项 $H = V_{i,qs} + k\tau_1 \frac{dV_{i,qs}}{dt}$。

(3) 解析方程 (6-22)，$V_{i,int} = H + (W_{i-1,int} - H)e^{\frac{-\Delta t}{\tau_1}}$，因此，$V_i = V_{i,int} + (V_{i-1} - V_{i,int})e^{\frac{-\Delta t}{\tau_2}}$。

6.5 偏航/倾斜模型

实际工况下，由于自然风向的波动，风力机不可避免地会处于连续的偏航状态，这使得风力机的对风性能在设计过程中至关重要。如果风轮平面的法向没有直接指向风，则垂直于风轮平面的速度减小了一个系数 $V_\infty \cos\theta_{yaw}$，其中 V_∞ 为来流速度，θ_{yaw} 为偏航角，如图 6-5 所示。偏航会引起风力机不同方位角上载荷的变化，因此在风力机初步设计时，对极端载荷和疲劳载荷的确定也需要考虑偏航的影响 [6,7]。

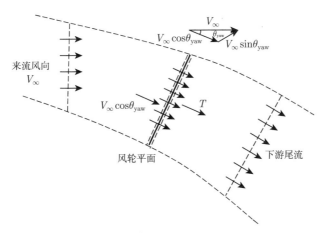

图 6-5　水平轴风力机偏航情况下的入流模型

任何形式的偏航都会存在由于风轮偏转产生风速分量从而导致高度不稳定的载荷 (风速分量即 $V_\infty \sin\theta_{yaw}$)。旋转叶片上不稳定的气动载荷可能会降低系统的可靠性，同时还可能导致水平轴风力机的输出功率瞬变。

在实测数据基础上，Schepers 拟合出一种新的轴向诱导速度工程模型。该模型由二阶傅里叶级数组成，当偏航角为正时，其表达式为

$$u_i = u_{i,0}[1 - A_1 \cos(\phi_r - \psi_1) - A_2 \cos(2\phi_r - \psi_2)] \tag{6-25}$$

当偏航角为负时，根据对称性，其表达式为

$$u_i = u_{i,0}[1 - A_1 \cos(2\pi - \phi_r - \psi_1) - A_2 \cos(2\pi - 2\phi_r - \psi_2)] \tag{6-26}$$

式中，$u_{i,0}$ 为考虑动态尾流模型后求得的平均诱导速度；幅度 A 和相位角 ψ 分别为轴向位置 ($r_{rel} = r/R$) 和偏航角 θ_{yaw} 的函数。

至此，就可以用求得的诱导速度获得截面入流迎角，进而查表获得升阻力系数，获得升阻力，并迭代求解风力机性能。

$$L = \frac{1}{2}\rho \left| \boldsymbol{W} \right|^2 cC_\mathrm{l}$$

$$D = \frac{1}{2}\rho \left| \boldsymbol{W} \right|^2 cC_\mathrm{d}$$

(6-27)

6.6 非定常叶素动量方法的计算步骤

根据以上章节中非定常叶素动量理论的方程及相应的修正模型，可按以下算法编写程序求解风力机非定常气动性能。

第 1 步：读取叶片几何尺寸和运行参数，初始化叶片的位置和速度，并将其离散成 N 个叶素。

第 2 步：对每个叶素单元初始化诱导速度。

第 3 步：使用公式 (6-12) 计算截面入流速度 $\boldsymbol{W}$。

第 4 步：使用公式 (6-18) 计算入流角 ϕ，并获得截面迎角 $\alpha = \phi - (\beta + \theta_p)$。

第 5 步：与 5.3 节动态失速模型结合，查表获得气动力系数 $C_\mathrm{l}, C_\mathrm{d}$，并使用公式 (6-27) 获得升阻力。

第 6 步：使用公式 (6-16) 计算诱导速度。

第 7 步：使用动态尾流模型 (6-22) 和偏航模型 (6-25)、(6-26) 对诱导速度进行修正。

第 8 步：如果每个叶素计算得到的诱导速度较上一迭代步结果差值超过设定的容差，则返回第 3 步。否则，进行下一时间步。

第 9 步：对下一方位角位置的每个叶素采用第 2~8 步的操作，直到一周所有方位角都收敛，进行下一步。

第 10 步：计算叶片各叶素不同方位角下的局部载荷，并沿展向积分获得不同方位角下的叶片推力、叶根弯矩和机械功率。计算完成。

根据上述计算步骤，计算了 NREL phase Ⅵ 叶片非定常来流工况下的载荷，计算过程中叶尖修正采用 Prandtl 模型，三维旋转效应采用 Du-Selig 模型。

图 6-6 给出了风速 10m/s、偏航角 30° 时法向力与切向力的计算值，并与风洞实验进行对比。图 6-7 给出了叶片 63% 剖面处在不同风速、不同偏航角下法向力随方位角的变化情况，图示计算结果为叶片旋转一周不同方位角的平均值，图 6-6 中叶尖处根据上述算法算得的平均法向力结果，并未落在实验值的误差带内，这是由于叶尖修正不够充分，而其他位置处计算值与实验值符合得较好，都包含在实验值的误差带内，这体现了上述非定常叶素动量方法计算的可靠性。

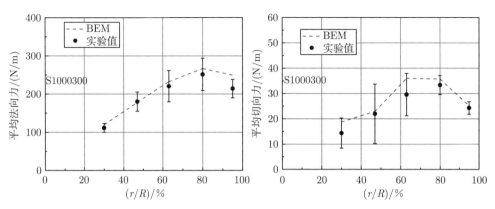

图 6-6　风速 10m/s、偏航角 30° 时的气动力结果对比

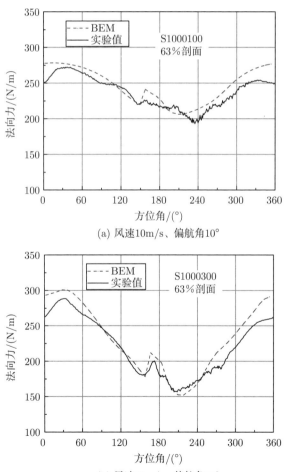

(a) 风速10m/s、偏航角10°

(b) 风速10m/s、偏航角30°

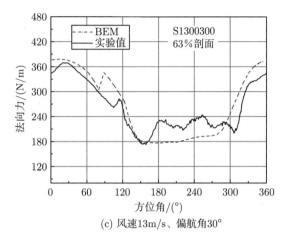

(c) 风速13m/s、偏航角30°

图 6-7   不同风况下 BEM 计算值与实验值对比

参 考 文 献

[1] Wang T G. Unsteady areodynamic modelling of horizontal axis wind turbine perfor-
    mance[D]. Glasgow: University of Glasgow, 1999.

[2] Hansen M O L. Aerodynamics of Wind Turbines [M]. 2nd ed. New York: Routledge,
    2008.

[3] Leishman J G. Challenges in modelling the unsteady aerodynamics of wind turbines[J].
    Wind Energy, 2002, 5(2-3): 85-132.

[4] Schepers J G. Engineering models in wind energy aerodynamics: Development, im-
    plementation and analysis using dedicated aerodynamic measurements[D]. Delft: Delft
    University of Technology, 2012.

[5] Øye S. Dynamic stall simulated as time lag of separation [C]. Proceeding of the 4th IEA
    Symposium on the Aerodynamics of Wind Turbines, 1991.

[6] Sørensen J N. Aerodynamic aspects of wind energy conversion[J]. Annual Reviews Fluid
    Mech, 2011, 43: 427-448.

[7] Sathyajith M, Philip G S. Advances in Wind Energy Conversion Technology[M]. Berlin,
    Heidelberg: Springer, 2011.

第三篇
涡尾迹方法

涡尾迹方法正是基于涡流理论建立起来的一种用作风力机气动性能分析的方法。当气流以正迎角绕流叶片时，叶片下表面(压力面)的压强大于上表面(吸力面)的压强，产生垂直于入流方向指向上表面的升力，下表面的高压气流有向上表面流动的倾向。 对于无限展长叶片，由于无叶片端面存在， 上下表面的压差不会引起三维流动，任一剖面均保持二维翼型的气动特性。对于有限展长的叶片，压差使得上下表面气流在叶端处产生运动，表现为下表面产生从叶根指向端面的展向流速，上表面则有相反方向的展向流速。 当气流在叶片后缘汇合时，由于展向流速的突跃会从后缘拖出无数条涡线，涡线随气流向下游发展。由于黏性对涡的诱导作用，涡线会逐渐卷起形成强的叶尖涡和叶根涡。 因此，可以采用涡流理论来描述尾迹区中以强旋涡为主导的复杂流动。本篇介绍涡流理论基础，以及基于预定涡尾迹模型和自由涡尾迹模型的风力机气动性能计算方法。

第 7 章 涡流理论基础

旋涡运动是自然界、日常生活以及工程实际中常碰到的现象，是实际存在的一种重要运动。风力机尾流中包含大量复杂的旋涡，因而对于旋涡运动的研究有着重要意义。

7.1 涡线、涡管及旋涡强度

如同流场可用流线来描述一样，有旋流动的旋涡场也可用涡线来描述。涡线具有如下性质: 在某个瞬时，该曲线上的微团的旋转角速度向量 (旋转轴线方向遵循右手定则) 都和曲线相切，如图 7-1 所示。

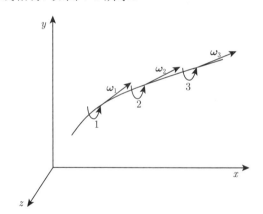

图 7-1 流场中的涡线

涡线的微分方程式为

$$\frac{\mathrm{d}x}{\omega_x} = \frac{\mathrm{d}y}{\omega_y} = \frac{\mathrm{d}z}{\omega_z} \tag{7-1}$$

式中，ω_x、ω_y、ω_z 为流体微团在三维空间的角速度分量，其表达式分别为

$$\omega_x = \frac{1}{2}\left(\frac{\partial w}{\partial y} - \frac{\partial v}{\partial z}\right)$$
$$\omega_y = \frac{1}{2}\left(\frac{\partial u}{\partial z} - \frac{\partial w}{\partial x}\right) \tag{7-2}$$
$$\omega_z = \frac{1}{2}\left(\frac{\partial v}{\partial x} - \frac{\partial u}{\partial y}\right)$$

式中，u, v, w 分别为速度 V 在 x, y, z 三个方向上的速度分量。

一般情况下，ω 是空间坐标和时间的函数，涡线随时间而改变；在定常流中 ω 只是空间坐标的函数，涡线不随时间改变。

某瞬时 t 在旋涡场中任取一条非涡线的光滑封闭曲线 (曲线不得与同一条涡线相交于两点)，过该曲线的每一点作涡线，这些涡线形成的管状曲面称为涡管，见图 7-2。涡管与所取的围线的大小有关，因此涡管可粗可细，也可以是无限小，涡线就是横截面积趋向于零的涡管。

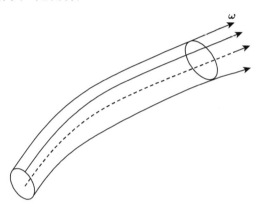

图 7-2　旋涡场中的涡管

与流量的定义类似，可定义穿过涡管任一横截面的涡量为

$$\oiint_{\sigma} \boldsymbol{\omega} \cdot \boldsymbol{n} \mathrm{d}\sigma = \oiint_{\sigma} \boldsymbol{\omega}_{\mathrm{n}} \mathrm{d}\sigma \tag{7-3}$$

式中，σ 表示截面面积；n 为横截面的单位法向量。涡量不能穿越涡管表面，正如流量不能穿越流管表面一样。

旋涡强度，或称涡量强度，定义为

$$\kappa = 2 \oiint_{\sigma} \boldsymbol{\omega}_{\mathrm{n}} \mathrm{d}\sigma \tag{7-4}$$

在流场中，如果 $\nabla \times \boldsymbol{V} = 0$ 处处成立，流动为无旋流动，反之则为有旋流动。显然，无旋流只做纯粹的平移运动和变形运动，有旋流除做平移、变形运动外，还会做旋转运动。

对于无旋流动有

$$\nabla \times \boldsymbol{V} = 0 \tag{7-5}$$

如果 ϕ 是个标量函数，那么

$$\nabla \times (\nabla \phi) = 0 \tag{7-6}$$

即一个标量函数的梯度的旋度等于零，比较式 (7-5) 和式 (7-6)，可以得出：

$$\boldsymbol{V} = \nabla\phi \tag{7-7}$$

式 (7-7) 说明对于无旋运动，存在一个标量函数 ϕ，使得 ϕ 的梯度等于速度，则称 ϕ 为速度位。ϕ 为空间坐标的函数，在笛卡儿坐标系中，$\phi = \phi(x, y, z)$，根据梯度的定义及式 (7-7)，有

$$u\boldsymbol{i} + v\boldsymbol{j} + w\boldsymbol{k} = \frac{\partial\phi}{\partial x}\boldsymbol{i} + \frac{\partial\phi}{\partial y}\boldsymbol{j} + \frac{\partial\phi}{\partial z}\boldsymbol{k} \tag{7-8}$$

则

$$\begin{aligned} u &= \frac{\partial\phi}{\partial x} \\ v &= \frac{\partial\phi}{\partial y} \\ w &= \frac{\partial\phi}{\partial z} \end{aligned} \tag{7-9}$$

需要指出的是，虽然涡场、涡线、涡量等在概念上和流场、流线、流量等相似，但不能把两者混淆起来。涡线和流线应该是不相同的，如果运动有涡，便存在涡线，运动无涡则不存在涡线。但是只要有流体运动，不论是否有涡，流线总是存在的。

7.2　速度环量和斯托克斯定理

前面的内容给出了流场中流体微团的旋转运动及旋度的概念，而在某一流动区域中所有流体旋度的总效应则是以速度环量 $\varGamma$ 来体现的。

首先，对流场中速度矢量沿任意一条指定曲线的线积分，即

$$\int_A^B \boldsymbol{V} \cdot \mathrm{d}\boldsymbol{s} \tag{7-10}$$

进行分析，因为

$$\begin{aligned} \boldsymbol{V} &= u\boldsymbol{i} + v\boldsymbol{j} + w\boldsymbol{k} \\ \mathrm{d}\boldsymbol{s} &= \mathrm{d}x\boldsymbol{i} + \mathrm{d}y\boldsymbol{j} + \mathrm{d}z\boldsymbol{k} \end{aligned} \tag{7-11}$$

故式 (7-10) 可以写成

$$\int_A^B (u\mathrm{d}x + v\mathrm{d}y + w\mathrm{d}z) \tag{7-12}$$

式中，A、B 分别为指定曲线的起点和终点。

一般情况下,线积分值与 A 到 B 的积分路径有关,但在无旋场中,因有速度位函数存在,则有

$$\int_A^B \boldsymbol{V} \cdot \mathrm{d}\boldsymbol{s} = \int_A^B (u\mathrm{d}x + v\mathrm{d}y + w\mathrm{d}z) = \int_A^B \mathrm{d}\phi = \phi_B - \phi_A \qquad (7\text{-}13)$$

由式 (7-13) 可知,当流场中有速度位存在时,速度矢量沿任意指定曲线的线积分只取决于积分路径两端 B 和 A 处速度位 ϕ 值之差,而与积分路径无关。因此在无旋流场中求速度线积分时可以取最方便的路径进行。

如果积分路径为一封闭曲线,则速度线积分的值定义为速度环量,即

$$\Gamma = \oint \boldsymbol{V} \cdot \mathrm{d}\boldsymbol{s} \qquad (7\text{-}14)$$

这时,速度环量取逆时针积分方向为正,见图 7-3,图中 $\boldsymbol{V}_s$ 为 $\boldsymbol{V}$ 在 s 方向的投影。

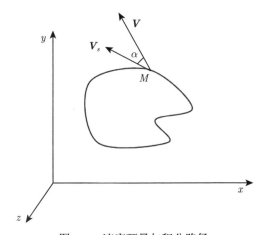

图 7-3　速度环量与积分路径

由式 (7-13) 可知,在无旋流场中,如果速度位是单值函数,则 Γ 应等于零,即

$$\Gamma = \int \mathrm{d}\phi = \phi_A - \phi_B = 0 \qquad (7\text{-}15)$$

根据旋度的定义有

$$\nabla \times \boldsymbol{V} = \left(\frac{\partial w}{\partial y} - \frac{\partial v}{\partial z}\right) \boldsymbol{i} + \left(\frac{\partial u}{\partial z} - \frac{\partial w}{\partial x}\right) \boldsymbol{j} + \left(\frac{\partial v}{\partial x} - \frac{\partial u}{\partial y}\right) \boldsymbol{k} \qquad (7\text{-}16)$$

其分量形式为

$$(\nabla \times \boldsymbol{V})_x = \frac{\partial w}{\partial y} - \frac{\partial v}{\partial z}$$

$$(\nabla \times \boldsymbol{V})_y = \frac{\partial u}{\partial z} - \frac{\partial w}{\partial x} \tag{7-17}$$

$$(\nabla \times \boldsymbol{V})_z = \frac{\partial v}{\partial x} - \frac{\partial u}{\partial y}$$

并且旋度各分量在某点的值, 由该点闭合曲线上的环量在闭合曲线收缩向该点时的极限来定义。例如, 在图 7-4 中, 环绕 $abcd$ 流体微团的速度线积分, 在流体微团收缩向中心点时, 则有

$$\lim_{\Delta \hat{S} \to 0} \frac{\oint (u\mathrm{d}x + v\mathrm{d}y)}{\Delta \hat{S}} = \lim_{\Delta \hat{S} \to 0} \frac{\Delta \Gamma}{\Delta \hat{S}} \tag{7-18}$$

式中, $\Delta \hat{S}$ 为积分路径包围的面积。

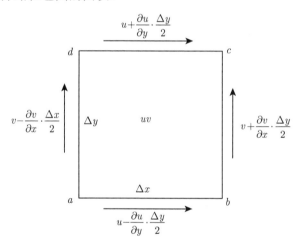

图 7-4　沿微团边界的速度分量

对任意空间平面, 式 (7-18) 可以写成

$$\omega_\mathrm{n} = (\nabla \times \boldsymbol{V})_\mathrm{n} = \lim_{\Delta \hat{S} \to 0} \left\{ \frac{\oint \boldsymbol{V} \cdot \mathrm{d}\boldsymbol{s}}{\Delta \hat{S}} \right\} \tag{7-19}$$

式中, ω_n 为垂直于 $\Delta \hat{S}$ 平面的旋度分量。

将流场中任意连续曲面划分为 k 小块, 见图 7-5。

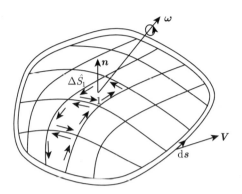

图 7-5　斯托克斯定理

若流动为已知，则每个小块上垂直于该小块的旋度分量可以用式 (7-19) 求出。将式 (7-19) 应用于图 7-5 中的第一个小块，得

$$(\boldsymbol{\omega}_n \Delta \hat{S})_1 \doteq \left(\int \boldsymbol{V} \cdot \mathrm{d}\boldsymbol{s} \right)_1 \tag{7-20}$$

对所有小块上的 $(\boldsymbol{\omega}_n \Delta \hat{S})_i$ 作和，得

$$\sum_{i=1}^{k} (\boldsymbol{\omega}_n \Delta \hat{S})_i = \sum_{i=1}^{k} \left(\int \boldsymbol{V} \cdot \mathrm{d}\boldsymbol{s} \right)_i \tag{7-21}$$

对式 (7-21) 等号右端所有速度线积分求和时，注意到所有为两块速度线积分共同的路径，在它上面的速度线积分对和不产生贡献。因此，所有块上速度线积分的和正好等于绕整个曲面 S 边界上的速度线积分。式 (7-21) 在每个小块 $\Delta \hat{S} \to 0$ 时为一准确关系式，即

$$\oiint_{\hat{S}} \boldsymbol{\omega}_n \mathrm{d}\hat{S} = \int \boldsymbol{V} \cdot \boldsymbol{s} = \Gamma \tag{7-22}$$

式 (7-22) 是著名的斯托克斯定理的数学表达式。斯托克斯定理表明：沿空间任一封闭曲线 L 上的环量，等于贯通以此曲线所成的任意曲面上旋度的面积分。根据此定理，一个涡管的旋涡强度可以用沿此涡管的围线的环量值代替，所以环量也就成了涡强的同义词。如果曲线所围成的区域中无涡通量，则沿此围线的环量为零。

式 (7-22) 表明，流场中若沿任意闭合曲线的速度环量为零，则流场中的流动是无旋的。例如，对于旋涡运动 $V_\theta = k/r$，该流动除了原点 $r = 0$ 外，处处是无旋的。式 (7-22) 的积分值只有在积分路径不包含 $r = 0$ 点时，其值为零。如果原点 $r = 0$ 的积分闭合曲线中存在点涡，则式 (7-22) 的积分值不为零。

在点涡运动中，沿一流线 (即 $r = \mathrm{const}$) 作速度线积分，注意到 $\boldsymbol{V} \cdot \boldsymbol{s} =$

$(k/s)r\mathrm{d}\theta$，便得到

$$\varGamma = \int \boldsymbol{V} \cdot \boldsymbol{s} = \int_0^{2\pi} (k/r)r\mathrm{d}\theta = 2\pi k \tag{7-23}$$

用 $\varGamma/2\pi$ 代替 k，便得到旋涡运动的等价表达式：$V_\theta = \dfrac{\varGamma}{2\pi r}$。

旋涡运动的速度位和流函数分别是

$$\phi = (\varGamma/2\pi)\theta, \qquad \psi = -(\varGamma/2\pi)\ln r$$

通常将围绕包含点涡闭合曲线上的速度环量 $\varGamma$ 称为点涡强度。

7.3　毕奥–萨伐尔定律

通常把流场中由于旋涡存在而产生的速度称为诱导速度。在无黏不可压流动中，诱导速度的大小可以由毕奥–萨伐尔公式来确定。

$$\mathrm{d}\boldsymbol{v} = \frac{\varGamma}{4\pi} \frac{\mathrm{d}\boldsymbol{l} \times \boldsymbol{r}}{|\boldsymbol{r}|^3} \tag{7-24}$$

式中，$\mathrm{d}\boldsymbol{v}$ 为空间任一点 $P(x,y,z)$ 处的诱导速度；$\mathrm{d}\boldsymbol{l}$ 为一无限小直线段涡元，其旋涡强度为 $\varGamma$，方向由右手法则确定；$\boldsymbol{r}$ 为由直线段涡元指向点 P 的向量。

考虑一段有限长度的直线段涡元，如图 7-6 所示，涡元的起点和终点分别为 $A(x_A, y_A, z_A)$ 和 $B(x_B, y_B, z_B)$，空间点 P 坐标为 (x, y, z)，涡元强度用环量 $\varGamma$ 表示。由毕奥–萨伐尔定律，可以得到涡元对点 P 产生的诱导速度的积分形式：

$$\boldsymbol{V} = \frac{\varGamma}{4\pi} \int_A^B \frac{\mathrm{d}\boldsymbol{l} \times \boldsymbol{r}}{r^3} \tag{7-25}$$

由几何关系可知，$r = \dfrac{h}{\sin\theta}$，$\mathrm{d}l = r\mathrm{d}\theta = \dfrac{h}{\sin\theta}\mathrm{d}\theta$，代入上式得诱导速度的解析表达式：

$$\boldsymbol{V} = \frac{\varGamma}{4\pi h} (\cos\theta_A - \cos\theta_B)\,\boldsymbol{e} \tag{7-26}$$

式中，$\cos\theta_A = \dfrac{\boldsymbol{r}_{AB} \cdot \boldsymbol{r}_A}{r_{AB} r_A}$；$\cos\theta_B = \dfrac{\boldsymbol{r}_{AB} \cdot \boldsymbol{r}_B}{r_{AB} r_B}$；$\boldsymbol{e} = \dfrac{\boldsymbol{r}_{AB} \times \boldsymbol{r}_A}{|\boldsymbol{r}_{AB} \times \boldsymbol{r}_A|}$；$h = r_A \sin\theta_A = r_B \sin\theta_B$。其中，

$$\boldsymbol{r}_A = (x - x_A)\boldsymbol{i} + (y - y_A)\boldsymbol{j} + (z - z_A)\boldsymbol{k} \tag{7-27}$$

$$\boldsymbol{r}_B = (x - x_B)\boldsymbol{i} + (y - y_B)\boldsymbol{j} + (z - z_B)\boldsymbol{k} \tag{7-28}$$

$$\boldsymbol{r}_{AB} = (x_B - x_A)\boldsymbol{i} + (y_B - y_A)\boldsymbol{j} + (z_B - z_A)\boldsymbol{k} \tag{7-29}$$

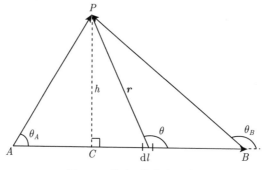

图 7-6　毕奥–萨伐尔定律

由式 (7-26) 可知,对于半直线涡,即如果涡线的一端无限长,B 点趋向于无穷远,且 C 点与涡线另一端重合,此时 $\theta_B \to \pi$,$\theta_A \to \dfrac{\pi}{2}$,于是半直线涡产生的诱导速度可写为

$$\boldsymbol{V} = \frac{\varGamma}{4\pi h}\boldsymbol{e} \tag{7-30}$$

如果涡线两端都延伸到无穷远,这时 $\theta_A \to 0$,$\theta_B \to \pi$,于是直线涡的诱导速度可写为

$$\boldsymbol{V} = \frac{\varGamma}{2\pi h}\boldsymbol{e} \tag{7-31}$$

对于无限长涡线所引起的诱导速度场,在与涡线垂直的平面上流动都是一样的,因此这种流动可以看作平面流动,通常称平面点涡流动。

7.4　涡　模　型

7.4.1　涡核模型

当空间点接近涡线时,由毕奥–萨伐尔定律诱导速度公式计算得到的诱导速度值会迅速增大。如果空间点正好是涡元本身的控制点,即自诱导计算,计算结果会产生奇点。为避免这样的数值扰动,在计算风力机涡尾迹的诱导速度时,必须考虑黏性的影响,其方法是引入涡核模型 [1,2]。在物理上,涡核是承载涡线涡量的一个有限的区域。在涡核内部,速度分布类似于固体的旋转;在涡核外部,速度分布类似于点涡位流速度,近似按位流公式计算。

在尾迹分析中,涡核模型通常是根据涡元的周向速度型建立的。Lamb 和 Oseen 通过求解一维 N-S 方程,建立了经典的 Lamb-Oseen 涡模型 [3]。根据该模型,涡元周向诱导速度可以写为

$$V_\theta\left(r\right) = \frac{\varGamma}{2\pi r}\left[1 - \mathrm{e}\left(-\frac{r^2}{4\nu t}\right)\right] \tag{7-32}$$

式中，ν 表示运动黏性系数。

从上式可看出，周向诱导速度在涡核半径处达到最大，且反映了速度随时间的耗散规律。

Vatistas 等[4] 给出了集中涡周向诱导速度型的一般代数式：

$$V_\theta (r) = \frac{\Gamma}{2\pi} \frac{r}{(r_c^{2n} + r^{2n})^{1/n}} = \frac{\Gamma}{2\pi r_c} \frac{\bar{r}}{(1 + \bar{r}^{2n})^{1/n}} \tag{7-33}$$

式中，n 为整数变量；r_c 为涡核半径；r 为涡核中心至计算点的径向距离；$\bar{r} = r/r_c$。n 取不同的值对应不同的涡模型。若 $n \to \infty$，则对应 Rankine 涡模型，即

$$V_\theta (r) = \begin{cases} \dfrac{\Gamma}{2\pi r_c} \bar{r}, & 0 \leqslant \bar{r} \leqslant 1 \\[2mm] \dfrac{\Gamma}{2\pi r_c} \dfrac{1}{\bar{r}}, & \bar{r} > 1 \end{cases} \tag{7-34}$$

若 $n = 1$，即为 Scully 涡模型[5]，即

$$V_\theta (r) = \frac{\Gamma}{2\pi r_c} \frac{\bar{r}}{1 + \bar{r}^2} \tag{7-35}$$

若 $n = 2$，则对应 Leishman-Bagai 涡模型[6]，即

$$V_\theta (r) = \frac{\Gamma}{2\pi r_c} \frac{\bar{r}}{\sqrt{1 + \bar{r}^4}} \tag{7-36}$$

Rankine 涡模型将所有涡量限制在涡核内部，所以也称之为 "集中涡量" 涡模型；Scully 涡模型和 Leishman-Bagai 涡模型均为 "分布涡量" 涡模型，涡量分布在涡核内外。图 7-7 给出了不同涡模型的周向诱导速度分布，可以看出，Rankine 涡模型的主要缺点是诱导速度分布一阶不连续，而另外两个模型在涡线附近给出的诱导速度分布更光滑。在直升机旋翼上的实验结果[6] 表明，Leishman-Bagai 涡模型中诱导速度的计算值与实验值吻合较好。

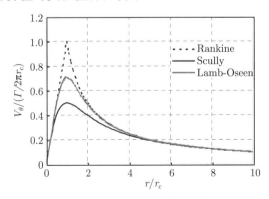

图 7-7　不同涡模型周向诱导速度分布

上述涡模型均基于完全层流假设，而在风力机湍流场中，涡周围的诱导速度分布与层流相比有明显的区别。因此，Vatista 对 Leishman-Bagai 涡模型进行了修正，给出与湍流相关的涡模型 [7]：

$$V_\theta\left(r\right) = \frac{\Gamma}{2\sqrt{2}\pi r_c}\bar{r}\left(\frac{\alpha_\mathrm{T}+1}{\alpha_\mathrm{T}+\bar{r}^4}\right)^m \tag{7-37}$$

式中，参数 α_T 和 m 为湍流比例常数，$m = \left(\alpha_\mathrm{T}+1\right)/4$。$\alpha_\mathrm{T} = 1$ 时，即为 Leishman-Bagai 模型。随着湍流度的增加，α_T 逐渐减小。Dobrev 等 [8] 采用 PIV 技术对风力机尾涡结构进行了详细的分析，用最小二乘法得到 Vatista 模型中参数 α_T 随叶尖涡寿命角的变化曲线，如图 7-8 所示。从图中可看出，随着尾迹寿命角的增大，流动的湍流度变弱，湍流比例常数 α_T 也随之稍微增大，整体在 0.5~0.8，比 Vatista 模型在直升机桨尖涡应用中 α_T 的取值要小，这说明风力机叶尖涡的湍流度要比直升机桨尖涡的湍流度大。

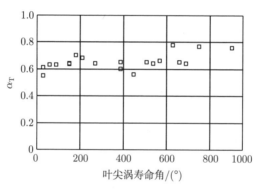

图 7-8　湍流比例常数 α_T 随叶尖涡寿命角的变化

取上述 α_T 实验平均值 0.653 代入式 (7-37) 中计算涡核周向诱导速度。图 7-9

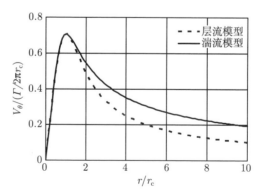

图 7-9　层流模型与湍流模型的周向诱导速度分布

为层流模型与湍流模型计算得到的周向诱导速度分布比较,可以看出在涡核半径附近达到相同的峰值之后,湍流的周向诱导速度减小比层流慢得多。

7.4.2 涡核半径和耗散模型

涡模型中,涡核半径 r_c 也是一个极其重要的参数,它既关系到诱导速度在空间中的具体分布,又与求解尾迹形状时的收敛情况有关。由于黏性的影响,涡存在耗散效应。常用两种计算方法考虑涡的耗散效应:一是固定涡核半径,涡强度作指数率衰减;另一个是固定涡强度,涡核半径随时间增长。现介绍后一种方式,模型的涡核耗散规律与 Lamb-Oseen 涡模型类似。在涡核半径处,涡周向诱导速度最大,令式 (7-32) 中对径向距离的导数为零,可以得到涡核半径为

$$r_c = \sqrt{4\alpha_L \nu t} \tag{7-38}$$

式中, $\alpha_L = 1.25643$,为 Lamb-Oseen 常数,表征了涡核的增大速率; ν 为流体的层流运动黏性系数。经典的 Lamb-Oseen 涡模型中涡核的增长率比实际要小些,这是因为忽略了涡黏性对涡尺寸的影响。Bhagwat 等[9] 对此进行了修正,并应用到直升机叶尖涡分析中,得到考虑了涡黏性及耗散的随尾迹寿命角变化的涡核半径公式:

$$r_c(\zeta) = \sqrt{r_0^2 + \frac{4\alpha_L \delta \nu \zeta}{\Omega}} \tag{7-39}$$

式中, ζ 为尾迹寿命角; r_0 为寿命角为零时的涡核半径,即初始半径; δ 为涡黏性参数; Ω 为叶片旋转角速度。

涡核初始半径 r_0 一般与叶片的厚度在同一个量级,实际计算时取值稍微大些,尾随涡和脱体涡计算中可取局部弦长的 $10\%\sim20\%$,叶尖涡计算中可取风轮半径的 $5\%\sim10\%$。

湍流对于涡核半径的影响目前尚不是很清楚,很多学者的研究认为涡的耗散主要受黏性效应控制,涡核半径增长率与涡雷诺数 $(Re_v = \Gamma/\nu)$ 相关,且涡核的湍流效应在涡雷诺数大于 10^5 时才很明显,则涡黏性参数 δ 可以写成涡雷诺数的表达式:

$$\delta = 1 + a_1 Re_v \tag{7-40}$$

式中, a_1 为实验得到的经验常数。旋翼研究中, $a_1 = 2 \times 10^4$,目前并没有与风力机相关的实验数据,由于旋翼与风力机的相似性, a_1 可取该值。

风力机尾流中流体速度减小,尾迹沿径向扩张,使得涡线向下游移动时受到拉力,涡元长度变长。因为对流场作不可压缩假设,根据质量守恒定理,涡元拉伸使得涡核半径变小。拉伸前涡元长度为 l,涡核半径为 r_c,定义涡元在 Δt 时间内的

线应变为

$$\varepsilon = \frac{\Delta l}{l} \tag{7-41}$$

当地密度为定值，则涡元拉伸前后体积不变，得到拉伸后涡核半径的变化：

$$\Delta r_{\mathrm{c}} = r_{\mathrm{c}} \left(1 - \frac{1}{\sqrt{1+\varepsilon}} \right) \tag{7-42}$$

结合式 (7-39) 和式 (7-42)，可得到有效涡核半径随尾迹寿命角变化的表达式为

$$r_{\mathrm{c}}(\zeta) = \sqrt{r_0^2 + \frac{4\alpha_{\mathrm{L}} \delta \nu \zeta}{\Omega} \int_0^\zeta (1+\varepsilon)^{-1} \, \mathrm{d}\zeta} \tag{7-43}$$

7.5　亥姆霍兹旋涡定理

关于旋涡运动，有亥姆霍兹的三个定理。

定理 7.1　在同一瞬间沿涡线或涡管的旋涡强度不变。

设在某瞬时，在流场中取一包围一段涡线的开缝圆筒，见图 7-10。若流场中除涡线外，处处无旋，则在这一开缝圆筒上每一点的旋度为零。因此，沿围成开缝圆筒边界的速度线积分为零。又因组成缝的两边线上的速度积分 ($b \to c$ 和 $d \to a$) 对总积分的贡献，在缝宽趋于零时，刚好相互抵消。为使总线积分为零，必有 $a \to b$ 的线积分同 $c \to d$ 的线积分大小相等、符号相反。由此可知，穿过圆筒上下截面的涡线旋涡强度应完全相同。由于圆筒的上下截面位置是任选的，所以沿涡线旋涡强度是不变的。这一定理称亥姆霍兹第一定理。

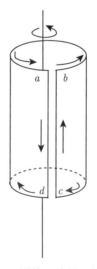

图 7-10　围绕涡线的开缝圆筒

定理 7.2 涡线不能在流体中中断,只能在流体边界上中断或形成闭合圈。

将亥姆霍兹第一定理进一步推广来分析涡线在开缝圆筒内部中断的情况。如果这种情况发生,那么开缝圆筒边界上 $a \to b$ 与 $c \to d$ 的线积分大小就不再相等,即沿开缝圆筒边界的线积分不再为零。所以,涡线不能在流体中中断,只能中断于流体边界或形成闭合圈。这一定理称亥姆霍兹第二定理。例如在二维风洞做实验时,机翼上的涡线 (翼展方向) 止于两侧的洞壁;还有一种是涡管可以伸到无穷远去,例如三维机翼上的涡线 (与翼展同向) 在左右两端折转后成为尾涡,向后伸到无限远处。

定理 7.3 对于无黏、正压、彻体力有势的流体旋涡运动,涡的强度不随时间变化,既不会增强,也不会削弱。

从亥姆霍兹定理可以看出,在无黏流中,由于流体微团只受垂直于微团表面的法向力,不受切向力,所受合力通过微团质心,即不存在使微团旋转的外力。若流体运动原无旋则永远无旋;若原有旋则保持旋涡强度不变。

实际流体都是有黏性的,涡强是会随时间变化的。不过空气的黏性是很小的,黏性使涡强的衰减并不很显著,所以仍可按理想流体里涡强不衰减处理。

7.6 库塔–茹科夫斯基升力定理

7.6.1 绕圆柱的有环量流动

x 轴方向的直匀流、位于原点轴线为 x 轴的偶极子和位于原点的点涡三者叠加以后组合流动的流谱如图 7-11 所示,其位函数和流函数分别为

$$\phi = v_\infty \left(r + \frac{a^2}{r} \right) \cos\theta - \frac{\Gamma}{2\pi} \theta$$

$$\psi = v_\infty \left(r - \frac{a^2}{r} \right) \sin\theta + \frac{\Gamma}{2\pi} r \tag{7-44}$$

由式 (7-44) 可知,流函数沿一个圆心在原点的、半径为 a 的圆为常数,因此该圆为一条流线,如图 7-11 所示。

通过微分,可以求得整个流场中的速度分量为

$$v_x = v_\infty \left(1 - \frac{a^2}{r^2} \cos 2\theta \right) + \frac{\Gamma}{2\pi} \frac{\sin\theta}{r}$$

$$v_y = -v_\infty \frac{a^2}{r^2} \sin 2\theta - \frac{\Gamma}{2\pi} \frac{\cos\theta}{r} \tag{7-45}$$

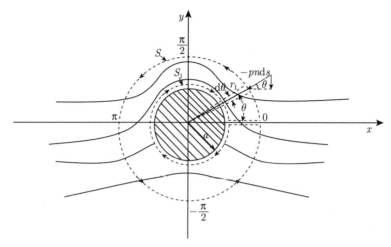

图 7-11　绕圆柱的有环量流动

在圆柱表面上, $r = a$, 代入式 (7-45) 可得到圆柱表面速度分布为

$$
\begin{aligned}
v_x &= v_\infty \left(1 - \cos 2\theta\right) + \frac{\Gamma}{2\pi} \frac{\sin\theta}{a} \\
v_y &= -v_\infty \sin 2\theta - \frac{\Gamma}{2\pi} \frac{\cos\theta}{a}
\end{aligned}
\tag{7-46}
$$

即在圆柱表面上, 径向速度 v_r、周向速度 v_θ 和合速度分别为

$$
\begin{aligned}
v_r &= 0 \\
v_\theta &= -2v_\infty \sin\theta - \frac{\Gamma}{2\pi a} \\
v &= -2v_\infty \sin\theta - \frac{\Gamma}{2\pi a}
\end{aligned}
\tag{7-47}
$$

对于绕圆柱的无环量流动, 前后驻点位于 x 轴和圆柱的两个交点处, 即点 $(-a,0)$ 和点 $(a,0)$。当加上点涡后, 绕圆柱的有环量流动的驻点位置将沿圆柱表面移动。为了研究驻点位置随点涡强度的变化, 下面研究合速度关系式。

在驻点处合速度 v 应该等于零, 若令 θ_s 为驻点对应的 θ 值, 则

$$
\theta_s = \arcsin\left(-\frac{\Gamma}{4\pi a v_\infty}\right)
\tag{7-48}
$$

因为 $\sin\theta_s = y_s/a$, 由此可得, 直角坐标系中, 有环量时圆柱表面驻点位置为

$$
\begin{aligned}
x_s &= \pm\sqrt{a^2 - y_s^2} \\
y_s &= -\frac{\Gamma}{4\pi v_\infty}
\end{aligned}
\tag{7-49}
$$

由式 (7-49) 可见, 当点涡强度变大时驻点将向下移动, 随点涡强度继续增大到 $\Gamma = 4\pi v_\infty a$ 时, 两个驻点在 y 轴上 $(0, -a)$ 处重合; 点涡强度进一步增大, 式 (7-49) 将不再成立, 驻点将离开圆柱表面, 位于圆柱体之下。图 7-12 给出了几种不同点涡强度范围时的驻点位置示意图。

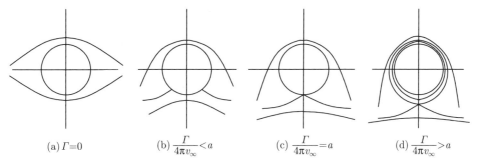

(a) $\Gamma = 0$ (b) $\dfrac{\Gamma}{4\pi v_\infty} < a$ (c) $\dfrac{\Gamma}{4\pi v_\infty} = a$ (d) $\dfrac{\Gamma}{4\pi v_\infty} > a$

图 7-12 不同点涡强度时的驻点 (点涡顺时针, 来流由左至右)

由图 7-12 可见, 对于绕圆柱的有环量流动情况, 流谱仍然是左右对称的, 但上下却不再对称了。因此, 在垂直于来流方向应该有作用力存在。在垂直于来流方向的空气动力的分力称为升力, 可以通过沿圆柱表面压强的积分而获得。

7.6.2 环量与升力

本小节从动量定理出发, 确定绕圆柱体有环量时的流动的升力。

以原点为中心, 画一个半径为 r_1 的大控制面 S, 整个控制面还包括圆柱的表面 S_1 及连接 S 和 S_1 的两条割线, 见图 7-11 中的虚线。在连接 S 和 S_1 的两条割线上的压强和动量的变化都相互抵消了, 因此对整个结果没有影响, 可以不考虑它们。S_1 上空气动力作用是物体所受到的合力, 在所研究的情况下, 左右对称, 没有阻力。因此, 在圆柱表面作用的只有升力, 用 Y 表示。其值可根据动量定理写成:

$$Y = -\int_S p\cos(\boldsymbol{n}, y)\mathrm{d}s - \int_S p v_{\mathrm{n}} v_y \mathrm{d}s \tag{7-50}$$

式中, v_{n} 为垂直于控制面方向的分速度; $\boldsymbol{n}$ 为控制面法线方向。

式 (7-50) 积分是沿着半径为 r_1 的圆 (即控制面 S) 进行的。在 r_1 圆上, 有关系式:

$$\begin{aligned} \cos(\boldsymbol{n}, y) &= \sin\theta \\ \mathrm{d}s &= r_1 \mathrm{d}\theta \end{aligned} \tag{7-51}$$

因此可得

$$Y = -2\int_{-\frac{\pi}{2}}^{\frac{\pi}{2}} r_1 p\sin\theta\mathrm{d}\theta - 2\int_{-\frac{\pi}{2}}^{\frac{\pi}{2}} \rho r_1 v_n v_y \mathrm{d}\theta \tag{7-52}$$

利用伯努利公式将式 (7-52) 中的压强替换成速度, 并应用 7.6.1 节中所得到的绕圆柱有环量流动的速度关系式, 可把式 (7-52) 等号右边第一项积分写成:

$$-2\int_{-\frac{\pi}{2}}^{\frac{\pi}{2}} r_1 p \sin\theta \mathrm{d}\theta = \frac{1}{2}\rho v_\infty \Gamma \left(1 + \frac{a^2}{r_1^2}\right) \tag{7-53}$$

令 $r = r_1$, 则第二项积分中的 v_y 可写为

$$v_y = -\frac{v_\infty a^2}{r_1^2}\sin 2\theta - \frac{\Gamma}{2\pi}\frac{\cos\theta}{r_1} \tag{7-54}$$

由此可得, 第二个积分为

$$-2\int_{-\frac{\pi}{2}}^{\frac{\pi}{2}} \rho r_1 v_\mathrm{n} v_y \mathrm{d}\theta = \frac{1}{2}\rho v_\infty \Gamma \left(1 - \frac{a^2}{r_1^2}\right) \tag{7-55}$$

于是升力为

$$Y = \frac{1}{2}\rho v_\infty \Gamma \left[\left(1 + \frac{a^2}{r_1^2}\right) + \left(1 - \frac{a^2}{r_1^2}\right)\right] = \rho v_\infty \Gamma \tag{7-56}$$

式 (7-56) 表明, 作用在垂直于纸面单位长度圆柱体上的升力, 其大小等于来流的速度乘以流体密度, 再乘以环量。指向是把来流速度逆着环量的方向旋转 $90°$。升力等于 $\rho v_\infty \Gamma$ 这个结果, 称之为库塔–茹科夫斯基定理。

这里虽然是通过绕圆柱的流动来推导库塔–茹科夫斯基定理, 但是可以把其结论推广到一般形状的封闭物体中去。因为, 只要物体是封闭的, 代表物体作用的点源和点汇的强度总和必然相等。这种点源和点汇虽然不像偶极子那样是重叠在一起的, 但在远离物体的地方, 它们的作用和一个偶极子的作用基本相似。从前面库塔–茹科夫斯基定理推导过程中可以看出, 控制面 S 的半径 r_1 值对积分的结果没有影响, 也就是说, 可以把控制面 S 取得很大, 使得在控制面上, 具体物体与圆柱体形状差异对控制面流动参数的影响可以忽略不计。由此可见, 在推导库塔–茹科夫斯基定理时, 可以不限制取什么样的物体形状, 关键在于具有一定姿态的某种物体形状的环量值。有了环量又有了一个直匀流, 那就会产生一个升力。当然, 库塔–茹科夫斯基定理只解决了绕物体的环量和物体所产生的升力之间的联系, 至于什么样的物体形状在什么条件下能形成多大的环量, 有待于进一步研讨。

前面从动量定理出发, 导出了环量和物体产生的升力之间的关系式, 下面, 直接从环量引起的圆柱表面速度及压强变化来理解库塔–茹科夫斯基定理。由图 7-11 和图 7-12 可以看出, 在无环量时, 绕圆柱上下表面的气流是对称的, 因而上下表面上的速度和压强分布是对称, 结果 y 向的分力为零。如果加上一个逆时针旋转的环量, 绕圆柱上表面的气流由于加了一个同方向的速度, 因而速度增大, 压强减小; 与此相反, 绕圆柱下表面的气流速度减小, 压强增大。因此对于绕圆柱有环量的流动, 将产生一个与环量大小有关的升力, 环量越大, 升力也越大。

参 考 文 献

[1] Xu B, Feng J, Wang T, et al. Application of a turbulent vortex core model in the free vortex wake scheme to predict wind turbine aerodynamics[J]. Journal of Renewable and Sustainable Energy, 2018, 10(2): 023303.

[2] Xu B F, Yuan Y, Wang T G, et al. Comparison of two vortex models of wind turbines using a free vortex wake scheme[C]// Journal of Physics: Conference Series. Beijing: IOP Publishing, 2016, 753(2): 022059.

[3] Lamb H. Hydrodynamics[M]. Cambridge: Cambridge University Press, 1993.

[4] Vatistas G H, Kozel V, Mih W C. A simpler model for concentrated vortices[J]. Experiments in Fluids, 1991, 11(1): 73-76.

[5] Scully M P. A method of computing helicopter vortex wake distortion[R]. Massachusetts Inst of Tech Cambridge Aeroelastic and Structures Research Lab, 1967.

[6] Bagai A, Leishman J G. Flow visualization of compressible vortex structures using density gradient techniques[J]. Experiments in Fluids, 1993, 15(6): 431-442.

[7] Vatistas G H. Simple model for turbulent tip vortices[J]. Journal of Aircraft, 2006, 43(5): 1577-1579.

[8] Dobrev I, Maalouf B, Troldborg N, et al. Investigation of the wind turbine vortex structure[C]. 14th International Symposium on Applications of Laser Techniques to Fluid Mechanics, Lisbon, Portugal, 2018: 7-10.

[9] Bhagwat M J, Leishman J G. Correlation of helicopter rotor tip vortex measurements[J]. AIAA Journal, 2000, 38(2): 301-308.

第 8 章 涡尾迹计算模型

本章主要介绍预定涡尾迹方法和自由涡尾迹方法的核心思想及计算步骤。

预定涡尾迹是根据大量的尾流场实验数据，建立尾迹形状的经验描述函数。描述函数可以是速度诱导因子或者叶片环量的函数，再根据尾迹形状计算新的诱导速度场和环量分布，反复迭代直到流场状态收敛。预定涡尾迹模型有着广泛的应用，例如分析水平轴风力机的气动性能 [1,2]，与动态失速模型结合计算叶片的非定常气动特性 [3]，计算偏航状态下非定常气动力 [4]，计算塔影效应对下风向风力机的影响 [5,6]，研究三维旋转效应模型在该模型中的应用 [7,8]。尽管预定涡尾迹计算效率高，但很难建立一个能够准确描述不同类型风力机尾迹形状的函数，而且预定涡尾迹不能模拟尾迹形状的畸变和叶尖涡的卷起，所以预定涡尾迹的发展受到一定限制。

与预定涡尾迹相比，自由涡尾迹不需要涡元位置的先验数据。尾迹涡线允许在当地速度场的影响下自由变形，能够计算尾迹的畸变和卷起，因而成为分析风力机气动特性的重要方法 [9-14]。对于风力机的复杂流场，自由涡尾迹有着比较大的优势 [15]。但由于计算量较大而受到一定的限制，许多学者对此提出了不同的简化模型 [9,16-19]，并在风力机附着流和分离流 [20]、尾迹卷起及叶片非线性气动力 [21]、风力机非定常气动特性 [21-24] 等方面进行了大量研究。

8.1 坐标系定义

为了方便描述涡尾迹方法，首先定义风轮直角坐标系、风轮柱坐标系和风轮尾迹坐标系。

尾迹模型的构造采用风轮直角坐标系 (x, y, z) 和风轮柱坐标系 (r, ψ, z)，见图 8-1(a)，坐标系原点均位于风轮平面的旋转中心。直角坐标系中，从上风向看去，x 轴水平指向右方；y 轴则垂直于 x 轴向下；z 轴由右手法则确定，沿旋转轴线指向风轮后方。风轮柱坐标系中，r 沿叶片变桨轴线，指向外；当 r 轴与 x 轴重合时，$\psi = 0$(从 x 轴顺时针算起)，顺时针方向为正；z 轴与直角坐标系 z 重合。由于尾迹绕 z 轴旋转，所以用风轮柱坐标系表示尾迹节点的位置更为方便，而整个流场求解时，节点坐标需要转换到直角坐标系中。直角坐标系与柱坐标系的转换关系为

$$\begin{cases} x = r\cos\psi \\ y = r\sin\psi \\ z = z \end{cases} \tag{8-1}$$

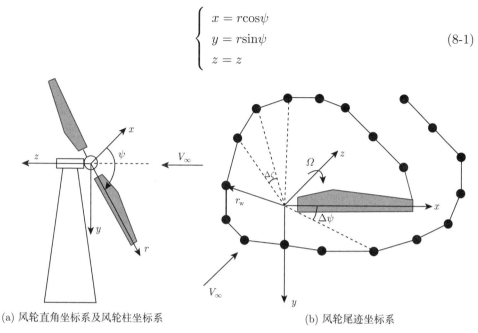

(a) 风轮直角坐标系及风轮柱坐标系 (b) 风轮尾迹坐标系

图 8-1　坐标系定义

从叶片尾缘拖出的尾迹绕 z 轴旋转，引入尾迹坐标系 (柱坐标系) 表示节点的位置，如图 8-1(b) 所示，r_w 指向外。当 r_w 轴与叶片的 r 轴重合时，寿命角 $\zeta = 0$，逆时针方向为正。整个流场求解时，节点坐标需要转换到直角坐标系中，尾迹坐标系与直角坐标系的转换关系为

$$\begin{cases} x = r_w\cos(\psi - \zeta) \\ y = r_w\sin(\psi - \zeta) \\ z = z \end{cases} \tag{8-2}$$

当风力机处于非定常工况下时，风轴坐标系 (x, y, z) 用来定义整个流场和风轮后的尾迹结构，侧偏的风速 $\boldsymbol{V}_\infty$ 平行于 z 轴，且风向指向 z 轴的正向，其与风轮旋转轴的夹角为偏航角 γ；y 轴则垂直向下；从上风向看去，x 轴水平指向右方；当风速偏向 x 轴正向时，定义偏航角 γ 为正，如图 8-2 所示。

风轮坐标系 (x', y', z') 用来定义风轮和叶片绕流条件，z' 轴与风轮旋转轴重合且指向风轮后方；x' 轴水平指向右方 (从上风向面对风轮平面看)；y' 轴垂直向下，与 y 轴重合。风轴坐标系的各参数可以通过下式对应转换成风轮坐标系的参数：

$$\begin{bmatrix} x' \\ y' \\ z' \end{bmatrix} = \begin{bmatrix} \cos\gamma & 0 & \sin\gamma \\ 0 & 1 & 0 \\ -\sin\gamma & 0 & \cos\gamma \end{bmatrix} \begin{bmatrix} x \\ y \\ z \end{bmatrix} \tag{8-3}$$

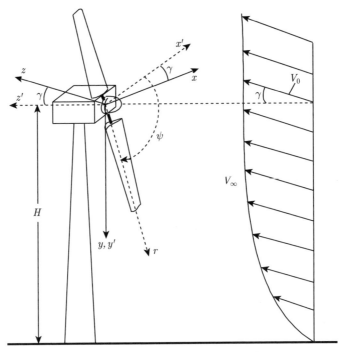

图 8-2　非轴向流工况下坐标系定义

8.2　涡　系　模　型

8.2.1　叶片涡系模型

风力机叶片的气动模型一般可以分为升力线模型和升力面模型。升力线模型假设叶片各剖面的气动特性相对独立，近似地把每个剖面的流动看作二维流动，而不同剖面的二维流动又不相同。这种从局部剖面看是二维流动，而从整个叶片看又是三维流动的假设称为准二维假设。升力线模型中，叶片用一条强度沿展向变化的附着涡线 (升力线) 代替。升力线模型相对简单，适合工程应用，但不能很好地考虑叶尖三维效应。为了改进叶片的气动特性分析，可以对叶片进行更细致的建模，将叶片视为无厚度的平板翼面，再划分为一个个四边形面元，用布有马蹄涡的面元集合来模拟叶片的气动影响，该方法称为升力面方法 (或者涡格法)。该方法在每个时间步都要更新涡格单元信息，计算量大，而且因为不使用翼型实验气动数据作为输入，不能体现黏性效应的影响。这里介绍一种简化的升力面模型，称为Weissinger-L (W-L) 升力面模型，它既有升力线方法的快速高效的优点，又能较好地计入叶片的三维效应。该方法通过库塔–茹科夫斯基定理使叶片升力与附着环量相关联,从叶片尾流拖出的尾随涡强度则由附着涡的环量变化确定。

在 W-L 升力面模型中,叶片的升力特性用一条附着涡线模拟,附着涡线位于 1/4 弦线,如图 8-3 所示。叶片沿展向分成若干段叶素,每一段附着涡的环量为常数,涡线段位置由两端的边界点确定。每段叶素对应一个控制点,位于叶素中间剖面的 3/4 弦点处。

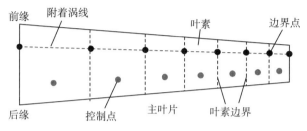

图 8-3 叶片离散示意图

可采用均匀或非均匀方式将叶片沿展向离散成 N_E 段叶素。考虑沿展向环量变化在叶尖区域更显著,可采用余弦法对叶片进行分段,越靠近叶尖,分布越密。若风轮半径为 R,叶根距风轮中心距离为 R_t,则叶素边界点距离风轮中心的径向无量纲距离为

$$(\bar{r}_{bp})_i = \begin{cases} \bar{R}_t, & i = 1 \\ \bar{R}_t + \dfrac{\dfrac{2}{\pi}\arccos\left(1 - \dfrac{i-1}{N_E}\right) - 0.1}{0.9}(1 - \bar{R}_t), & i = 2, 3, \cdots, N_E + 1 \end{cases}$$

$$(8\text{-}4)$$

式中,$\overline{R}_t = R_t/R$。控制点距离风轮中心的径向无量纲距离为

$$(\bar{r}_{cp})_i = \frac{1}{2}\left[(\bar{r}_{bp})_i + (\bar{r}_{bp})_{i+1}\right], \quad i = 1, 2, \cdots, N_E \tag{8-5}$$

若展向位置 r 处的附着涡线的环量为 Γ_b,则根据库塔–茹科夫斯基定理可知,该叶素升力为

$$\mathrm{d}L = \rho W \Gamma_b \mathrm{d}r \tag{8-6}$$

式中,W 为合速度。根据叶素理论,升力亦可表示为

$$\mathrm{d}L = \frac{1}{2}\rho W^2 c C_l \mathrm{d}r \tag{8-7}$$

式中,c 为叶素控制点处翼型弦长,C_l 为翼型升力系数。根据式 (8-6) 和式 (8-7),可得出第 i 个叶素的附着环量为

$$(\Gamma_b)_i = \frac{1}{2}W_i C_l c_i \tag{8-8}$$

8.2.2 尾迹涡系模型

1. 尾迹涡环量

根据亥姆霍兹定理,沿涡管涡强度不变和涡管不能中止于流体内部,各叶素间环量的变化量会从叶素边界以尾随涡的形式从叶片脱离,并伸展到下游无穷远处。若在非定常状态下,附着涡线的环量随时间的变化量则会以脱体涡的形式从叶片脱离。尾涡形式及离散见图 8-4。

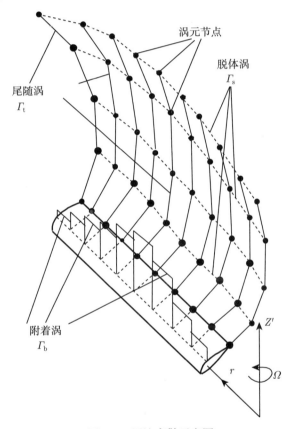

图 8-4   尾迹离散示意图

尾随涡的强度定义为相邻叶素附着环量之差,因此,第 i 个叶素边界拖出的尾随涡强度为

$$(\Gamma_{\mathrm{t}})_{i,j} = \begin{cases} (\Gamma_{\mathrm{b}})_{1,j}, & i = 1 \\ (\Gamma_{\mathrm{b}})_{i,j} - (\Gamma_{\mathrm{b}})_{i-1,j}, & i = 2,3,\cdots,N_{\mathrm{E}} \\ (\Gamma_{\mathrm{b}})_{N_{\mathrm{E}},j}, & i = N_{\mathrm{E}}+1 \end{cases} \tag{8-9}$$

式中, $j = 1,2,\cdots,N_{\mathrm{T}}$, 表示不同的方位角。

脱体涡的强度定义为相邻方位角上叶素附着环量之差, 因此, 第 j 个方位角下的脱体涡强度为

$$(\Gamma_{\text{s}})_{i,j} = \begin{cases} (\Gamma_{\text{b}})_{i,1} - (\Gamma_{\text{b}})_{i,N_{\text{T}}}, & j = 1 \\ (\Gamma_{\text{b}})_{i,j} - (\Gamma_{\text{b}})_{i,j-1}, & j = 2, 3, \cdots, N_{\text{T}} \end{cases} \tag{8-10}$$

式中, $i = 1, 2, \cdots, N_{\text{E}}$。

2. 尾迹区域划分

当气流通过风轮, 风轮从气流中提取能量, 从而引起气流速度降低。根据连续方程, 当风轮尾流的轴向速度减小, 必然使尾流的直径增大。轴向速度的减小不是瞬间完成的, 而是开始于风轮上游, 并持续减速直到在下游某处气流基本达到一个新的平衡状态。因此, 风轮的尾迹可以分成两个区域: 近尾迹和远尾迹。尾迹几何形状的变化主要在近尾迹区域完成, 而远尾迹则代表下游远流场的平衡状态。

涡尾迹方法计算过程中考虑的近尾迹越长, 则计算精度越高, 但涡元的数量也会随着近尾迹区域的扩大而迅速增加, 计算时间大幅度增加。因此尾迹区域的划分需要兼顾实际风轮尾迹对风轮气动特性的影响与计算资源。

在预定涡尾迹模型中, 定义近尾迹区域指示参数 T_{nw}, 表示尾随涡从叶片运动至近尾迹截断点所经历的时间。考虑到风轮尾迹的结构随着叶尖速比的变化而改变, 即在小叶尖速比时, 尾涡在给定的时间里相对于大叶尖速比时移向下游的距离更远, T_{nw} 应为叶尖速比 $\lambda = \Omega R/V_0$ (Ω 表示风轮旋转角速度; V_0 表示自由来流速度; R 表示风轮半径) 的函数, 其表达式为

$$T_{\text{nw}} = \frac{7\pi\lambda}{4\Omega} \tag{8-11}$$

远尾迹从近尾迹截断点一直延伸到下游无限远处。因为远尾迹流场代表尾流的平衡状态, 所以其流场条件在整个远尾迹区域内保持不变, 这样, 远尾迹区形成一个圆柱形的轴对称流场。

根据简化动量理论, 下游远流场的轴向诱导速度是风轮处诱导速度的两倍:

$$(v_z)_1 = 2v_z \tag{8-12}$$

式中, $(v_z)_1$ 是下游远流场的轴向诱导速度; v_z 是风轮处的诱导速度。在叶素动量理论中, 叶片被划分成一系列相连的叶素, 叶素之间没有气动干扰, 因此上述简化动量理论的结论成立。但是, 在涡尾迹方法中, 尾涡元之间必然存在相互干扰, 特别是在尾迹的外缘附近干扰显著, 导致较大的速度径向梯度, 沿着径向 $(v_z)_1 \neq 2v_z$。为了在预定尾迹的几何结构时适当再现这一特性, 预定涡尾迹通过定义一个远尾

迹速度因子 F 来描述下游远流场的轴向诱导速度:

$$(v_z)_1 = F v_z \tag{8-13}$$

在 $t = T_{\mathrm{nw}}$ 时刻, 流场条件达到远尾迹流场的条件, 即
(1) 轴向诱导速度从叶片处的 v_z 增加到远尾迹起点处的 $F v_z$, 然后保持不变;
(2) 径向诱导速度由叶片处的 v_r 减小到远尾迹起点处的零, 然后保持不变。

在自由涡尾迹模型中, 通常定义从风轮旋转平面至三倍风轮直径处为近尾迹区域, 整个尾迹的圈数 N_{C} 可以表示为

$$N_{\mathrm{C}} = \mathrm{int}\left(\frac{\Omega D}{\pi V_0}\right) + 1 \tag{8-14}$$

式中, D 为风轮直径; V_0 为来流速度。

由式 (8-14) 可看出, 近尾迹圈数的定义依旧与叶尖速比 λ 相关。

8.3　预定涡尾迹模型

预定涡尾迹方法中的远尾迹的轴向速度因子可以用以下公式给出:

$$F = 1.1426 + 5.1906\bar{r} - 8.9882\bar{r}^2 + 4.0263\bar{r}^3 \tag{8-15}$$

整个尾迹区域的轴向流速度描述如下:

$$(\bar{V}_z)_{\mathrm{w}} = \begin{cases} 1 - a - \dfrac{21}{5}(F-1)a\bar{t}, & \bar{t} \leqslant \dfrac{1}{7} \\[2mm] 1 - \dfrac{1}{2}(1+F)a - \dfrac{7}{10}(F-1)a\bar{t}, & \dfrac{1}{7} < \bar{t} \leqslant \dfrac{4}{7} \\[2mm] 1 - \dfrac{7+23F}{30}a - \dfrac{7}{30}(F-1)a\bar{t}, & \dfrac{4}{7} < \bar{t} \leqslant 1 \\[2mm] 1 - Fa, & \bar{t} > 1 \end{cases} \tag{8-16}$$

式中, a 为叶素边界点处轴向速度诱导因子,

$$a = -\frac{v_z}{V_0} \tag{8-17}$$

$\bar{t}$ 和 $(\bar{V}_z)_{\mathrm{w}}$ 分别为无量纲时间和尾迹轴向流速,

$$\bar{t} = \frac{t}{T_{\mathrm{nw}}} \tag{8-18}$$

$$(\bar{V}_z)_{\mathrm{w}} = \frac{(V_z)_{\mathrm{w}}}{V_0} \tag{8-19}$$

从式 (8-16) 中可以看到，近尾迹 ($\bar{t}=0 \to 1$) 被分成三个子区域，每个子区域的轴向流速均是时间的线性函数，远尾迹 ($\bar{t}>1$) 轴向流速以近尾迹截断处的值保持常数。

尾迹轴向位移通过预定的轴向速度对时间积分得到

$$
\bar{z}_{\mathrm{w}}=\begin{cases}
\dfrac{7\pi}{4}(1-a)\bar{t}-\dfrac{147\pi}{40}(F-1)a\bar{t}^2, & \bar{t}\leqslant \dfrac{1}{7}\\[2mm]
\dfrac{\pi}{16}(F-1)a+\dfrac{7\pi}{4}\left(1-\dfrac{1+F}{2}a\right)\bar{t}-\dfrac{49\pi}{80}(F-1)a\bar{t}^2, & \dfrac{1}{7}<\bar{t}\leqslant \dfrac{4}{7}\\[2mm]
\dfrac{47\pi}{240}(F-1)a+\dfrac{7\pi}{4}\left(1-\dfrac{7+23F}{30}a\right)\bar{t}-\dfrac{49\pi}{240}(F-1)a\bar{t}^2, & \dfrac{4}{7}<\bar{t}\leqslant 1\\[2mm]
\dfrac{2\pi}{5}(F-1)a+\dfrac{7\pi}{4}(1-Fa)\bar{t}, & \bar{t}>1
\end{cases}
\tag{8-20}
$$

其中

$$\bar{z}_{\mathrm{w}}=\frac{z_{\mathrm{w}}}{R} \tag{8-21}$$

对于尾迹的径向发展，尾迹径向诱导速度计算如下：

$$(\bar{v}_r)_{\mathrm{w}}=\begin{cases}\bar{v}_r\left[1-\bar{t}(2-\bar{t})\right], & \bar{t}\leqslant 1\\ 0, & \bar{t}>1\end{cases} \tag{8-22}$$

式中，$\bar{v}_r$ 和 $(\bar{v}_r)_{\mathrm{w}}$ 分别为叶素边界点和尾迹中的无量纲的径向诱导速度，

$$\bar{v}_r=\frac{v_r}{V_0} \tag{8-23}$$

$$(\bar{v}_r)_{\mathrm{w}}=\frac{(v_r)_{\mathrm{w}}}{V_0} \tag{8-24}$$

尾迹径向位移 r_{w} 可通过对式 (8-22) 积分得到

$$\bar{r}_{\mathrm{w}}=\frac{r_{\mathrm{w}}}{R}=\begin{cases}\bar{r}+\dfrac{7}{4}\pi\bar{v}_r\bar{t}\left[1-\bar{t}\left(1-\dfrac{\bar{t}}{3}\right)\right], & \bar{t}\leqslant 1\\[2mm]\bar{r}+\dfrac{7}{12}\pi\bar{v}_r, & \bar{t}>1\end{cases} \tag{8-25}$$

式中，$\bar{r}$ 为无量纲叶素边界当地半径。

在初始尾迹结构的创建过程中，由于无法获得全尾迹，叶片上径向诱导速度也无法得到。在此种情形下，尾迹的径向位移也不能由式 (8-25) 得到，可用以下公式代替：

$$\bar{r}_{\mathrm{w}} = \begin{cases} \bar{r} + \dfrac{21}{5}(\bar{r}_1 - \bar{r})\bar{t}, & \bar{t} \leqslant \dfrac{1}{7} \\[2mm] \dfrac{1}{2}(\bar{r} + \bar{r}_1) + \dfrac{7}{10}(\bar{r}_1 - \bar{r})\bar{t}, & \dfrac{1}{7} < \bar{t} \leqslant \dfrac{4}{7} \\[2mm] \dfrac{1}{30}(7\bar{r} + 23\bar{r}_1) + \dfrac{7}{30}(\bar{r}_1 - \bar{r})\bar{t}, & \dfrac{4}{7} < \bar{t} \leqslant 1 \\[2mm] \bar{r}_1, & \bar{t} > 1 \end{cases} \tag{8-26}$$

式中, $\bar{r}_1$ 为无量纲尾涡元当地径向位置, 根据连续性方程可以得到

$$\bar{r}_1 = \sqrt{\frac{1-a}{1-Fa}} \cdot \bar{r} \tag{8-27}$$

应该注意的是, 式 (8-26) 这一初始策略仅在初始尾迹结构的构建中应用。

8.4　自由涡尾迹模型

8.4.1　涡线控制方程

对于有势的无黏不可压缩流动, 涡量的动力学方程可以简化成亥姆霍兹方程:

$$\frac{\mathrm{D}\boldsymbol{\omega}}{\mathrm{D}t} - (\boldsymbol{\omega} \cdot \nabla)\,\boldsymbol{V} = 0 \tag{8-28}$$

风轮后的尾涡用截面积为零的涡线代替。根据亥姆霍兹第二涡定理, 满足涡线跟随物质线一起运动的特性, 可以得到涡线的控制方程:

$$\frac{\mathrm{d}\boldsymbol{r}\,(\psi,\zeta)}{\mathrm{d}t} = \boldsymbol{V}_{\mathrm{loc}}\left[\boldsymbol{r}\,(\psi,\zeta),t\right] \tag{8-29}$$

式中, ψ 为叶片方位角; ζ 为尾迹寿命角; $\boldsymbol{V}_{\mathrm{loc}}$ 为当地速度。将方程左端沿方位角和寿命角作全微分展开:

$$\frac{\mathrm{d}\boldsymbol{r}\,(\psi,\zeta)}{\mathrm{d}t} = \frac{\partial \boldsymbol{r}\,(\psi,\zeta)}{\partial \psi}\frac{\partial \psi}{\partial t} + \frac{\partial \boldsymbol{r}\,(\psi,\zeta)}{\partial \zeta}\frac{\partial \zeta}{\partial t} \tag{8-30}$$

式 (8-29) 右端当地速度包括自由来流速度和诱导速度, 即

$$\boldsymbol{V}_{\mathrm{loc}}\left[\boldsymbol{r}\,(\psi,\zeta),t\right] = \boldsymbol{V}_{\infty} + \boldsymbol{V}_{\mathrm{ind}}\left[\boldsymbol{r}\,(\psi,\zeta),t\right] \tag{8-31}$$

式中, $\boldsymbol{r}$ 为尾迹流场中涡线控制点的位置矢量; $\boldsymbol{V}_{\infty}$ 为自由来流速度; $\boldsymbol{V}_{\mathrm{ind}}$ 为流场中所有涡线对该控制点诱导速度的总和。

考虑到 $\dfrac{\mathrm{d}\psi}{\mathrm{d}t} = \dfrac{\mathrm{d}\zeta}{\mathrm{d}t} = \varOmega$, 偏微分形式的涡线控制方程可写为

$$\frac{\partial \boldsymbol{r}(\psi,\zeta)}{\partial \psi} + \frac{\partial \boldsymbol{r}(\psi,\zeta)}{\partial \zeta} = \frac{1}{\varOmega}\left\{\boldsymbol{V}_{\infty} + \boldsymbol{V}_{\mathrm{ind}}\left[\boldsymbol{r}(\psi,\zeta),t\right]\right\} \tag{8-32}$$

8.4.2 初始尾迹描述

自由涡尾迹方法中初始尾迹的给定会影响迭代求解的稳定性和求解速度。初始尾迹可以用刚性尾迹，也可以用预定尾迹。一般而言，采用等螺距的圆柱形刚性尾迹即可满足要求。假设叶片方位角为 ψ，第 i 个叶素拖出的尾迹中某节点的寿命角为 ζ，则该节点在直角坐标系中的坐标为

$$\begin{cases} \bar{x}_{\mathrm{w}}\left(i,j,k\right)=\left(\bar{r}_{bp}\right)_i\cos\left(\psi_j-\zeta_k\right) \\ \bar{y}_{\mathrm{w}}\left(i,j,k\right)=\left(\bar{r}_{bp}\right)_i\sin\left(\psi_j-\zeta_k\right) \\ \bar{z}_{\mathrm{w}}\left(i,j,k\right)=\Delta t\dfrac{\zeta_k}{\Delta\zeta}\dfrac{V_0}{R} \end{cases} \tag{8-33}$$

8.5　流　场　计　算

8.5.1　尾迹离散

如 8.2.1 节所述，叶片被离散成 N_{E} 个叶素，有 $N_{\mathrm{E}}+1$ 个叶素边界，第一个边界对应叶根位置，第 $N_{\mathrm{E}}+1$ 个边界对应叶尖位置；每段叶素由位于 1/4 弦长位置的附着涡线代替，第 i 个叶素控制点和边界点位置分别为 $\left(\bar{r}_{cp}\right)_i$ 和 $\left(\bar{r}_{bp}\right)_i$。

为进一步离散流场，风轮的一圈被均分为 N_{T} 个时间步长，则第 j 个时间步长的方位角为

$$\psi_j=\frac{2\pi}{N_{\mathrm{T}}}\left(j-1\right) \tag{8-34}$$

式中，$j=1,2,\cdots,N_{\mathrm{T}}$，第 k 个叶片在第 j 个时间步长的方位角为

$$\psi_{j,k}=\psi_j+\frac{2\pi}{B}\left(k-1\right) \tag{8-35}$$

式中，B 为风轮叶片数，$k=1,2,\cdots,B$。

在尾迹区域内共有 $N_{\mathrm{E}}+1$ 个从叶素边界后缘拖出的螺旋涡线，并向下游移动。螺旋涡线由一系列直线段涡元组成，其中每一直线段涡元对应一时间步长。当尾涡元移动到下游足够远时，其在叶片处的诱导影响可以忽略不计，因此，经过 N_{C} 圈后远尾迹被截断，截断点后的尾迹忽略不计。这样，每条尾涡线共有 $\left(N_{\mathrm{T}}\cdot N_{\mathrm{C}}\right)$ 个涡元，每个涡元由其两端的节点所决定。

时间步长可由以下公式确定：

$$\Delta t=\frac{2\pi}{\Omega N_{\mathrm{T}}} \tag{8-36}$$

其无量纲形式为

$$\Delta\bar{t}=\frac{\Delta t}{T_{\mathrm{nw}}}=\frac{8}{7\lambda N_{\mathrm{T}}} \tag{8-37}$$

则一个尾涡元从叶片处移到尾迹远端点的总时间为

$$\overline{T} = N_\mathrm{T} N_\mathrm{C} \Delta \bar{t} = \frac{8 N_\mathrm{C}}{7\lambda} \tag{8-38}$$

第 n 圈尾迹上的第 j 个尾涡元对应的时间为

$$\bar{t}_{j,n} = [j - 1 + (n - 1) N_\mathrm{T}] \Delta \bar{t} \tag{8-39}$$

式中, $n = 1, 2, \cdots, N_\mathrm{C}$。

叶素边界点的直角坐标 $[(\bar{x}_{bp})_{i,j}, (\bar{y}_{bp})_{i,j}, (\bar{z}_{bp})_{i,j}]$ 可以表示为

$$\begin{cases} (\bar{x}_{bp})_{i,j} = (\bar{r}_{bp})_i \cos \psi_j \\ (\bar{y}_{bp})_{i,j} = (\bar{r}_{bp})_i \sin \psi_j \\ (\bar{z}_{bp})_{i,j} = 0 \end{cases} \tag{8-40}$$

第 k 个叶片在 $\bar{t}_{j,n}$ 时间后从第 i 个叶素边界拖出的尾涡元的节点轴向位移 $(\bar{z}_w)_{i,j,k,n}$ 和径向位移 $(\bar{r}_w)_{i,j,k,n}$ 在直角坐标中表达为

$$\begin{cases} \bar{x}_\mathrm{w}(i, j, k, n) = (\bar{r}_\mathrm{w})_{i,j,k,n} \cos \psi_{j,k} \\ \bar{y}_\mathrm{w}(i, j, k, n) = (\bar{r}_\mathrm{w})_{i,j,k,n} \sin \psi_{j,k} \\ \bar{z}_\mathrm{w}(i, j, k, n) = (\bar{z}_\mathrm{w})_{i,j,k,n} \end{cases} \tag{8-41}$$

一圈涡线的最后一个节点是下一圈涡线的第一个节点:

$$\begin{aligned} \bar{x}_\mathrm{w}(i, N_\mathrm{T} + 1, k, n) &= \bar{x}_\mathrm{w}(i, 1, k, n + 1) \\ \bar{y}_\mathrm{w}(i, N_\mathrm{T} + 1, k, n) &= \bar{y}_\mathrm{w}(i, 1, k, n + 1) \\ \bar{z}_\mathrm{w}(i, N_\mathrm{T} + 1, k, n) &= \bar{z}_\mathrm{w}(i, 1, k, n + 1) \end{aligned} \tag{8-42}$$

8.5.2 附着涡环量计算

叶片第 j 相位第 i 个叶素的控制点的直角坐标可由下式表示:

$$(\bar{x}_{cp})_{i,j} = (\bar{r}_{cp})_i \cos\psi_j \tag{8-43}$$

$$(\bar{y}_{cp})_{i,j} = (\bar{r}_{cp})_i \sin\psi_j \tag{8-44}$$

$$(\bar{z}_{cp})_{i,j} = 0 \tag{8-45}$$

如果第 (i, j) 叶素控制点处的诱导速度表示为

$$(v_{cp})_{i,j} = (v_x)_{i,j}^{cp} \boldsymbol{i} + (v_y)_{i,j}^{cp} \boldsymbol{j} + (v_z)_{i,j}^{cp} \boldsymbol{k} \tag{8-46}$$

其无量纲形式为

$$\frac{(v_{cp})_{i,j}}{V_0} = (\bar{v}_x)_{i,j}^{cp}\boldsymbol{i} + (\bar{v}_y)_{i,j}^{cp}\boldsymbol{j} + (\bar{v}_z)_{i,j}^{cp}\boldsymbol{k} \tag{8-47}$$

那么径向诱导速度 $(\bar{v}_r)_{i,j}^{cp}$ 和切向诱导速度 $(\bar{v}_\psi)_{i,j}^{cp}$ 可表示为

$$\left[\begin{array}{c} (\bar{v}_r)_{i,j}^{cp} \\ (\bar{v}_\psi)_{i,j}^{cp} \end{array}\right] = \left[\begin{array}{c} (v_r)_{i,j}^{cp}/V_0 \\ (v_\psi)_{i,j}^{cp}/V_0 \end{array}\right] = \left[\begin{array}{cc} \cos\psi_j & sin\psi_j \\ -\sin\psi_j & \cos\psi_j \end{array}\right]\left[\begin{array}{c} (\bar{v}_x)_{i,j}^{cp} \\ (\bar{v}_y)_{i,j}^{cp} \end{array}\right] \tag{8-48}$$

则轴向入流速度 $(\bar{V}_z)_{i,j}^{cp}$ 和切向入流速度 $(\bar{V}_\psi)_{i,j}^{cp}$ 可分别表示为

$$(\bar{V}_z)_{i,j}^{cp} = \frac{(V_z)_{i,j}^{cp}}{V_0} = 1 + (\bar{v}_z)_{i,j}^{cp} \tag{8-49}$$

$$(\bar{V}_\psi)_{i,j}^{cp} = \frac{(V_\psi)_{i,j}^{cp}}{V_0} = \lambda(\bar{r}_{cp})_i - (\bar{v}_\psi)_{i,j}^{cp} \tag{8-50}$$

第 (i,j) 叶素控制点处的合入流速度 $\bar{W}_{i,j}^{cp}$ 为

$$\bar{W}_{i,j}^{cp} = \frac{W_{i,j}^{cp}}{V_0} = \sqrt{[(\bar{v}_r)_{i,j}^{cp}]^2 + [(\bar{V}_\psi)_{i,j}^{cp}]^2 + [(\bar{V}_z)_{i,j}^{cp}]^2} \tag{8-51}$$

该控制点处的附着涡强度 $(\bar{\Gamma}_b)_{i,j}$ 为

$$(\bar{\Gamma}_b)_{i,j} = \frac{(\Gamma_b)_{i,j}}{4\pi V_0 R} = \frac{1}{8\pi}\bar{W}_{i,j}^{cp}\bar{c}_i(C_l)_{i,j} \tag{8-52}$$

式中，$\bar{c}_i = c_i/R$，c_i 为第 i 个叶素的弦长；$(C_l)_{i,j}$ 是第 i 个叶素在迎角 $\alpha_{i,j}$ 下的二维升力系数，且

$$\alpha_{i,j} = \phi_{i,j} - \theta_i \tag{8-53}$$

式中，θ_i 为第 i 个叶素的桨距角；入流角 $\phi_{i,j}$ 的计算公式为

$$\phi_{i,j} = \arctan\frac{(\bar{V}_z)_{i,j}^{cp}}{(\bar{V}_\psi)_{i,j}^{cp}} \tag{8-54}$$

8.5.3 风轮气动性能计算

根据迎角 $\alpha_{i,j}$、叶素升力系数 $(C_l)_{i,j}$、叶素阻力系数 $(C_d)_{i,j}$ 可以确定叶素的法向力和弦向力系数：

$$\left[\begin{array}{c} (C_n)_{i,j} \\ (C_t)_{i,j} \end{array}\right] = \left[\begin{array}{cc} \cos\alpha_{i,j} & \sin\alpha_{i,j} \\ \sin\alpha_{i,j} & -\cos\alpha_{i,j} \end{array}\right]\left[\begin{array}{c} (C_l)_{i,j} \\ (C_d)_{i,j} \end{array}\right] \tag{8-55}$$

而

$$\left[\begin{array}{c} (C_n')_{i,j} \\ (C_t')_{i,j} \end{array}\right] = \left[\begin{array}{cc} \cos\phi_{i,j} & \sin\phi_{i,j} \\ \sin\phi_{i,j} & -\cos\phi_{i,j} \end{array}\right]\left[\begin{array}{c} (C_l)_{i,j} \\ (C_d)_{i,j} \end{array}\right] \tag{8-56}$$

式 (8-55) 中, $(C_n)_{i,j}$ 垂直于风轮平面; $(C_t)_{i,j}$ 平行于风轮平面; 式 (8-56) 中, $(C'_n)_{i,j}$ 垂直于翼型弦线; $(C'_t)_{i,j}$ 平行于翼型弦线。

令

$$
\begin{cases}
l = j + \dfrac{N_T}{B}(k-1) \\
j = 1, 2, \cdots, N_T + 1 \\
k = 1, 2, \cdots, B
\end{cases}
\tag{8-57}
$$

$$
m = \begin{cases}
l, & l \leqslant N_T \\
l - N_T, & l > N_T
\end{cases}
\tag{8-58}
$$

则

$$
(C_Q)_j = \frac{1}{\pi} \sum_{k=1}^{B} \sum_{i=1}^{N_E} \left[\overline{W}_{i,m}^{cp} \right]^2 (C'_t)_{i,j}\, \overline{c}_i\, (\overline{r}_{cp})_i \left[(\overline{r}_{bp})_{i+1} - (\overline{r}_{bp})_i \right]
\tag{8-59}
$$

$$
(C_T)_j = \frac{1}{\pi} \sum_{k=1}^{B} \sum_{i=1}^{N_E} \left[\overline{W}_{i,m}^{cp} \right]^2 (C'_n)_{i,j}\, \overline{c}_i \left[(\overline{r}_{bp})_{i+1} - (\overline{r}_{bp})_i \right]
\tag{8-60}
$$

并且:

$$
(C_P)_j = \lambda (C_Q)_j
\tag{8-61}
$$

风轮转动一周所产生的推力系数 C_T 和扭矩系数 C_Q 可由以下公式计算得到

$$
C_T = \frac{T}{\dfrac{1}{2}\rho V_0^2 \pi R^2} = \frac{B}{N_T} \sum_{j=1}^{N_T/B} (C_T)_j
\tag{8-62}
$$

$$
C_Q = \frac{Q}{\dfrac{1}{2}\rho V_0^2 \pi R^3} = \frac{B}{N_T} \sum_{j=1}^{N_T/B} (C_Q)_j
\tag{8-63}
$$

风轮功率系数计算公式为

$$
C_P = \frac{P}{\dfrac{1}{2}\rho V_0^3 \pi R^2} = \lambda C_Q
\tag{8-64}
$$

8.5.4　诱导速度的计算

一个涡元由其两端的节点所决定, 坐标分别是 $[\overline{x}_w(i,j,k,n), \overline{y}_w(i,j,k,n), \overline{z}_w(i,j,k,n)]$ 和 $[\overline{x}_w(i,j+1,k,n), \overline{y}_w(i,j+1,k,n), \overline{z}_w(i,j+1,k,n)]$, 设向量:

$$
\begin{aligned}
\boldsymbol{r}_A = {}& [\overline{x} - \overline{x}_w(i,j,k,n)]\, \boldsymbol{i} + [\overline{y} - \overline{y}_w(i,j,k,n)]\, \boldsymbol{j} \\
& + [\overline{z} - \overline{z}_w(i,j,k,n)]\, \boldsymbol{k}
\end{aligned}
\tag{8-65}
$$

$$\boldsymbol{r}_B = [\overline{x} - \overline{x}_{\mathrm{w}}\,(i, j+1, k, n)]\,\boldsymbol{i} + [\overline{y} - \overline{y}_{\mathrm{w}}\,(i, j+1, k, n)]\,\boldsymbol{j}$$
$$+ [\overline{z} - \overline{z}_{\mathrm{w}}\,(i, j+1, k, n)]\,\boldsymbol{k} \tag{8-66}$$

则

$$\boldsymbol{r}_{AB} = [\overline{x}_{\mathrm{w}}\,(i, j+1, k, n) - \overline{x}_{\mathrm{w}}\,(i, j, k, n)]\,\boldsymbol{i}$$
$$+ [\overline{y}_{\mathrm{w}}\,(i, j+1, k, n) - \overline{y}_{\mathrm{w}}\,(i, j, k, n)]\,\boldsymbol{j}$$
$$+ [\overline{z}_{\mathrm{w}}\,(i, j+1, k, n) - \overline{z}_{\mathrm{w}}\,(i, j, k, n)]\,\boldsymbol{k} \tag{8-67}$$

式中，$\boldsymbol{i}$、$\boldsymbol{j}$ 和 $\boldsymbol{k}$ 分别为沿坐标系 x、y 和 z 方向的单位向量。根据毕奥–萨伐尔定律，强度为 $\varGamma_{\mathrm{t}}$ 的尾随涡元在点 $(\overline{x}, \overline{y}, \overline{z})$ 处的诱导速度 $\boldsymbol{v}_{i,j,k,n}$ 可由下式计算：

$$\boldsymbol{v}_{i,j,k,n} = -\frac{\varGamma_{\mathrm{t}}}{4\pi} \frac{\boldsymbol{r}_A \times \boldsymbol{r}_B}{|\boldsymbol{r}_A \times \boldsymbol{r}_B|^2} \left(\frac{\boldsymbol{r}_A \cdot \boldsymbol{r}_{AB}}{|\boldsymbol{r}_A|} - \frac{\boldsymbol{r}_B \cdot \boldsymbol{r}_{AB}}{|\boldsymbol{r}_B|} \right) \tag{8-68}$$

式中，负号表示正的尾随涡诱导产生负的速度分量。

定义：

$$\frac{\boldsymbol{v}_{i,j,k,n}(\overline{x}, \overline{y}, \overline{z})}{V_0} = -\bar{\varGamma} \frac{\boldsymbol{r}_A \times \boldsymbol{r}_B}{|\boldsymbol{r}_A \times \boldsymbol{r}_B|^2} \left(\frac{\boldsymbol{r}_A \cdot \boldsymbol{r}_{AB}}{|\boldsymbol{r}_A|} - \frac{\boldsymbol{r}_A \cdot \boldsymbol{r}_{AB}}{|\boldsymbol{r}_B|} \right) \tag{8-69}$$

式中，$\bar{\varGamma}$ 表示第 (i, j, k, n) 个尾随涡单元的无量纲强度：

$$(\bar{\varGamma}_{\mathrm{t}})_{i,j} = \frac{(\varGamma_{\mathrm{t}})_{i,j}}{4\pi V_0 R} = \begin{cases} (\bar{\varGamma}_{\mathrm{b}})_{1,j}, & i = 1 \\ (\bar{\varGamma}_{\mathrm{b}})_{i,j} - (\bar{\varGamma}_{\mathrm{b}})_{i-1,j}, & i = 2, 3, \cdots, N_{\mathrm{E}} \\ (\bar{\varGamma}_{\mathrm{b}})_{N_{\mathrm{E}},j}, & i = N_{\mathrm{E}} + 1 \end{cases} \tag{8-70}$$

式中，$j = 1, 2, \cdots, N_{\mathrm{T}}$。

式 (8-69) 可以重新表示为

$$(\bar{v}_x)_{i,j,k,n}\boldsymbol{i} + (\bar{v}_y)_{i,j,k,n}\boldsymbol{j} + (\bar{v}_z)_{i,j,k,n}\boldsymbol{k} = -\bar{\varGamma} I_{i,j,k,n}^{\mathrm{t}} \tag{8-71}$$

$$I_{i,j,k,n}^{\mathrm{t}} = (I_x^{\mathrm{t}})_{i,j,k,n}\boldsymbol{i} + (I_y^{\mathrm{t}})_{i,j,k,n}\boldsymbol{j} + (I_z^{\mathrm{t}})_{i,j,k,n}\boldsymbol{k}$$
$$= \frac{\boldsymbol{r}_A \times \boldsymbol{r}_B}{|\boldsymbol{r}_A \times \boldsymbol{r}_B|^2} \left(\frac{\boldsymbol{r}_A \cdot \boldsymbol{r}_{AB}}{|\boldsymbol{r}_A|} - \frac{\boldsymbol{r}_A \cdot \boldsymbol{r}_{AB}}{|\boldsymbol{r}_B|} \right) \tag{8-72}$$

上标 t 表示尾随涡的贡献，$(I_x^{\mathrm{t}})_{i,j,k,n}$、$(I_y^{\mathrm{t}})_{i,j,k,n}$ 和 $(I_z^{\mathrm{t}})_{i,j,k,n}$ 为诱导速度的影响因子：

$$\begin{cases} (I_x^{\mathrm{t}})_{i,j,k,n} = \dfrac{(\boldsymbol{r}_A \times \boldsymbol{r}_B) \cdot \boldsymbol{i}}{|\boldsymbol{r}_A \times \boldsymbol{r}_B|^2} \left(\dfrac{\boldsymbol{r}_A \cdot \boldsymbol{r}_{AB}}{|\boldsymbol{r}_A|} - \dfrac{\boldsymbol{r}_A \cdot \boldsymbol{r}_{AB}}{|\boldsymbol{r}_B|} \right) \\[2mm] (I_y^{\mathrm{t}})_{i,j,k,n} = \dfrac{(\boldsymbol{r}_A \times \boldsymbol{r}_B) \cdot \boldsymbol{j}}{|\boldsymbol{r}_A \times \boldsymbol{r}_B|^2} \left(\dfrac{\boldsymbol{r}_A \cdot \boldsymbol{r}_{AB}}{|\boldsymbol{r}_A|} - \dfrac{\boldsymbol{r}_A \cdot \boldsymbol{r}_{AB}}{|\boldsymbol{r}_B|} \right) \\[2mm] (I_z^{\mathrm{t}})_{i,j,k,n} = \dfrac{(\boldsymbol{r}_A \times \boldsymbol{r}_B) \cdot \boldsymbol{k}}{|\boldsymbol{r}_A \times \boldsymbol{r}_B|^2} \left(\dfrac{\boldsymbol{r}_A \cdot \boldsymbol{r}_{AB}}{|\boldsymbol{r}_A|} - \dfrac{\boldsymbol{r}_A \cdot \boldsymbol{r}_{AB}}{|\boldsymbol{r}_B|} \right) \end{cases} \tag{8-73}$$

根据式 (8-57)、式 (8-58)，式 (8-73) 中的第二个下标 j 可以转变为 m，即

$$
\begin{cases}
I_x^{\mathrm{t}}(i,m,k,n) = (I_x^{\mathrm{t}})_{i,j,k,n} \\
I_y^{\mathrm{t}}(i,m,k,n) = (I_y^{\mathrm{t}})_{i,j,k,n} \\
I_z^{\mathrm{t}}(i,m,k,n) = (I_z^{\mathrm{t}})_{i,j,k,n} \\
i = 1,2,\cdots,N_{\mathrm{E}}+1 \\
j = 1,2,\cdots,N_{\mathrm{T}} \\
k = 1,2,\cdots,B \\
n = 1,2,\cdots,N_{\mathrm{C}}
\end{cases}
\tag{8-74}
$$

考虑到从第 j 时刻第 i 个叶素边界拖出的尾随涡在向下游移动的过程中强度均保持不变，可将这些影响系数合成如下形式：

$$
\left(I_x^{\mathrm{t}}\right)_{i,j} = \sum_{k=1}^{B}\sum_{n=1}^{N_{\mathrm{C}}} \left(I_x^{\mathrm{t}}\right)_{i,j,k,n}
\tag{8-75}
$$

$$
\left(I_y^{\mathrm{t}}\right)_{i,j} = \sum_{k=1}^{B}\sum_{n=1}^{N_{\mathrm{C}}} \left(I_y^{\mathrm{t}}\right)_{i,j,k,n}
\tag{8-76}
$$

$$
\left(I_z^{\mathrm{t}}\right)_{i,j} = \sum_{k=1}^{B}\sum_{n=1}^{N_{\mathrm{C}}} \left(I_z^{\mathrm{t}}\right)_{i,j,k,n}
\tag{8-77}
$$

尾涡系统在点 $(\overline{x},\overline{y},\overline{z})$ 的诱导速度的三个分量可通过影响系数求得

$$
\overline{v}_x\left(\overline{x},\overline{y},\overline{z}\right) = -\sum_{i=1}^{N_{\mathrm{E}}+1}\sum_{j=1}^{N_{\mathrm{T}}} \left(\overline{\Gamma}_t\right)_{i,j}\left(I_x^{\mathrm{t}}\right)_{i,j}
\tag{8-78}
$$

$$
\overline{v}_y\left(\overline{x},\overline{y},\overline{z}\right) = -\sum_{i=1}^{N_{\mathrm{E}}+1}\sum_{j=1}^{N_{\mathrm{T}}} \left(\overline{\Gamma}_t\right)_{i,j}\left(I_y^{\mathrm{t}}\right)_{i,j}
\tag{8-79}
$$

$$
\overline{v}_z\left(\overline{x},\overline{y},\overline{z}\right) = -\sum_{i=1}^{N_{\mathrm{E}}+1}\sum_{j=1}^{N_{\mathrm{T}}} \left(\overline{\Gamma}_t\right)_{i,j}\left(I_z^{\mathrm{t}}\right)_{i,j}
\tag{8-80}
$$

于是第 (i,j) 叶素控制点处的无量纲诱导速度分量为

$$
\begin{cases}
(\overline{v}_x)_{i,j}^{cp} = \overline{v}_x\left((\overline{x}_{cp})_{i,j},(\overline{y}_{cp})_{i,j},(\overline{z}_{cp})_{i,j}\right) \\
(\overline{v}_y)_{i,j}^{cp} = \overline{v}_y\left((\overline{x}_{cp})_{i,j},(\overline{y}_{cp})_{i,j},(\overline{z}_{cp})_{i,j}\right) \\
(\overline{v}_z)_{i,j}^{cp} = \overline{v}_z\left((\overline{x}_{cp})_{i,j},(\overline{y}_{cp})_{i,j},(\overline{z}_{cp})_{i,j}\right)
\end{cases}
\tag{8-81}
$$

应用类似的方法可以得到第 (i,j) 叶素边界点处的诱导速度:

$$
\begin{cases}
(\overline{v}_x)_{i,j}^{bp} = \overline{v}_x \left((\overline{x}_{bp})_{i,j}, (\overline{y}_{bp})_{i,j}, (\overline{z}_{bp})_{i,j} \right) \\
(\overline{v}_y)_{i,j}^{bp} = \overline{v}_y \left((\overline{x}_{bp})_{i,j}, (\overline{y}_{bp})_{i,j}, (\overline{z}_{bp})_{i,j} \right) \\
(\overline{v}_z)_{i,j}^{bp} = \overline{v}_z \left((\overline{x}_{bp})_{i,j}, (\overline{y}_{bp})_{i,j}, (\overline{z}_{bp})_{i,j} \right)
\end{cases} \tag{8-82}
$$

叶素边界点处的径向和切向诱导速度可由下列公式求出:

$$
\begin{bmatrix}
(\overline{v}_r)_{i,j}^{bp} \\
(\overline{v}_\psi)_{i,j}^{bp}
\end{bmatrix} =
\begin{bmatrix}
\cos\psi_j & \sin\psi_j \\
-\sin\psi_j & \cos\psi_j
\end{bmatrix}
\begin{bmatrix}
(\overline{v}_x)_{i,j}^{bp} \\
(\overline{v}_y)_{i,j}^{bp}
\end{bmatrix} \tag{8-83}
$$

则叶素边界点处的轴向诱导因子和切向诱导因子分别为

$$
(a_{bp})_{i,j} = -(\overline{v}_z)_{i,j}^{bp} \tag{8-84}
$$

$$
(a'_{bp})_{i,j} = -\frac{(\overline{v}_\psi)_{i,j}^{bp}}{\lambda(\overline{r}_{bp})_i} \tag{8-85}
$$

参 考 文 献

[1] Kocurek D. Lifting surface performance analysis for horizontal axis wind turbines[R]. NASA STI/Recon Technical Report N, 1987, 87.

[2] Dumitrescu H, Cardos V. Wind turbine aerodynamic performance by lifting line method[J]. International Journal of Rotating Machinery, 1998, 4(3): 141-149.

[3] Wang T G. Unsteady aerodynamic modelling of horizontal axis wind turbine performance[D]. Glasgow: University of Glasgow, 1999.

[4] Coton F N, Wang T G. The prediction of horizontal axis wind turbine performance in yawed flow using an unsteady prescribed wake model[J]. Proceedings of the Institution of Mechanical Engineers, Part A: Journal of Power and Energy, 1999, 213(1): 33-43.

[5] Wang T G, Coton F N. A high resolution tower shadow model for downwind wind turbines[J]. Journal of Wind Engineering and Industrial Aerodynamics, 2001, 89(10): 873-892.

[6] Wang T G, Coton F N. An unsteady aerodynamic model for HAWT performance including tower shadow effects[J]. Wind Engineering, 1999, 23(5): 255-268.

[7] Breton S P, Coton F N, Moe G. A study on rotational effects and different stall delay models using a prescribed wake vortex scheme and NREL phase VI experiment data[J].

Wind Energy: An International Journal for Progress and Applications in Wind Power Conversion Technology, 2008, 11(5): 459-482.

[8]   Wang T G, Coton F N. Prediction of the unsteady aerodynamic characteristics of horizontal axis wind turbines including three-dimensional effects[J]. Proceedings of the Institution of Mechanical Engineers, Part A: Journal of Power and Energy, 2000, 214(5): 385-400.

[9]   Rosen A, Lavie I, Seginer A. A general free-wake efficient analysis of horizontal-axis wind turbines[J]. Wind Engineering, 1990, 14(6): 362-373.

[10]   Crouse J r, G, Leishman J. A new method for improved rotor free-wake convergence[C]. 31st Aerospace Sciences Meeting, Keno, 1993.

[11]   Elgammi M, Sant T. Combining unsteady blade pressure measurements and a free-wake vortex model to investigate the cycle-to-cycle variations in wind turbine aerodynamic blade loads in yaw[J]. Energies, 2016, 9(6): 460.

[12]   Gohard J C. Free Wake Analysis of a Wind Turbine Aerodynamics[M]. Massachusetts: Massachusetts Institute of Technology, Department of Aeronautics and Astronautics, 1978.

[13]   Qiu Y X, Wang X D, Kang S, et al. Predictions of unsteady HAWT aerodynamics in yawing and pitching using the free vortex method[J]. Renewable Energy, 2014, 70: 93-106.

[14]   Sipcic S R, Morino L. Wake dynamics for incompressible and compressible flows[M]// Morino L. Computational Methods in Potential Aerodynamics. Berlin: Springer Verlag, 1986.

[15]   Wang T G, Wang L, Zhong W, et al. Large-scale wind turbine blade design and aerodynamic analysis[J]. Chinese Science Bulletin, 2012, 57(5): 466-472.

[16]   Afjeh A A, Keith Jr T G. A simple computational method for performance prediction of tip-controlled horizontal axis wind turbines[J]. Journal of Wind Engineering and Industrial Aerodynamics, 1989, 32(3): 231-245.

[17]   Afjeh A A, Keith T G. A vortex lifting line method for the analysis of horizontal axis wind turbines[J]. Journal of Solar Energy Engineering, 1986, 108(4): 303-309.

[18]   Miller R H. Application of fast free wake analysis techniques to rotors[R]. Vertica, 1984.

[19]   Miller R H. Methods for rotor aerodynamic and dynamic analysis[J]. Progress in Aerospace Sciences, 1985, 22(2): 113-160.

[20]   Simoes F J, Graham J M R. Application of a free vortex wake model to a horizontal axis wind turbine[J]. Journal of Wind Engineering and Industrial Aerodynamics, 1992, 39(1-3): 129-138.

[21]   Gupta S. Development of a time-accurate viscous Lagrangian vortex wake model for wind turbine applications[D]. Maryland: University of Maryland, 2006.

[22] Gupta S, Leishman J. Performance predictions of NREL Phase VI combined experi-
     ment rotor using a free-vortex wake model[C]. 44th AIAA Aerospace Sciences Meeting
     and Exhibit, Reno, Nevada, 2006.
[23] Gupta S, Leishman J. Stability of methods in the free-vortex wake analysis of wind
     turbines[C]. 42nd AIAA Aerospace Sciences Meeting and Exhibit, Reno, Nevada, 2004.
[24] Gupta S, Leishman J. Validation of a free-vortex wake model for wind turbines in
     yawed flow[C]. 44th AIAA Aerospace Sciences Meeting and Exhibit, Reno, Nevada,
     2006.

第9章 风力机气动性能的求解

上一章对预定涡尾迹模型和自由涡尾迹模型进行了推导。这一章将介绍两种模型在定常条件和非定常条件下的求解方法及步骤,并给出考虑三维旋转效应或动态失速模型的计算结果,分析风力机在定常或非定常入流条件下的气动特性。

9.1 定常预定涡尾迹的求解

9.1.1 求解流程

运用预定涡尾迹模型计算定常风况下水平轴风力机气动特性的具体步骤如图 9-1 所示。通过一系列迭代过程,可得到尾迹几何形状和叶片气动力的收敛解,完整的计算步骤描述如下。

1. 输入系统计算参数

需要输入模型的参数包括:

(1) 叶素数 N_E;

(2) 每圈的时间步数 N_T;

(3) 尾迹圈数 N_C;

(4) 叶片数量 B;

(5) 叶尖速比 λ;

(6) 风轮旋转半径 R;

(7) 叶片根部距轮毂中心的距离 R_t;

(8) 叶片剖面弦长沿径向的分布 c_i;

(9) 叶片扭角随径向的分布 θ_i;

(10) 叶片基础翼型的二维升力、阻力系数 C_l、C_d。

值得注意的是,N_T 和 B 的取值需要保证 N_T/B 始终为整数。

2. 计算叶片初始条件

预定涡尾迹模型的计算结果并不受初始输入条件的影响,除非初始条件中涉及回流,但是,合适的初始输入条件可以有效减少获得收敛解的计算时间。

预定涡尾迹的初始计算值可由叶素动量理论推导得到,Wilson 和 Lissaman 曾提出一种简单的计算程序 [1],即著名的 PROP 代码来获取速度诱导因子 a 和 a'。

使用叶素动量理论推导出的值非常适合作为预定涡尾迹的初始输入值, 并且可使用线性差值进行迭代。需要注意的是, 迭代仅在有且仅有一个解的区域内实行。具体过程描述如下。

根据叶素动量理论, 可得到式 (9-1) 和式 (9-2):

$$f_a\left(a, a'\right) = \sigma C'_{\mathrm{n}}\left(1-a\right) - 8Fa\sin^2\phi = 0 \tag{9-1}$$

$$f_t\left(a, a'\right) = \sigma C'_{\mathrm{t}}\left(1+a'\right) - 8Fa'\sin\phi\cos\phi = 0 \tag{9-2}$$

因此, 解 $a = a_*$ 和 $a' = a'_*$ 必须满足等式 (9-1) 和式 (9-2)。

将第 p 步迭代得到的轴向速度诱导因子 a 记为 a_p, 则满足式 (9-2) 的切向诱导因子 a'_p 可通过式 (9-3) 迭代得到。

$$\begin{cases} \left(a'_p\right)_{q+1} = \dfrac{\left(a'_p\right)_{q-1} f_t\left(a_p, \left(a'_p\right)_q\right) - \left(a'_p\right)_q f_t\left(a_p, \left(a'_p\right)_{q-1}\right)}{f_t\left(a_p, \left(a'_p\right)_q\right) - f_t\left(a_p, \left(a'_p\right)_{q-1}\right)} \\ q = 1, 2, \cdots \end{cases} \tag{9-3}$$

如果选择的 $\left(a'_p\right)_{q-1}$ 和 $\left(a'_p\right)_q$ 使得 $f_t\left(a_p, \left(a'_p\right)_{q-1}\right)$ 和 $f_t\left(a_p, \left(a'_p\right)_q\right)$ 的符号相反, 即

$$f_t\left(a_p, \left(a'_p\right)_{q-1}\right) \cdot f_t\left(a_p, \left(a'_p\right)_q\right) < 0, \ q = 1, 2, \cdots \tag{9-4}$$

且该式在整个迭代过程中均成立, 则 $\left(a'_p\right)_{q+1}$ 可以收敛得到 a'_p。由式 (9-1), 诱导因子 a 可根据以下公式迭代得到

$$\begin{cases} a_{p+1} = \dfrac{a_{p-1} f_a\left(a_p, a'_p\right) - a_p f_a\left(a_{p-1}, a'_{p-1}\right)}{a_{p-1} f_a\left(a_p, a'_p\right) - f_a\left(a_{p-1}, a'_{p-1}\right)} \\ p = 1, 2, \cdots \end{cases} \tag{9-5}$$

如果选择的 a_{p-1} 和 a_p 使得 $f_a\left(a_{p-1}, a'_{p-1}\right)$ 和 $f_a\left(a_p, a'_p\right)$ 的符号相反, 即

$$f_a\left(a_{p-1}, a'_{p-1}\right) \cdot f_a\left(a_p, a'_p\right) < 0, \ p = 1, 2, \cdots \tag{9-6}$$

且该式在整个迭代过程中均成立, 则 a_{p+1} 可以收敛得到 a_*。

一旦叶片叶素边界点的速度诱导因子 $\left(a_{bp}\right)_{i,j}$ 和 $\left(a'_{bp}\right)_{i,j}$ 确定, 叶素控制点处的诱导因子可由下式近似得到

$$\begin{aligned} \left(a_{cp}\right)_{i,j} &= \frac{1}{2}\left[\left(a_{bp}\right)_{i,j} + \left(a_{bp}\right)_{i+1,j}\right] \\ \left(a'_{cp}\right)_{i,j} &= \frac{1}{2}\left[\left(a'_{bp}\right)_{i,j} + \left(a'_{bp}\right)_{i+1,j}\right] \end{aligned} \tag{9-7}$$

则入流合速度的计算公式可转变为

$$\overline{W}_{i,j}^{cp} = \sqrt{\left[1 - (a_{cp})_{i,j}\right]^2 + \lambda^2 (\overline{r}_{cp})_i^2 \left[1 + (a'_{cp})_{i,j}\right]^2} \tag{9-8}$$

接下来,附着环量 $(\overline{\Gamma}_b)_{i,j}$ 和尾随涡量 $(\overline{\Gamma}_t)_{i,j}$ 可分别通过式 (8-52) 和式 (8-9) 进一步计算得到。

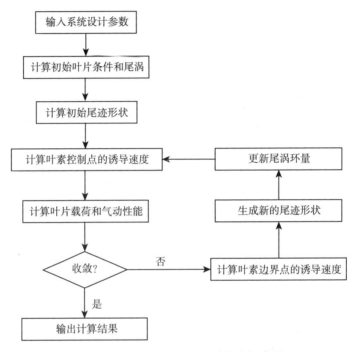

图 9-1　定常预定涡尾迹方法的求解步骤

3. 计算初始尾迹形状

使用叶素动量理论得到的结果,风轮初始尾迹形状可由预定函数式 (8-20)、式 (8-26) 得到,尾迹涡元的笛卡儿坐标可由式 (8-41) 计算得到。

4. 计算叶素控制点处的诱导速度

使用毕奥–萨伐尔定律计算叶素控制点处的诱导速度,即式 (8-81)。

5. 计算叶片载荷和气动性能

通过 8.5.2 节和 8.5.3 节的公式计算得到。

6. 计算叶素边界点处的诱导速度

创建一个新的尾迹形状。再次运用毕奥–萨伐尔定律计算叶素边界点处的诱导

速度 (式 (8-82))，并重新计算新的尾迹形状下的轴向诱导速度 (式 (8-84)) 和径向诱导速度 (式 (8-83))。

7. 更新尾迹形状

基于新计算得到的叶片诱导速度，目前叶片位置处的新的尾迹形状 (式 (8-41)) 可通过预定函数 (式 (8-20)、式 (8-25)) 计算得到。

8. 更新尾涡环量

目前叶片位置处的尾随涡环量可通过式 (8-9) 更新计算，然后叶片转动至下一个方位角位置 (式 (8-40)、式 (8-43)~式 (8-45))，环量计算回到步骤 4，并且重复步骤 4~步骤 8，直到得到收敛的尾迹形状和气动载荷分布。

9.1.2 计算算例

图 9-2 为 NREL Phase Ⅵ [2] 叶片在风速 7m/s 下的风轮尾迹涡面形状，该图中实心点为文献 [3] 中使用 CFD 方法数值计算得到的叶尖涡位置，观察可发现，预定尾迹方法计算出的叶尖涡位置与 CFD 模拟结果在轴向发展上比较一致；且由于经过风轮后一部分风能被吸收，所以尾迹在风轮后向外扩张，预定尾迹叶尖涡扩张半径略小于 CFD 结果。因为预定涡尾迹受到描述函数的限制，尾迹形状没有出现任何畸变。

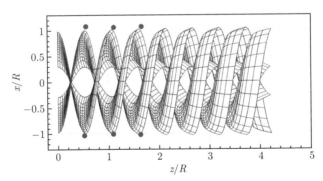

图 9-2　NREL Phase Ⅵ风力机尾迹形状

9.2　定常自由涡尾迹的求解

9.2.1　松弛迭代法

松弛迭代方法是对涡线的控制方程在伪时间域中进行空间迭代求解，需要强制施加周期性边界条件。对控制方程式 (8-32) 中左边两项均作五点中心差分格式

的离散。时间步的微分可用差分格式表示为

$$\frac{\partial \boldsymbol{r}}{\partial \psi} = \frac{1}{2\Delta\psi} \left(\boldsymbol{r}_{j+1,k+1} - \boldsymbol{r}_{j,k+1} + \boldsymbol{r}_{j+1,k} - \boldsymbol{r}_{j,k} \right) \tag{9-9}$$

空间步的微分可用差分格式表示为

$$\frac{\partial \boldsymbol{r}}{\partial \zeta} = \frac{1}{2\Delta\zeta} \left(\boldsymbol{r}_{j+1,k+1} - \boldsymbol{r}_{j+1,k} + \boldsymbol{r}_{j,k+1} - \boldsymbol{r}_{j,k} \right) \tag{9-10}$$

将上述两个差分近似式代入式 (8-32)，可得离散近似的控制方程式：

$$\boldsymbol{r}_{j+1,k+1} = \boldsymbol{r}_{j,k} + \left(\boldsymbol{r}_{j+1,k} - \boldsymbol{r}_{j,k+1} \right) \frac{\Delta\psi - \Delta\zeta}{\Delta\psi + \Delta\zeta} + \frac{2}{\Omega} \frac{\Delta\psi\Delta\zeta}{\Delta\psi + \Delta\zeta} \left(\boldsymbol{V}_0 + \boldsymbol{V}_{\text{ind}} \right) \tag{9-11}$$

取 $\Delta\psi = \Delta\zeta$，则涡线控制方程可以简化为

$$\boldsymbol{r}_{j+1,k+1}^n - \boldsymbol{r}_{j,k}^{n-1} = \Delta\psi \left(\boldsymbol{V}_0 + \boldsymbol{V}_{\text{ind}} \right) \big/ \Omega \tag{9-12}$$

周期性边界条件为

$$\boldsymbol{r} \left(\psi + 2\pi, \zeta \right) = \boldsymbol{r} \left(\psi, \zeta \right) \tag{9-13}$$

如果直接利用上一步的尾迹节点诱导速度移动一个步长，求出新的尾迹几何形状，会导致环量和速度场变化太快，容易引起数值发散。为解决此问题，引入周期性边界条件，采用"虚拟周期"的概念提高迭代的稳定性，即以 2π 为一个周期，尾迹在上一步速度场中移动一个周期得到下一步的尾迹。尾迹更新表达式为

$$\boldsymbol{r}'_{j-\text{NT}+2,k-\text{NT}+2} = \boldsymbol{r}_{j-\text{NT}+1,k-\text{NT}+1}^{n-1} + \frac{\Delta\psi}{\Omega} \left(\boldsymbol{V}_\infty + \boldsymbol{V}_{\text{ind}} \right)_{j-\text{NT}+1,k-\text{NT}+1}^{n-1}$$

$$\boldsymbol{r}'_{j-\text{NT}+3,k-\text{NT}+3} = \boldsymbol{r}'_{j-\text{NT}+2,k-\text{NT}+2} + \frac{\Delta\psi}{\Omega} \left(\boldsymbol{V}_\infty + \boldsymbol{V}_{\text{ind}} \right)_{j-\text{NT}+2,k-\text{NT}+2}^{n-1} \tag{9-14}$$

$$\vdots$$

$$\boldsymbol{r}_{j+1,k+1}^n = \boldsymbol{r}'_{j,k} + \frac{\Delta\psi}{\Omega} \left(\boldsymbol{V}_\infty + \boldsymbol{V}_{\text{ind}} \right)_{j,k}^{n-1}$$

式中，$\boldsymbol{r}'$ 为中间过渡量；NT 为一个周期内步长数。在每一个步进中，利用松弛因子进行修正：

$$\boldsymbol{r}_{j,k}^{\text{new}} = (1 - \omega) \boldsymbol{r}_{j,k}^{\text{old}} + \alpha \boldsymbol{r}_{j,k}^{\text{new}} \tag{9-15}$$

自由涡尾迹中计算量与节点数目是平方关系，若涡线数目增加，计算量会大大增加。为兼顾收敛速度与计算稳定性，可采用自适应松弛因子方法，即在迭代过程中，根据残差导数的正负得到新的松弛因子。当导数为负，尾迹几何形状向着收敛方向发展，增大松弛因子加快收敛；当导数为正，几何形状变化太快，易发散，减

小松弛因子可增强稳定性。迭代初期,快速收敛更重要,迭代末期则以稳定性为主,表达式如下:

$$\alpha^n = \alpha^{n-1} + \frac{0.1 + \mathrm{e}^{(2-n)/4}}{4}, \quad \mathrm{d}R_{\mathrm{MS}}/\mathrm{d}n < 0$$

$$\alpha^n = \alpha^{n-1} - \frac{1 - \mathrm{e}^{(2-n)/6}}{4}, \quad \mathrm{d}R_{\mathrm{MS}}/\mathrm{d}n > 0$$

(9-16)

整个迭代过程中,需控制 $0.1 \leqslant \alpha \leqslant 1$。

9.2.2 求解流程

自由涡尾迹模型可采用松弛迭代法计算定常风况下水平轴风力机的气动性能,具体步骤如图 9-3 所示,计算流程描述如下:

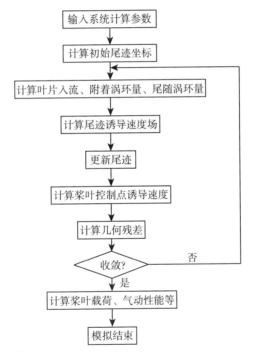

图 9-3 自由涡尾迹–松弛迭代法计算流程

(1) 输入计算参数,包括空气密度、来流风速、叶片数、叶片几何形状、翼型气动特性、叶素段数、时间步和空间步步长 (一般取相同步长) 等;

(2) 用式 (8-33) 计算初始尾迹坐标;

(3) 利用叶素理论计算叶片的入流特性,由第二篇叶片气动模型计算附着涡环量、尾随涡环量和脱体涡环量,轴向定常入流时脱体涡环量为零;

(4) 利用第二篇的涡模型计算尾迹各节点的诱导速度，并用式 (9-14) 更新尾迹形状；

(5) 由新的尾迹形状得到叶素控制点的诱导速度；

(6) 计算几何残差，几何残差用新旧尾迹各节点坐标的均方差表示：

$$R_{\mathrm{MS}} = \sqrt{\dfrac{\displaystyle\sum_{j=1}^{j_{\max}} \sum_{k=1}^{k_{\max}} \left(r_{j,k}^{\mathrm{new}} - r_{j,k}^{\mathrm{old}} \right)^2}{j_{\max} k_{\max}}} \tag{9-17}$$

式中，$j_{\max} = \mathrm{NT}$；$k_{\max} = \mathrm{NT} \cdot \mathrm{NC}$，表示尾迹角离散数目。当几何残差小于 1×10^{-4} 时，尾迹形状收敛，计算叶片的气动载荷及风轮气动性能；否则返回步骤 (3)。

9.2.3　计算算例

图 9-4 和图 9-5 为采用自由涡尾迹方法计算得到的 Phase Ⅵ [1] 风轮后尾迹涡面形状，来流风速分别为 7m/s 和 10m/s。同样地，圆点为文献 [2] 中采用 CFD 方法计算得到的叶尖涡位置，六个圆点表示模拟尾迹拖出一圈半后叶尖涡的位置，对比可发现，自由涡尾迹计算出的叶尖涡位置与 CFD 模拟结果在轴向发展上吻合一致，且叶尖涡涡核的径向位置与 CFD 计算结果也吻合较好；自由涡尾迹方法中涡线遵循涡线控制方程，随着流场的当地流速自由移动，可观察到尾迹形状在风轮下游位置处出现了畸变。对比图 9-4 和图 9-5 可以发现，风速越大，风轮叶尖速比越小，风轮后的尾迹越稀疏，且自由涡尾迹模型可以模拟出尾迹涡线的自由卷起，当涡线向下游移动的过程中，外侧的涡线受到诱导作用逐渐向叶尖移动，移动到尾迹边界处再向内侧移动，最终形成一个大的卷起集中涡，如图 9-5 中虚线圈内所示。

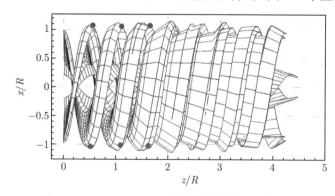

图 9-4　NREL Phase Ⅵ风轮尾迹形状，风速 7m/s

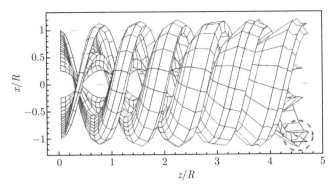

图 9-5 NREL Phase Ⅵ风轮尾迹形状, 风速 10m/s

9.3 非定常预定涡尾迹方法

9.3.1 来流风速计算

对于旋转系统来说, 使用柱坐标系 (r, ψ, z') 可更方便地定义叶片流场当地条件, 定义 r 轴沿着叶片展向方向, 定义 ψ 为沿 x' 轴顺时针旋转的叶片方位角, 则风轴坐标系下的叶素边界点和控制点坐标为

$$
\begin{cases}
(\bar{x}_{bp})_{i,j} = (\bar{r}_{bp})_i \cos\gamma\cos\psi_j \\
(\bar{y}_{bp})_{i,j} = (\bar{r}_{bp})_i \sin\psi_j \\
(\bar{z}_{bp})_{i,j} = (\bar{r}_{bp})_i \sin\gamma\cos\psi_j \\
i = 1, 2, \cdots, N_E + 1 \\
j = 1, 2, \cdots, N_T
\end{cases}
\quad
\begin{cases}
(\bar{x}_{cp})_{i,j} = (\bar{r}_{cp})_i \cos\gamma\cos\psi_j \\
(\bar{y}_{cp})_{i,j} = (\bar{r}_{cp})_i \sin\psi_j \\
(\bar{z}_{cp})_{i,j} = (\bar{r}_{cp})_i \sin\gamma\cos\psi_j \\
i = 1, 2, \cdots, N_E \\
j = 1, 2, \cdots, N_T
\end{cases}
\tag{9-18}
$$

式中, γ 为偏航角。

自由来流速度 $\boldsymbol{V}_\infty$ 可分解为径向、切向和轴向三个分量, 如图 9-6 所示, 表达式如式 (9-19) 所示:

$$
\boldsymbol{V}_\infty = V_\infty \sin\gamma\cos\psi \boldsymbol{e}_r - V_\infty \sin\gamma\sin\psi \boldsymbol{e}_\psi + V_\infty \cos\gamma \boldsymbol{e}_{z'}
\tag{9-19}
$$

式中, $\boldsymbol{e}_r$、$\boldsymbol{e}_\psi$、$\boldsymbol{e}_{z'}$ 分别为径向、切向和轴向单位向量。

实际风场中, 风力机在大气边界层内运行, 来流通常为剪切风, 风速随高度的变化可以用简单的指数律来表达:

$$
V(h) = V(h_0) \left(\frac{h}{h_0}\right)^\eta
\tag{9-20}
$$

式中，h 指距离地面的高度 (考虑粗糙度)；h_0 为参考高度；$V(h_0)$ 为高度 h_0 处的参考风速；指数 η 为剪切指数，随着地形的不同而不同，对于开阔的平坦地面，一般取 $\eta = 1/6$。

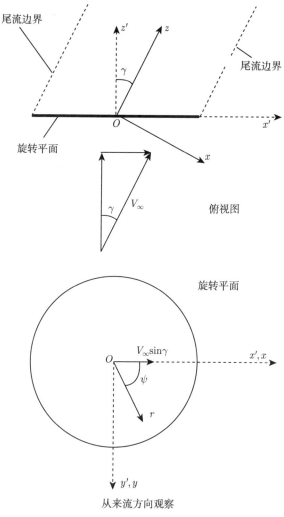

图 9-6 自由来流速度的分解示意图

对于风力机而言，方便起见，一般选择轮毂高度 H 作为参考高度，对应地选取这一高度的风速 V_0 作为参考风速，则剪切风速沿整个风轮平面的分布可以表达为

$$\overline{V_\infty} = \frac{V_\infty}{V_0} = \left(1 - \frac{\bar{r}\sin\psi}{\bar{H}}\right)^{\eta} \tag{9-21}$$

9.3.2 诱导速度

非定常工况下, 叶片的绕流条件随着时间 t 或方位角 ψ 而变化, 因而不同方位角下的叶片迎角不是常数。为体现迎角随时间变化的特点, 在尾迹中引入脱体涡, 并且考虑叶片环量的时间变化。

与尾迹中尾随涡相类似, 脱体涡元由其两个端点确定, 它们的坐标分别为 $[x_{\mathrm{w}}(i,j,k,n), y_{\mathrm{w}}(i,j,k,n), z_{\mathrm{w}}(i,j,k,n)]$ 和 $[x_{\mathrm{w}}(i,j+1,k,n), y_{\mathrm{w}}(i,j+1,k,n), z_{\mathrm{w}}(i,j+1,k,n)]$, 同样假设:

$$
\begin{aligned}
\boldsymbol{r}_A = &[x - x_{\mathrm{w}}(i,j,k,n)]\,\boldsymbol{i} \\
&+ [y - y_{\mathrm{w}}(i,j,k,n)]\,\boldsymbol{j} \\
&+ [z - z_{\mathrm{w}}(i,j,k,n)]\,\boldsymbol{k}
\end{aligned}
\tag{9-22}
$$

$$
\begin{aligned}
\boldsymbol{r}_B = &[x - x_{\mathrm{w}}(i,j+1,k,n)]\,\boldsymbol{i} \\
&+ [y - y_{\mathrm{w}}(i,j+1,k,n)]\,\boldsymbol{j} \\
&+ [z - z_{\mathrm{w}}(i,j+1,k,n)]\,\boldsymbol{k}
\end{aligned}
\tag{9-23}
$$

则

$$
\begin{aligned}
\boldsymbol{r}_{AB} = &[x_{\mathrm{w}}(i,j+1,k,n) - x_{\mathrm{w}}(i,j,k,n)]\,\boldsymbol{i} \\
&+ [y_{\mathrm{w}}(i,j+1,k,n) - y_{\mathrm{w}}(i,j,k,n)]\,\boldsymbol{j} \\
&+ [z_{\mathrm{w}}(i,j+1,k,n) - z_{\mathrm{w}}(i,j,k,n)]\,\boldsymbol{k}
\end{aligned}
\tag{9-24}
$$

可以定义因脱体涡而产生的诱导速度的影响因子 $(I_x^{\mathrm{s}})_{i,j}$、$(I_y^{\mathrm{s}})_{i,j}$ 和 $(I_z^{\mathrm{s}})_{i,j}$, 整个尾涡系统在叶片处的诱导速度可根据式 (9-25)~式 (9-27) 计算得到

$$
v_x = -\sum_{i=1}^{N_{\mathrm{E}}+1}\sum_{j=1}^{N_{\mathrm{T}}} \frac{(\varGamma_{\mathrm{t}})_{i,j}}{4\pi} (I_x^{\mathrm{t}})_{i,j} - \sum_{i=1}^{N_{\mathrm{E}}}\sum_{j=1}^{N_{\mathrm{T}}} \frac{(\varGamma_{\mathrm{s}})_{i,j}}{4\pi} (I_x^{\mathrm{s}})_{i,j}
\tag{9-25}
$$

$$
v_y = -\sum_{i=1}^{N_{\mathrm{E}}+1}\sum_{j=1}^{N_{\mathrm{T}}} \frac{(\varGamma_{\mathrm{t}})_{i,j}}{4\pi} (I_y^{\mathrm{t}})_{i,j} - \sum_{i=1}^{N_{\mathrm{E}}}\sum_{j=1}^{N_{\mathrm{T}}} \frac{(\varGamma_{\mathrm{s}})_{i,j}}{4\pi} (I_y^{\mathrm{s}})_{i,j}
\tag{9-26}
$$

$$
v_z = -\sum_{i=1}^{N_{\mathrm{E}}+1}\sum_{j=1}^{N_{\mathrm{T}}} \frac{(\varGamma_{\mathrm{t}})_{i,j}}{4\pi} (I_z^{\mathrm{t}})_{i,j} - \sum_{i=1}^{N_{\mathrm{E}}}\sum_{j=1}^{N_{\mathrm{T}}} \frac{(\varGamma_{\mathrm{s}})_{i,j}}{4\pi} (I_z^{\mathrm{s}})_{i,j}
\tag{9-27}
$$

式中, $\varGamma_{\mathrm{s}}$ 为脱体涡元的强度。

在风轴坐标系下得到的叶素边界处的诱导速度可直接用来确定尾迹的几何形状。为了计算叶片的气动载荷，用上述方法得到的风轴坐标系下在叶素控制点处的诱导速度通常要转换成径向、切向和轴向诱导速度分量：

$$
\begin{bmatrix} v_r \\ v_\psi \\ v_{z'} \end{bmatrix} = \begin{bmatrix} \cos\psi & \sin\psi & 0 \\ -\sin\psi & \cos\psi & 0 \\ 0 & 0 & 1 \end{bmatrix} \begin{bmatrix} \cos\gamma & 0 & \sin\gamma \\ 0 & 1 & 0 \\ -\sin\gamma & 0 & \cos\gamma \end{bmatrix} \begin{bmatrix} v_x \\ v_y \\ v_z \end{bmatrix} \tag{9-28}
$$

9.3.3　与动态失速模型的耦合

风力机在非定常状态下运行时，相对于当地入流速度，翼型出现周期性或非周期性的运动，呈现出非定常的动态失速现象[4]。为模拟这一现象，可在预定涡尾迹方法中耦合动态失速模型。这里给出 Beddoes-Leishman 模型与非定常预定尾迹模型的耦合方法。

Beddoes-Leishman 模型的运行需要叶片的折合俯仰率、入流速度及瞬时迎角等作为输入条件，这些初始输入由使用二维静态数据的预定尾迹模型提供；同时，预定尾迹模型还产生风轮的尾迹几何形状，作为动态尾迹修正的基础。

应用 Beddoes-Leishman 模型给出叶片的非定常气动载荷不同于由准定常的预定尾迹模型所得到的结果。这种差别引起叶片附着涡强度的重新分布，因而尾迹中的尾随涡和脱体涡的强度也发生变化。尾涡强度的变化使叶片处的诱导速度发生变化，进而又改变叶片的载荷分布。因此，必须引入一个迭代过程，以得到适当的叶片诱导速度和载荷分布。

在计算翼型非定常气动特性时，阶跃方法已经隐含了翼型剖面脱体涡的诱导影响，而预定尾迹模型则通过毕奥-萨伐尔定律直接计算脱体涡的诱导速度。因此，在耦合这两种方法时必须去除这种重复计算，即在应用 Beddoes-Leishman 模型时，在叶片位于 j 时刻、第 i 个叶素处的涡尾迹诱导速度由下列式子进行计算：

$$
(\bar{v}_x)_{i,j}^{cp} = -\sum_{q=1}^{N_T} \left[\sum_{p=1}^{N_E+1} (\bar{\Gamma}_t)_{p,q} (I_x^t)_{p,q} + \sum_{\substack{p=1 \\ p \neq i}}^{N_E} (\bar{\Gamma}_s)_{p,q} (I_x^s)_{p,q} \right] \tag{9-29}
$$

$$
(\bar{v}_y)_{i,j}^{cp} = -\sum_{q=1}^{N_T} \left[\sum_{p=1}^{N_E+1} (\bar{\Gamma}_t)_{p,q} (I_y^t)_{p,q} + \sum_{\substack{p=1 \\ p \neq i}}^{N_E} (\bar{\Gamma}_s)_{p,q} (I_y^s)_{p,q} \right] \tag{9-30}
$$

$$
(\bar{v}_z)_{i,j}^{cp} = -\sum_{q=1}^{N_T} \left[\sum_{p=1}^{N_E+1} (\bar{\Gamma}_t)_{p,q} (I_z^t)_{p,q} + \sum_{\substack{p=1 \\ p \neq i}}^{N_E} (\bar{\Gamma}_s)_{p,q} (I_z^s)_{p,q} \right] \tag{9-31}
$$

9.3.4 计算算例

预定涡尾迹模型与经 Kirchhoff 流动理论修正后的 Beddoes-Leishman 模型进行耦合,计算结果的准确性可得到明显提升。图 9-7 给出了风速为 15m/s、侧偏角为 10°条件下,NERL Phase VI 叶片不同径向位置处载荷计算结果 (未采用三维旋转效应模型进行修正) 与实验结果的对比。修正后的模型计算结果更加接近实验值。

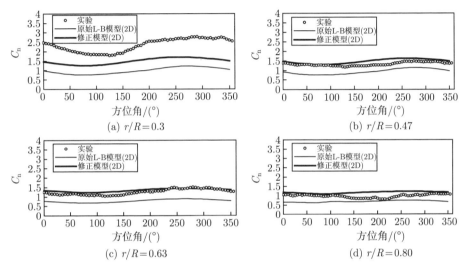

图 9-7 风速 15m/s 和侧偏角 10°时叶片不同径向位置处气动载荷计算结果和实验结果

9.4 非定常自由涡尾迹方法

9.4.1 时间步进法

时间步进自由涡尾迹方法重点在于能够获得非定常流场中随时间变化的尾迹几何形状和气动特性 [5],要求时间步微分有较高精度,而对空间步的微分计算精度要求不高,通常采用五点中心差分格式,即

$$\frac{\partial \boldsymbol{r}}{\partial \zeta} = \frac{1}{2\Delta\zeta}\left(\boldsymbol{r}_{i,j} - \boldsymbol{r}_{i,j-1} + \boldsymbol{r}_{i-1,j} - \boldsymbol{r}_{i-1,j-1}\right) \tag{9-32}$$

对于时间步微分方程的数值解法,可采用预估–校正格式,具体推导如下:
式 (8-32) 可写成

$$\frac{\partial \boldsymbol{r}(\psi,\zeta)}{\partial \psi} = -\frac{\partial \boldsymbol{r}(\psi,\zeta)}{\partial \zeta} + \frac{1}{\Omega}\left[\boldsymbol{V}_0 + \boldsymbol{V}_{\text{ind}}\left(\boldsymbol{r}(\psi,\zeta),t\right)\right] \tag{9-33}$$

式中, 右端第一项可用五点中心差分格式 (9-32) 表达。为便于推导, 将上式写成如下一般形式的常微分方程:

$$\frac{\mathrm{d}y}{\mathrm{d}x} = f(x, y) \tag{9-34}$$

采用等步长的线性多步法, $x_n = x_0 + nh$, n 为步长, 记 $f_n = (x_n, y_n)$, 线性多步法的一般形式可以表示为

$$\sum_{j=0}^{k} \alpha_j y_{n+j} = h \sum_{j=0}^{k} \beta_i f_{n+j} \tag{9-35}$$

式中, α_j、β_j $(j = 0, 1, \cdots, k)$ 为常数, $\alpha_k \neq 0$, α_0、β_0 不全为零, 若假定 $\alpha_k = 1$, 则 y_{n+k} 的系数为 1, 式 (9-35) 可改为

$$y_{n+k} = -\sum_{j=0}^{k-1} \alpha_j y_{n+j} + h \sum_{j=0}^{k} \beta_i f_{n+j} \tag{9-36}$$

若 $\beta_k = 0$, 则线性多步法为显式方法; 若 $\beta_k \neq 0$, 则线性多步法为隐式方法。

用隐式方法求解时, 在每个节点的近似值均需要用迭代方法得到, 计算量相对较大。在实际计算中, 可用隐式方法来改进显式方法已求得的结果, 这种方法称为预估-校正方法。使用待定系数方法可分别构建出显式和隐式的线性多步方法。设 $y(x)$ 为微分方程的光滑解, 式 (9-36) 在 x_{n+k} 处的局部截断误差为

$$\begin{aligned} T_{n+k} =& y(x_{n+k}) + \alpha_0 y(x_n) + \alpha_1 y(x_{n+1}) + \cdots + \alpha_{k-1} y(x_{n+k-1}) \\ & - h [\beta_0 y'(x_n) + \beta_1 y'(x_{n+1}) + \cdots + \beta_{k-1} y'(x_{n+k-1}) + \beta_k y'(x_{n+k})] \end{aligned} \tag{9-37}$$

利用泰勒展开有

$$y(x_{n+j}) = y(x_n + jh) = y(x_n) + jh y'(x_n) + \frac{(jh)^2}{2!} y''(x_n) + \cdots \tag{9-38}$$

$$y'(x_{n+j}) = y'(x_n + jh) = y'(x_n) + jh y''(x_n) + \frac{(jh)^2}{2!} y'''(x_n) + \cdots \tag{9-39}$$

将两式代入局部截断误差式 (9-37), 得到

$$T_{n+k} = c_0 y(x_n) + c_1 h y'(x_n) + \cdots + c_l h^l y^{(l)}(x_n) + \cdots \tag{9-40}$$

其中:

$$\begin{cases} c_0 = \alpha_0 + \alpha_1 + \cdots + \alpha_k, \quad \alpha_k = 1 \\ c_1 = \alpha_1 + 2\alpha_2 + \cdots + k\alpha_k - (\beta_0 + \beta_1 + \cdots + \beta_k) \\ c_2 = \dfrac{1}{2!}\left(\alpha_1 + 2^2\alpha_2 + \cdots + k^2\alpha_k\right) - (\beta_0 + 2\beta_1 + \cdots + k\beta_k) \\ c_3 = \dfrac{1}{3!}\left(\alpha_1 + 2^3\alpha_2 + \cdots + k^3\alpha_k\right) - \dfrac{1}{2!}\left(\beta_0 + 2^2\beta_1 + \cdots + k^2\beta_k\right) \\ \qquad\qquad\qquad\qquad \vdots \\ c_l = \dfrac{1}{l!}\left(\alpha_1 + 2^l\alpha_2 + \cdots + k^l\alpha_k\right) - \dfrac{1}{(l-1)!}\left(\beta_0 + 2^{l-1}\beta_1 + \cdots + k^{l-1}\beta_k\right) \\ \qquad\qquad\qquad\qquad \vdots \end{cases} \tag{9-41}$$

待定系数方法可以较为灵活地构建高阶的线性多步方法, 对于固定步数 k, 通过选择 α_i 和 β_i 的值可以使线性多步法的阶数尽可能高。当 $k = 1$ 时, 线性多步法则化为线性单步法, 根据 α_0、β_0、β_1 的不同取值可以得到显式欧拉方法、隐式欧拉方法和梯形公式。单步法虽然简单, 但是数值稳定性不够好; 多步差分算法具有稳定性好、收敛较快的优点。这里介绍构建一个三步差分方法, 即 $k = 3$, 式 (9-36) 可写为

$$\begin{aligned} y_{n+3} = & -\alpha_0 y_n - \alpha_1 y_{n+1} - \alpha_2 y_{n+2} \\ & + h\left(\beta_0 f_n + \beta_1 f_{n+1} + \beta_2 f_{n+2} + \beta_3 f_{n+3}\right) \end{aligned} \tag{9-42}$$

对于三步法, 若精度低于三阶, 效率还是相对较低, 但是强行提升计算精度又会使稳定性受到影响。所以通过选择 α_i 和 β_i 的值, 使上述三步差分算法具有三阶精度。要求方法是三阶, 即要求 $c_0 = c_1 = c_2 = c_3 = 0$, 得出:

$$\begin{cases} \alpha_0 + \alpha_1 + \alpha_2 + 1 = 0 \\ \alpha_1 + 2\alpha_2 + 3 - (\beta_0 + \beta_1 + \beta_2 + \beta_3) = 0 \\ \alpha_1 + 4\alpha_2 + 9 - 2(\beta_1 + 2\beta_2 + 3\beta_3) = 0 \\ \alpha_1 + 8\alpha_2 + 27 - 3(\beta_1 + 4\beta_2 + 9\beta_3) = 0 \end{cases} \tag{9-43}$$

该方程组有 7 个未知数, 4 个方程, 取 $\beta_0 = \beta_1 = \beta_3 = 0$, 可以得到 $\alpha_0 = 1/2$, $\alpha_1 = -3$, $\alpha_2 = 3/2$, $\beta_2 = 3$, 式 (9-42) 变为

$$y_{n+3} = -\frac{1}{2}\left(3y_{n+2} - 6y_{n+1} + y_n\right) + 3hf_{n+2} \tag{9-44}$$

此方法是显式的线性三步方法, 其局部截断误差为

$$T_{n+3} = \frac{1}{2}h^4 y^{(4)}\left(x_n\right) + O\left(h^6\right) \tag{9-45}$$

可见, 此显式线性三步法具有三阶精度。

取 $\beta_0 = \beta_1 = \beta_2 = 0$，可以得到 $\alpha_0 = -2/11$，$\alpha_1 = 9/11$，$\alpha_2 = -18/11$，$\beta_3 = 6/11$，差分格式变为

$$y_{n+3} = \frac{1}{11}\left(18y_{n+2} - 9y_{n+1} + 2y_n\right) + \frac{6}{11}hf_{n+3} \tag{9-46}$$

此方法是隐式的线性三步方法，其局部截断误差为

$$T_{n+3} = -\frac{3}{2}h^4 y^{(4)}\left(x_n\right) + O\left(h^6\right) \tag{9-47}$$

可见，此隐式线性三步法也具有三阶精度。

用三阶的显式线性三步法作预估，用三阶的隐式线性三步法作校正，可以得到一个三步三阶预估–校正格式，这一差分格式可以称为 "D3PC" 格式，即

$$
\begin{aligned}
&\text{P(预估)}: y_{n+3}^{(0)} = -\frac{1}{2}\left(3y_{n+2} - 6y_{n+1} + y_n\right) + 3hf_{n+2} \\
&\text{E(求值)}: f_{n+3}^{(0)} = f\left(x_{n+3}, y_{n+3}^{(0)}\right) \\
&\text{C(校正)}: f_{n+3} = \frac{1}{11}\left(18y_{n+2} - 9y_{n+1} + 2y_n\right) + \frac{6}{11}hf_{n+3}^{(0)} \\
&\text{E(求值)}: f_{n+3} = f\left(x_{n+3}, y_{n+3}\right)
\end{aligned}
\tag{9-48}
$$

将 D3PC 格式应用到尾迹控制方程中的对时间步微分方程的差分，并将式 (9-32) 代入，令 $\Delta\psi = \Delta\zeta$，可以得到控制方程的离散格式：

预估步：

$$
\begin{aligned}
\tilde{r}_{i,j} = &\frac{1}{7}\left(-9\tilde{r}_{i-1,j} + 12\tilde{r}_{i-2,j} - 2\tilde{r}_{i-3,j} + 3\tilde{r}_{i,j-1} + 3\tilde{r}_{i-1,j-1}\right) \\
&+ \frac{6}{7}\frac{\Delta\psi}{\Omega}\left[V_0 + \frac{1}{4}\left(V_{\text{ind}(i,j)}^{n-1} + V_{\text{ind}(i-1,j)}^{n-1} + V_{\text{ind}(i,j-1)}^{n-1} + V_{\text{ind}(i-1,j-1)}^{n-1}\right)\right]
\end{aligned}
\tag{9-49}
$$

校正步：

$$
\begin{aligned}
r_{i,j} = &\frac{1}{14}\left(15r_{i-1,j} - 9r_{i-2,j} + 2r_{i-3,j} + 3r_{i,j-1} + 3r_{i-1,j-1}\right) \\
&+ \frac{3}{7}\frac{\Delta\psi}{\Omega}\left[V_0 + \frac{1}{8}\left(V_{\text{ind}(i,j)}^{n-1} + V_{\text{ind}(i-1,j)}^{n-1} + V_{\text{ind}(i,j-1)}^{n-1} + V_{\text{ind}(i-1,j-1)}^{n-1}\right)\right. \\
&+ \left.\frac{1}{8}\left(\tilde{V}_{\text{ind}(i,j)} + \tilde{V}_{\text{ind}(i-1,j)} + \tilde{V}_{\text{ind}(i,j-1)} + \tilde{V}_{\text{ind}(i-1,j-1)}\right)\right]
\end{aligned}
\tag{9-50}
$$

式中，$\tilde{V}_{\text{ind}}$ 表示用预估步计算出来的新尾迹对节点的诱导速度。计算时，先由式 (9-49) 估算出新的尾迹形状，再计算新的尾迹对各节点的诱导速度，最后用式 (9-50) 进行校正。由于 D3PC 格式是一个三步方法，因此可以先用经典龙格–库塔方法计算 $r_{1,j}$、$r_{2,j}$ 和 $r_{3,j}$ 的值：

$$r_{i,j} = r_{i-1,j} + \frac{\Delta\psi}{6\Omega}\left(6V_0 + V_{\text{ind}(i-1,j)} + 2V_{\text{ind}(i+1,j)} + 2V_{\text{ind}(i,j-1)} + V_{\text{ind}(i,j+1)}\right) \tag{9-51}$$

9.4.2 计算步骤

时间步进法的计算流程描述如下:

(1) 输入计算参数,包括空气密度、来流速度、叶片数、叶片几何形状、翼型气动特性、叶素段数、时间步长和空间步长 (一般取相同步长) 等;

(2) 用式 (8-33) 计算初始尾迹坐标;

(3) 利用叶素理论计算叶片的入流特性,由叶片气动模型计算附着涡环量、尾随涡环量和脱体涡环量,轴向定常入流时脱体涡环量为零;

(4) 利用涡模型计算尾迹各节点的诱导速度;

(5) 沿方位角步进,采用预估步式 (9-49) 估算新的尾迹形状,并用估算的尾迹形状计算叶素控制点的诱导速度;

(6) 计算预估步尾迹形状作用下的叶片入流特性、附着涡环量、尾随涡环量和脱体涡环量,并计算该时间步的尾迹各节点的诱导速度;

(7) 采用式 (9-50) 校正预估步尾迹形状;

(8) 当方位角不是 2π 的整数倍时,返回步骤 (3) 继续步进;当方位角是 2π 的整数倍时,计算该时刻尾迹形状与上一周期时刻尾迹形状的几何残差,若几何残差小于设定值 (比如 1×10^{-4}),尾迹形状收敛,计算叶片的气动载荷及气动性能;否则返回步骤 (3)。

9.4.3 计算算例

图 9-8 给出极端风向变化工况中风轮后不同时刻的叶尖涡形状 [6,7]。(a) 时刻为轴向来流,尾迹是轴对称的规则的螺旋线;(b) 时刻为风向接近 30°,靠近风轮一圈多的尾迹发生偏转,而后面的尾迹仍保持轴向速度向下游移动,不过受到偏转尾

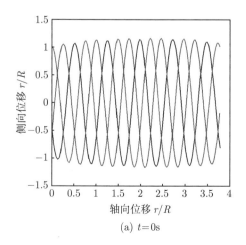

(a) $t=0\mathrm{s}$

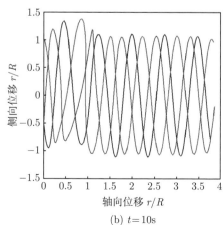

(b) $t=10\mathrm{s}$

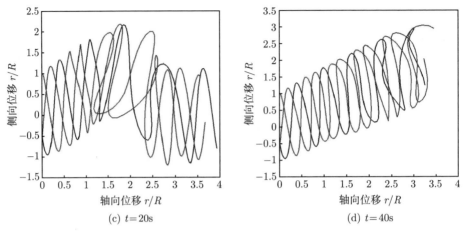

(c) $t=20\text{s}$　　　　　　　　　　　　　(d) $t=40\text{s}$

图 9-8　极端风向变化中不同时刻的叶尖涡形状

迹的诱导影响，形状发生细微的变化；(c) 时刻，虽然风向在 $30°$ 已停留了 9s，但是尾迹形状还没有完成重组，所以风轮性能还没有稳定；(d) 时刻，尾迹已经完成重组，风轮性能也达到一个新的平衡状态。

参 考 文 献

[1] Wilson R E, Lissaman P. Applied aerodynamics of wind power machines[R]. NASA STI/Recon Technical Report N, 1974, 75.

[2] Hand M M, Simms D A, Fingersh L J, et al. Unsteady aerodynamics experiment phase VI: wind tunnel test configurations and available data campaigns[R]. National Renewable Energy Lab., Golden, CO(US), 2001.

[3] Sezer-Uzol N, Long L. 3-D time-accurate CFD simulations of wind turbine rotor flow fields[C]. 44th AIAA Aerospace Sciences Meeting and Exhibit, Reno, Nevada, 2006.

[4] Xu B F, Wang T G, Yuan Y, et al. A simplified free vortex wake model of wind turbines for axial steady conditions[J]. Applied Sciences, 2018, 8(6): 866.

[5] Xu B F, Yuan Y, Wang T G. Development and application of a dynamic stall model for rotating wind turbine blades[C]// Journal of Physics: Conference Series. Beijing: IOP Publishing, 2014.

[6] Xu B F, Yuan Y, Wang T G. Unsteady wake simulation of wind turbines using the free vortex wake model[C]. World Scientific, 2016.

[7] Xu B F, Wang T G, Yuan Y, et al. Unsteady aerodynamic analysis for offshore floating wind turbines under different wind conditions[J]. Philosophical Transactions of the Royal Society A: Mathematical, Physical and Engineering Sciences, 2015, 373(2035): 20140080.

第四篇
计算流体力学方法

在风力机向大型化、超大型化发展的趋势下，其面临的空气动力学问题愈加复杂，超过了叶素动量方法和涡尾迹方法的应用范围。例如，大型风力机绕流的湍流特征突出，并且与大气边界层湍流存在显著的相互作用。针对这些复杂流场带来的问题，计算流体力学方法近年来获得了越来越多的应用。计算流体力学使用数值方法对流体力学的控制方程进行求解，是一种通用的流场空间和时间信息求解方法。其求解获得的是风力机全流场的所有流动信息，在深入分析风力机流场特征方面具有其他方法不可比拟的显著优势。本篇介绍计算流体力学的基础知识，以及基于雷诺时均方法、大涡模拟方法和脱体涡模拟方法的风力机流场数值模拟。

第 10 章　计算流体力学基础

流体的运动遵循三个基本定律：质量守恒定律、动量守恒定律和能量守恒定律。在此基础上，结合相关本构模型和状态方程建立偏微分方程或积分形式方程来描述流体的运动，这些方程称为流体运动的控制方程。随着流体力学的发展，针对不同性质、不同流动状态的流体运动的数学模型也日臻完善。对流体运动的控制方程进行离散求解，是计算流体力学研究的主要问题。本章介绍控制方程离散、数值格式、湍流模拟、前后处理等计算流体力学所涉及的基础知识。

10.1　计算流体力学概述

流体运动是自然界最为复杂的运动形态之一，控制方程的高度非线性、流动区域几何形状的复杂性等特点使得科学和工程中绝大多数的流动问题无法得到解析解。随着 20 世纪 50 年代高速电子计算机的发展，催生出利用数值方法结合计算机技术来求解流体力学的控制方程，对流体流动和传热等力学问题进行模拟和分析的独立学科：计算流体力学 (computational fluid dynamics，CFD)。计算流体力学是一个综合数学、流体力学、计算机技术和科学可视化的交叉学科。CFD 方法的基本思想是通过计算域内有限数目离散点的变量值集合来代替空间连续的物理量场 (如速度场、压力场、温度场等)，然后利用数值方法将控制方程离散化，建立相应的离散点间的代数方程组，最后对方程组进行求解获得物理场近似值。

CFD 的发展得益于不断增长的工业需求，尤其是航空航天工业一直起着强有力的推动作用，其发展历程可以大致划分为三个阶段。

第一，初始阶段 (1965~1974 年)，这阶段的主要研究内容是解决计算流体力学中的一些基本理论问题，如模型方程 (湍流、传热、辐射、气体-颗粒作用、化学反应、燃烧等)、数值方法 (差分格式、代数方程求解等)、网格划分、程序编写与实现等，并就数值结果与大量传统的流体力学实验结果及精确解进行比较，以确定数值预测方法的可靠性、精确性及影响规律。同期，为了解决工程上具有复杂几何区的流动问题，开始研究网格的变换问题，并逐渐形成专门的 "网格生成技术" 领域。

第二，工业应用阶段 (1975~1984 年)，随着数值预测、原理、方法的不断完善，这一阶段的主要研究内容是探讨 CFD 在解决实际工程问题中的可行性、可靠性及工业化推广应用。CFD 技术也开始向各种以流动为基础的工程问题方向发展，如多相流、非牛顿流、化学反应流、燃烧等。但是，这一阶段研究都需要建立在具有非常专业的研究队伍的基础上，软件没有互换性，自己开发，自己使用，新使用的人通常需要花相当大的精力去阅读前人开发的程序，理解程序设计意图，改进和使用。1977 年，Spalding 等开发了 GENMIX 程序，并公开了源代码，其后意识到公开计算源程序很难保护自己的知识产权，于是在 1981 年，组建 CHAM 公司将包装后的计算软件 (PHONNICS) 正式投放市场，开创了 CFD 商业软件的先河。

第三，快速发展阶段 (1984 年至今)，CFD 在工程设计的应用以及应用效果的研究取得了丰硕的成果，在学术界得到了充分的认可。大量的 CFD 商用以及开源计算软件先后被开发和投入使用 (例如 FLUENT、CFX、STAR-CCM+、NUMECA、TAU、SU2、OpenFOAM 等)，伴随计算机图形学和计算机微机技术的进步，CFD 的前后处理软件得到了迅速发展 (GRAPHER，GRAPHER TOOL，ICEM-CFD，POINTWISE 等)。

CFD 方法应用范围广且适应性很强。在面对计算域几何形状和边界条件都较为复杂、方程未知量较多、难以得到解析解的非线性流动问题时，CFD 以其优势得到广泛应用。除此以外，CFD 方法成本较低，计算周期短，灵活性高，可控性强，能给出相关问题的完整数据资料，便于对问题的全面分析。可以说，随着现代计算机技术的发展，CFD 方法基本不受物理模型、实验条件以及时间上的限制，前景光明。CFD 方法不仅仅应用于已知问题的研究，同时也被运用于发现一些新的物理现象，目前在航空航天、交通运输、造船、气象、海洋、水利、液压和石油化工等工程领域都有广泛的应用，且占有越来越重要的地位。

10.2   不可压黏性流体力学问题的数学描述

风力机叶片叶尖的旋转运动线速度一般不超过 100m/s，对应叶尖马赫数小于 0.3。风力机产生的气动噪声随着叶尖速度的增加而显著增大，因此考虑叶尖啸叫的影响，陆上风力机叶尖线速度通常被进一步限制在 65m/s 以下 [1]。因此，在对风力机流场的研究中，空气的压缩性可以忽略，流体的运动属于不可压范畴，控制方程为不可压 Navier-Stokes (N-S) 方程。

对于一个控制体流体微团 Ω，在不考虑外加热和彻体力影响的情况下，完整积分形式的 N-S 方程可写作：

$$\frac{\partial}{\partial t}\int_{\Omega}\boldsymbol{W}\mathrm{d}\Omega + \oint_{\partial\Omega}(\boldsymbol{F}_C - \boldsymbol{F}_V)\mathrm{d}\boldsymbol{S} = 0 \tag{10-1}$$

式中，$\partial\Omega$ 为控制体 Ω 的边界；$\boldsymbol{W}$ 为守恒变量；$\boldsymbol{F}_C$ 和 $\boldsymbol{F}_V$ 分别为对流矢通量和

黏性矢通量, 三者可表达为

$$
\boldsymbol{W} = \begin{bmatrix} \rho \\ \rho u \\ \rho v \\ \rho w \end{bmatrix}, \quad \boldsymbol{F}_C = \begin{bmatrix} \rho V \\ \rho u V + n_x p \\ \rho v V + n_y p \\ \rho w V + n_z p \end{bmatrix}, \quad \boldsymbol{F}_V = \begin{bmatrix} 0 \\ n_x \tau_{xx} + n_y \tau_{xy} + n_z \tau_{xz} \\ n_x \tau_{yx} + n_y \tau_{yy} + n_z \tau_{yz} \\ n_x \tau_{zx} + n_y \tau_{zy} + n_z \tau_{zz} \end{bmatrix}
$$
$$(10\text{-}2)$$

式中, ρ 为密度; p 为压强; n_x、n_y 和 n_z 为控制体表面的单位外法矢 $\boldsymbol{n}$ 的三个分量; u、v 和 w 为速度矢量 $\boldsymbol{u}$ 的三个分量, 逆变速度 V 的表达式为

$$
V = \boldsymbol{u} \cdot \boldsymbol{n} = n_x u + n_y v + n_z w \tag{10-3}
$$

τ_{ij} 为剪切应力张量, 包括层流黏性和湍流黏性的作用, 各项的具体表达式为

$$
\begin{aligned}
\tau_{xx} &= \frac{2}{3}\mu\left(\frac{\partial u}{\partial x} + \frac{\partial v}{\partial y} + \frac{\partial w}{\partial z}\right) + 2\mu\frac{\partial u}{\partial x}, \quad \tau_{xy} = \tau_{yx} = \mu\left(\frac{\partial u}{\partial y} + \frac{\partial v}{\partial x}\right) \\
\tau_{yy} &= \frac{2}{3}\mu\left(\frac{\partial u}{\partial x} + \frac{\partial v}{\partial y} + \frac{\partial w}{\partial z}\right) + 2\mu\frac{\partial v}{\partial y}, \quad \tau_{xz} = \tau_{zx} = \mu\left(\frac{\partial u}{\partial z} + \frac{\partial w}{\partial x}\right) \\
\tau_{zz} &= \frac{2}{3}\mu\left(\frac{\partial u}{\partial x} + \frac{\partial v}{\partial y} + \frac{\partial w}{\partial z}\right) + 2\mu\frac{\partial w}{\partial z}, \quad \tau_{yz} = \tau_{zy} = \mu\left(\frac{\partial v}{\partial z} + \frac{\partial w}{\partial y}\right)
\end{aligned}
$$
$$(10\text{-}4)$$

式中, μ 为黏性系数, 是层流黏性系数 μ_L 和湍流黏性系数 μ_T 之和:

$$
\mu = \mu_L + \mu_T \tag{10-5}
$$

在不可压流体的研究中, 空气密度为常数。

10.3 湍流模拟简介

流体的运动按状态可以分为层流、湍流和过渡流动三类, 一般通过雷诺数 (Re) 来区分三种流动状态。当雷诺数 Re 低于某一临界值时, 流动趋于清晰平滑, 流体层与层之间鲜明有序, 此时流体流动处于层流状态; 当雷诺数 Re 高于该临界值时, 流动结构不再分层, 流动趋于杂乱无章的状态, 即湍流状态; 流体运动从层流状态向湍流状态发展的现象称为转捩, 介于层流和湍流之间的这种状态称为过渡流动, 这种状态十分不稳定。

湍流是流体微团的无规则流动, 其本质是一种高度复杂的三维非稳态流动, 流动中除横向流动外还存在相对总体运动方向相反的反向运动。湍流中热量和质量的传递速率相较于层流也要高出几个数量级。与层流相比, 湍流的摩擦阻力大大增加, 是一种耗散性极强、多尺度、有旋的无规则流动。从物理结构上看, 湍流是由

不同尺度的涡叠加而成的一种多尺度流动,组成涡的尺度和其旋转方向都是随机无规律的。大尺度涡的尺寸可以接近流场大小,由流动的边界条件所决定,主要受到惯性影响,会引起低频流动;小尺度的涡则主要由黏性力决定,是引起高频脉动的原因。湍流中各尺度的涡会破裂后产生小于原尺度的涡。在充分发展的湍流区域内,流体中涡的尺寸在一定范围内呈现连续变化。大尺度的涡结构不断地从主流获得能量,然后在涡结构间的相互作用下,能量逐渐从大尺度涡向小尺度涡传递,最后在流体黏性的作用下,机械能不断耗散转变为流体热能,小尺度的涡逐渐耗散消失。与此同时,在边界、黏性及速度梯度的作用下又产生新的涡旋。湍流运动是一个不断生成、发展和耗散的过程。

湍流流动在自然界中十分常见,例如海洋、大气的流动,工程实际中也以湍流问题居多。风力机周围空气的流动一般为湍流状态,因此,湍流的研究对风力机气动特性和流场分析十分关键。湍流一直是流体力学研究的重点,目前湍流求解方法可以分为以下三种:直接数值模拟 (direct numerical simulation,DNS)、大涡数值模拟 (large eddy simulation,LES)、雷诺平均数值模拟 (Reynolds averagered Navier-Stokes,RANS)。

10.3.1　直接数值模拟方法 (DNS)

DNS 方法不需要建立相应的湍流模型,直接对三维瞬态 Navier-Stokes 方程进行计算,得到湍流运动的瞬时流场。DNS 方法需要计算所有尺度上的湍流脉动,从而获得全部的流场信息,所以最小计算尺度应小于耗散区尺度。DNS 方法对空间和时间的分辨率要求极高,在具体的计算过程中需要采取极小的时间迭代步长,才能够分辨出湍流中详细的空间结构和变化距离的时间特性。在真实算例中,对湍流中的某一个涡进行模拟时,至少需要 10 个节点进行捕捉。对于小尺度范围内进行的湍流流动,网格的精细程度要求也随之提升。由此可见,湍流的直接数值模拟对计算机的内存空间和计算速度都有极高的要求。

随着现代计算机的发展,DNS 方法逐渐成为解决湍流问题的一种技术手段,但由于仍受到计算条件的限制,目前仅适用于研究低雷诺数的简单流动,例如平板边界层、圆管湍流等运动,尚不能用于复杂的工程应用。

10.3.2　大涡模拟方法 (LES)

LES 方法在 20 世纪 70 年代被首次提出,主要思想是将大尺度涡和小尺度涡结构进行分开计算。大尺度涡通过直接计算瞬态 N-S 方程得到,小尺度涡的作用则通过其对大尺度涡的影响来体现 (即亚格子应力,subgrid scale stress,SGS)。大尺度涡结构受边界条件和边界形状影响较大,随流场不同表现出极强的各向异性特点,难以找出一种普适的湍流模型来描述大涡结构,因此对大尺度涡采用直接求解的方法。另一方面,小尺度的涡受边界条件影响远小于大尺度涡,而且在各种流动中也表现出了较高的相似性,实际计算中可认为小尺度涡是各向同性的,可采用亚格子模型对小尺度运动进行模拟。LES 方法的实际计算中,对于大涡和小涡的分离操作称为滤波,滤波尺度通常选取网格尺度,因此要求网格尺度和惯性子区尺度同一量级。

与 DNS 方法相比,大涡模拟计算给出了大于惯性子区尺度的大尺度脉动信息以及参数的统计平均量,对计算机内存和计算速度的要求仍然比较高,但远低于 DNS 方法对计算机资源的要求,近年来应用也愈加广泛。

10.3.3 雷诺平均方法 (RANS)

雷诺平均方法,即利用时间平均、空间平均或系综平均的方法,将流体控制方程进行时间平均化处理,把湍流流场中的物理量分解为平均量与脉动量的和,例如式 (10-6),其中上标 "−" 代表平均量,"′" 代表脉动量。

$$u_i = \bar{u}_i + u_i', \quad p = \bar{p} + p' \tag{10-6}$$

以时间平均为例,流动的平均速度可以写为

$$\bar{u}_i = \lim_{T \to \infty} \frac{1}{T} \int_t^{t+T} u_i \mathrm{d}t \tag{10-7}$$

由此,可以得到微分形式的不可压雷诺平均 Navier-Stokes 方程,其表达式为

$$\frac{\partial \bar{u}_i}{\partial t} + \bar{v}_j \frac{\partial \bar{u}_i}{\partial x_j} = -\frac{1}{\rho} \frac{\partial \bar{p}}{\partial x_i} + \frac{\partial}{\partial x_j} \left(\bar{\tau}_{ij} - \overline{u_i' u_j'} \right) \tag{10-8}$$

式中,$\bar{\tau}_{ij}$ 为层流黏性应力;τ_{ij}^{R} 为雷诺应力张量,表达式分别为

$$\bar{\tau}_{ij} = 2\mu \bar{S}_{ij} = \mu \left(\frac{\partial \bar{u}_i}{\partial x_j} + \frac{\partial \bar{u}_j}{\partial x_i} \right) \tag{10-9}$$

$$\tau_{ij}^{\mathrm{R}} = -\overline{u_i' u_j'} = \left(\overline{u_i u_j} - \bar{u}_i \bar{u}_j \right) \tag{10-10}$$

雷诺平均 Navier-Stokes 方程和完整形式的 Navier-Stokes 方程在形式上相近,多出了雷诺应力张量项。依据湍流理论知识、实验数据及直接数值模拟结果,众学者对雷诺时均方法的湍流脉动项提出各种假设使得方程封闭。与前两种湍流方法相比,RANS 方法对所有尺度脉动都通过建立模型求解,相应网格的最小尺度由平均流动性质决定,网格尺度大于脉动的积分尺度或脉动的含能尺度。

常用的湍流模型可以分成两大类:一类引入二阶脉动项的控制方程,形成二阶矩封闭模型,称为雷诺应力模型;另一类基于 Boussinesq 的涡黏假设,将湍流应力表达为与湍流黏度相关的函数,称为涡黏性封闭模型。

1) 雷诺应力模型

雷诺应力模型，又称二阶矩封闭模型，即通过利用雷诺应力满足的相关方程，对方程右端的扩散项、耗散项、压强梯度等相关未知项采用平均流动的物理量和湍流的特征尺度进行表示，最终使得相关方程组封闭。这种模型理论保留了雷诺应力所满足的方程，包括了雷诺应力的发展过程，可以较好地预测复杂湍流。但是，对于各向异性很强的近壁雷诺应力，二阶矩模型在强旋转湍流中不足之处体现较为明显，所采取的各向同性的耗散模型有待改进。雷诺应力模型在保留了雷诺应力方程的情况下共有 15 个方程，计算量偏大。目前，随着现代计算机技术的飞速发展，雷诺应力模型已经逐渐在湍流工程问题数值计算中广泛应用。

2) 涡黏模型

Boussineq 将湍流中流体微团的脉动比拟为分子热运动，提出了涡黏假设 [2]：

$$-\langle u_i' u_j' \rangle = 2\nu_{\mathrm{t}} \langle S_{ij} \rangle - \frac{2}{3}k\delta_{ij} \tag{10-11}$$

式中，左边代表雷诺应力张量；ν_{t} 为涡黏系数；$\langle S_{ij} \rangle$ 为平均运动的变形率张量；k 代表湍动能。湍流雷诺应力的涡黏表达式在形式上与牛顿流体本构关系相同，区别在于 ν_{t} 不是介质的物性常数，而是与湍流的平均流场相关。为了使方程封闭，需要引入附加的微分方程，根据微分方程的数目，常用的有零方程模型、Spalart-Allmaras 一方程模型和两方程模型，两方程模型又可分为 k-ε 模型和 k-ω 模型等。涡黏模型与雷诺应力模型相比少了 6 个雷诺应力的偏微分方程，模型简单，计算量小，表达方式近似于分子黏性。

湍流模型并非随着阶数越高而越精确，而是应该根据实际情况选用相应合适的湍流模型，目前流体力学界尚未能给出一个普遍适用的湍流模型，各类湍流模型仍在不断改进之中。与 LES 方法相比，RANS 方法只能提供湍流的平均信息，如平均速度、压力等。RANS 方法对空间分辨率要求比其他两种方法低，在计算条件允许有较大尺寸网格且实际计算过程中并不需要计算湍流脉动的前提下，计算精度和效率的综合优势，使其目前在工程实际中的应用最为广泛。

10.4 数值离散方法简介

计算流体力学的基本思想是将计算域进行离散化，用有限数量离散点上变量的集合代替时空连续的物理量场，并基于未知变量建立离散的代数方程组。通过对离散代数方程组的求解，获得计算域内流场信息。

计算区域离散化，即将空间上的连续流场利用合适的网格进行划分，之后确定每个网格上的节点生成相应的网格信息文件，将网格信息读入解算器后利用各种离散方法使流场的控制方程离散化，使原本的偏微分方程转化为各个节点上的代数方程组。在离散化过程中，对连续流场性质的研究转换为对网格单元性质的研究，用网格单元内部、边界和节点上的物理量的变化来描述连续流场中的变化。在离散化过程中，某一特定网格单元的离散化方程仅与相关的几个网格单元有关，离散化方程可由相应的微分方程推导得到。在流动区域被划分得足够细致，网格单元足够小的情况下，各节点间的性质也会趋于一致，实际计算结果也将更加准确。此外根据离散化方程分布假设的不同，所得到的方程形式一般也不同，因此离散化方程并不是唯一的，但最终的数值结果一般都趋于一致。

根据离散化方法的不同，流体力学研究中主要采用三种不同离散方法：有限差分法 (finite difference method，FDM)、有限元法 (finite element method，FEM) 和有限体积法 (finite volume method，FVM)。

10.4.1 有限差分法

有限差分法出现较早，是早期用于求解复杂微分方程的数值计算经典方法。该方法将求解域划分为差分网格，用有限数量的网格节点代替连续的求解域。有限差分法以泰勒级数展开等方法，把控制方程中的导数用网格节点上的函数值的差商代替进行离散，从而建立以网格节点值为未知量的代数方程组，最终完成相应的数值计算。有限差分法是利用代数差商近似代替偏微分方程中的偏导数的近似数值求解方法，数学概念直观，表达简单。

以一维情况下的速度变量 $u(x,t)$ 为例，偏微分 $\partial u(x,t)/\partial t$ 按照下式中求极限的方法来定义：

$$\frac{\partial u\left(x,t\right)}{\partial t} = \lim_{\Delta t \to 0} \frac{u\left(x,t+\Delta t\right) - u\left(x,t\right)}{\Delta t} \tag{10-12}$$

当 Δt 很小的情况下 (不为零)，采用适当的代数差分代替偏导数，得到如下近似：

$$\frac{\partial u\left(x,t\right)}{\partial t} \approx \frac{u\left(x,t+\Delta t\right) - u\left(x,t\right)}{\Delta t} + O(\Delta t) \tag{10-13}$$

这就是有限差分方法的基础，式 (10-13) 中 Δt 越小，差分近似的精度越高。本例中使用了向前差分 (forward difference) 格式，另外也有向后差分 (backward difference) 格式和中心差分 (central difference) 格式等离散格式。依此类推，流动控制方程中各时间和空间的偏微分项均可以采用相同的方法进行近似，得到差分形式的 N-S 方程。

与后文的有限元和有限体积两种方法相比，有限差分法结构简单，但是由于将微分方程中各项的实际物理意义和相应物理定律一概归为代数差商，仅仅只是数学意义上的近似处理，并没有反映实际方程的物理特征，因此在实际计算过程中，会产生一些伪物理现象，对结果分析产生干扰。有限差分法目前发展较为成熟，适用于双曲型和抛物型问题，但面对边界条件复杂的流动问题的表现与有限元和有限体积法仍有差距。

10.4.2　有限元法

有限元法是数学方法与工程方法的结合，随着 20 世纪 60 年代现代计算机技术的诞生而不断发展。在连续介质力学中，有限元方法在结构力学、弹性力学等方面的应用已经相当成熟，但是在流体力学领域，由于物理模型和数学方程比固体力学复杂得多，因此有限元方法的应用稍晚一些。

流体力学有限元方法的数学基础是变分法或加权余量法，导出变分表达式或者加权余量积分式，并利用逼近函数对计算区域进行积分。有限元方法的求解思想概括地说就是 "分块逼近"，对计算区域通过网格进行离散化，分成有限个互不重叠的子区域，称为 "单元体"。在每个单元体内，选择若干个合适的点作为求解函数的插值点，这些点称为 "节点"。方程的近似解由各单元中的近似函数逼近，而单元中的近似函数可以表示为已知的单元基函数的线性组合。这个线性组合表达式中的待定系数即为近似解在节点上的函数值 (或导数值)，可以通过有限元方程的求解加以确定，从而获得近似解。在实际应用中，根据单元体的不同形状，有限元法发展出了不同求解域的几何模型，有三角形网格、四边形网格和多边形网格。根据所采用的权函数和插值函数，可分为配置法、矩量法、最小二乘法和伽辽金法。从插值精度来分，又可分为线性插值函数和高次插值函数等。

与有限差分方法相比，有限元方法存在以下几个优点：

(1) 有限元方法对于求解域单元的划分没有特别的限制，这对于处理具有复杂边界区域的工程实际问题格外方便。

(2) 有限元方法是将计算区域进行分片离散。对每一个单元而言，它的近似解是连续解析的，这和有限差分方法中完全用离散的节点值来近似地表示连续函数是不一样的。

(3) 对于实现未知的自由边界或者求解区域内部不同介质的交界面比较容易处理。

在有限元方法的基础上，20 世纪 80 年代以来间断有限元方法也逐渐发展起来。间断有限元方法与传统有限元方法不同，待解变量和其对应的试验函数在每个单元中依然保持连续，但单元和单元间的边界上则会产生间断。因此，在求解问题时可以利用迎风特性，在不考虑扩散的前提下，使流体由迎风流向背风方向，以提升计算结果质量。间断有限元方法能够处理具有复杂区域边界和复杂边界条件的流动问题，并且能保持与区域内部一致的计算精度，易于实现网格加密和自适应技术。与此同时，间断有限元可以得到任意阶精度的格式，并保持局部的紧致特性，所构造的高阶格式不需要非常宽的模板，且符合守恒律方程解的性质，容易实现并行计算，稳定性较好。

目前，有限元方法在固体力学中应用广泛，但由于流体力学中部分物理现象复杂,仅仅通过加权余量法推导出来的有限元离散化方程并不能很好地体现以上现象,因此与有限差分法一致,仍然是简单的数学近似,并且依然会产生部分伪物理现象。在实际应用中,类似于强对流、不可压等条件在有限元方法所对应的离散方程中,确实存在无法合理解释的物理项。

10.4.3　有限体积法

有限体积法发展于 20 世纪六七十年代,该方法将计算区域划分成有限个相互之间不重叠的控制体,建立针对控制体的微分方程。根据离散方法中的分布假设对微分方程进行积分,可得到所要求的离散化方程。该离散化方程用于表示有限控制体积中的守恒定律,与微分方程表示无限小控制体的守恒定律的基本思想一致。

有限体积方法将计算区域分解为若干控制体 (图 10-1),并在控制体积内运用离散化方程,该方法确保在各个控制体,即整个计算域内,流体所适用的守恒定律都精确满足,而这一点与网格精细与否无关。与有限差分法不同,有限体积法在考虑到了网格节点上的数值的同时还规定了在网格节点附近,即控制体积内所求解变量的变化规律,这一点与有限元相似。虽然计算区域满足守恒定律与网格精细化程度无关,但有限体积法计算结果精确程度与网格关系密切。有限体积法与有限元方法不同,有限体积法将物理量信息存储在网格单元的中心,并将单元看作是围绕中心点的控制体积 (格心格式),或是在网格节点上对物理量进行存储定义,并围绕该节点构建控制体积 (格点格式)。在相应的网格文件中,也有对相应网格信息的编号,其中包括了节点信息、周边网格属性信息等,在网格读取时这些信息都将被提取并在求解器中加以应用。

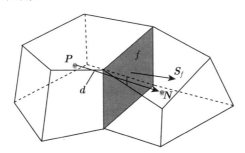

图 10-1　有限体积法控制体示意图

有限体积方法的离散化过程,以标量 ϕ 为例,对于控制体的体积分可以根据高斯定理转化为封闭的面积分,即

$$\int_{\Omega} \nabla \cdot \phi \mathrm{d}\Omega = \int_{\partial\Omega} \mathrm{d}\boldsymbol{S} \cdot \phi \tag{10-14}$$

式中,$\partial\Omega$ 代表控制体的包络面;$\boldsymbol{S}$ 为控制体的表面积矢量。以图 10-1 中控制体 P

为例，参数在控制体内任意位置或时刻的描述可表达为

$$\phi(x) = \phi_P + (\boldsymbol{x} - \boldsymbol{x}_P) \cdot (\nabla\phi)_P, \quad \phi(t + \Delta t) = \phi^t + \Delta t \left(\frac{\partial\phi}{\partial t}\right)_t \tag{10-15}$$

式中，$\boldsymbol{x}$ 代表位置矢量。

$$\int_{\Omega_P} \phi(x)\mathrm{d}\Omega = \phi_P \Omega_P \tag{10-16}$$

$$\int_{\Omega_P} \nabla \cdot \phi \mathrm{d}\Omega = \int_{\partial\Omega_P} \mathrm{d}\boldsymbol{S} \cdot \phi = \sum_f \left(\int_f \mathrm{d}\boldsymbol{S} \cdot \phi\right) = \sum_f \boldsymbol{S}_f \cdot \phi_f \tag{10-17}$$

式中，ϕ_f 为面 f 处的 ϕ 值；$\boldsymbol{S}_f$ 为面 f 的面积矢量。因此，对流项的计算最终转化为对控制体边界 ϕ_f 值的求解，即

$$\int_{\Omega_P} \nabla \cdot (\boldsymbol{v}\phi)\mathrm{d}\Omega = \sum_f \boldsymbol{S}_f \cdot (\boldsymbol{v}\phi)_f = \sum_f (\boldsymbol{S}_f \cdot \boldsymbol{v}_f)\phi_f = \sum_f F\phi_f \tag{10-18}$$

式中，$F = \boldsymbol{S}_f \cdot \boldsymbol{v}_f$ 为通量。ϕ_f 值可以通过不同的插值方法得到，即为插值格式。不可压流动计算中常用的离散格式有中心格式、迎风格式 (upwind scheme，例如一阶迎风格式、二阶迎风格式) 和混合格式 (hybrid scheme) 等。

有限体积法物理意义明确，对偏微分方程进行离散后得到的各离散项都有合理的物理解释，这一点相比有限元和有限差分方法优势明显。同时，有限体积法控制方程为积分形式，表示了各特征变量在计算区域内的守恒特性。该方法目前在求解流动和传热问题时表现良好，并被绝大多数工程流体和传热软件应用，运用十分广泛。

10.5　基于有限体积法的数值求解

有限体积法对不可压流体流动 Navier-Stokes 方程进行求解时也会遇到一些问题。例如在实际运用过程中，需要计算得出速度场和压力的分布，常使用分离求解法，即在求解时认为速度场已知来求解压力，并在求解速度场时认为压力已知，经过多次迭代后最终得到结果。但在实际问题中速度场与压力场相互耦合，即压力场和速度场之间相互影响，在求解压力场时应根据速度场计算结果对压力场的计算公式进行一定修正，同时在求解速度场时应根据压力场结果对速度场的计算公式进行修正。

10.5.1　SIMPLE 算法

在利用数值方法求解控制方程时，需要处理两个一阶导数项的问题：非线性对流项和动量方程中的压力梯度项。这两点在求解不可压流场时尤为重要。第一个问

题可以通过对流项差分格式解决, 但第二个问题会遇到速度和压力的耦合问题, 因此需要在每一步中对压力场算法进行改进, 直至计算结果收敛, 所对应的方法即为 SIMPLE 算法。

SIMPLE 算法 (semi-implicit method for pressure-linked equation), 即压力耦合方程的半隐计算格式, 由 Patankar 和 Spalding [3] 于 1972 年提出, 该方法主要用于求解不可压流场, 通过建立假设并进行修正来计算压力场, 从而求解 Navier-Stokes 方程。实际运用过程中假设压力场分布已知, 并将其运用于求解控制方程, 从而得到速度场。由上文知, 所假设的压力场分布并不一定完全符合实际压力场分布情况, 因此速度场的求解准确性会受到影响。在此条件下, 对压力场进行修正, 同时需保证与修正后的压力场所对应的速度场结果满足该迭代次数时的连续方程, 在求解压力修正方程后得到压力修正值, 并根据此计算获得新的速度场, 多次重复此迭代过程直至所得到的速度场收敛。SIMPLE 算法的流程如图 10-2 所示。

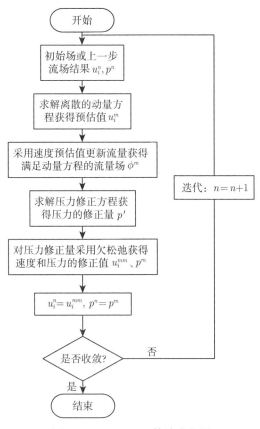

图 10-2 SIMPLE 算法流程图

数值计算中，首先假定一个速度分布用于计算首次迭代时的动量离散方程中的系数和常数项，之后假定一个压力场，给出一个压力猜测值。然后，根据速度场压力场信息，计算动量离散方程等方程中的系数和常数项，对动量离散方程进行求解，并根据所得到的速度来求解压力修正方程。在求解完毕后修正压力和速度并视需要求解其他的离散化输运方程，最终根据收敛情况决定是否重复以上步骤。

随着数值计算问题由二维发展到三维，由规则的计算区域发展到不规则区域等变化，由于求解的变量和速度分量分别存储在控制体积的中心和不同控制体积界面上，当采用压力修正方法来解决速度和压力耦合问题时，在实际动量方程的离散化过程中需要计算并存储几套系数，给程序化求解带来了很多麻烦，因此 Rhie 和 Chow [4] 提出了同位网格的 "压力加权修正法"，使边界上的速度值更好地满足局部动量方程。最终，在控制体积边界上的速度改进为由两部分组成：一部分对应于中心差分格式，是线性插值得到的边界上的速度；另一部分是对中心差分格式的修正，由对流、扩散和压力梯度项对线性插值进行修正。由此得到的控制体积边界上的速度分量用于求解压力修正方程中离散公式的系数可大幅减少迭代次数并提高实际收敛速度。

目前 SIMPLE 方法运用广泛，在诸多流体工程应用软件中都能见到，并且除了标准 SIMPLE 算法之外，还延伸出诸如 SIMPLEC、SIMPLER 等改进算法，这些算法修正的目的主要是通过提高收敛性来缩短计算时间。例如，SIMPLEC 算法在速度场的修正中考虑了周围节点的对流扩散作用，减轻了用于速度修正的压力修正值的负担，使得整个速度场迭代收敛速度提升；SIMPLER 算法则只用压力修正值修正速度，压力场的修正则通过另外构建的压力方程来进行，因此虽然 SIMPLER 在每一个迭代步内计算量较大，但多次迭代后更容易达到收敛。

10.5.2   PISO 算法

除了 SIMPLE 系列算法之外，常用的分离式算法还有 PISO 算法 (pressure implicit with splitting of operators)，即为压力的隐式算子分割算法，该算法由 Issa 于 1986 年提出，通常用于瞬态计算。与 SIMPLE 算法所不同的是，该 PISO 算法的不同之处在于在一次预测步之后增加一个多步修正操作以更好地同时满足动量方程和连续方程，即需要两次求解压力修正方程，并且由于是时间精确模拟，所以不需要进行低松弛，通常用于瞬态计算。PISO 算法流程如图 10-3 所示。

由于 PISO 算法在一步预测之后，采用了多次修正确保流场满足连续性方程和动量方程，不需要进行多次迭代，故属于无迭代算法；但其精度依赖于所选取的时间步长，如果时间步长过大，导致其在有限次的修正步数内无法达到收敛精度，造成计算的发散。通常在 PISO 计算中需要保证 Courant 数小于 1，而在精度要求较高的大涡模拟中则会选取更小的 Courant 数以保证流场的脉动变化得到充分考量。

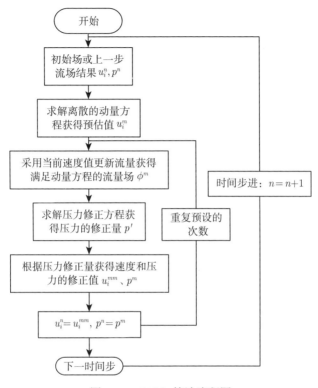

图 10-3   PISO 算法流程图

PISO 算法在后来的发展中也有诸如压力欠松弛、时间步内的 SIMPLE 迭代等技术的引入，其主要是为大步长瞬态计算的需求而建立的，这类改进的 PISO 算法在较大 Courant 数下仍然能够通过迭代保证计算收敛。

10.6   网格生成与后处理简介

10.6.1   网格生成

网格是方程离散的基础，高质量的网格是流场精确计算的关键。目前工程实际中常用的网格形式包括结构网格、非结构网格和笛卡儿网格。

结构网格和非结构网格同属于贴体类网格。结构网格数据结构简单、存储量小、易于索引，通常为正交性良好的大长宽比网格，符合边界层流动特性，对于捕捉边界层流动优势明显。与结构网格需要进行高难度的拓扑关系划分不同，非结构网格生成简单，在处理复杂外形物体时可通过不同的网格生成算法快速满足外形限制，且有利于后续可能的自适应处理；但是，非结构网格内存占用率高，计算时间周期长，对附面层流动的模拟无法做到和结构网格一样有效。

笛卡儿网格区别于上述两种网格，其网格生成过程较为简单，网格生成自动化程度较高，且容易实现与基于流场特征的网格自适应技术以及高精度数值方法的耦合。但是由于笛卡儿网格与物面交错，即为非贴体性网格，因此在工程应用中也遇到了一些困难。目前，针对笛卡儿网格非贴体性的解决方法有浸入边界方法、切割单元方法、混合笛卡儿网格方法等，这些方法对于无黏流动或者是低雷诺数的黏性流动 (层流流动) 十分有效，但在面向高雷诺数的工程实际问题的模拟上仍存在不少难点。

在实际工程应用中，贴体类网格应用更为广泛。在风力机工程应用中，为保证数值模拟结果准确，需要保证计算过程中流场处于平衡状态。一般计算区域非常大，长度方向控制在计算对象 10 倍以上，宽度方向控制在计算对象 7 倍以上。为了便于网格敏感性分析以及网格优化，在实际工作中常采用结构网格进行计算域划分。此外，为精确捕捉附面层内叶片壁面大迎角情况的分离流动，叶片附近经常采用 O 型网格。网格具体划分时应注意物面边界附近网格扭曲度应尽可能小，尽量趋近于正交六面体以减小早期计算误差；在梯度变化较大处网格密度也应相应增大；为减小数值耗散，应使顺流方向网格与气流流动方向一致；网格过渡比率不应太大，一般控制在 2 以下。在工程应用中，除了自己直接编写网格生成程序外，还有常用的网格生成软件，如 Pointwise 和 ANSYS ICEM，同样可以经过修改和完善得到合适的计算网格，完成任务。

10.6.2　后处理

在得到 CFD 问题计算结果后，需要通过线图云图等方式将其以简明直观的方式显示出来，因而需要对所得到的数据进行后处理。目前常用的流体后处理软件有Origin、Tecplot、ParaView 等。

Origin 是 OriginLab 公司出品的专业函数绘图软件，在处理线图时功能强大，既可以满足一般用户的制图需要，也可以满足高级用户数据分析、函数拟合的需要。同时 Origin 涵盖数据分析功能，其主要包括统计、信号处理、曲线拟合和峰值分析等数学功能，可导入 ASCII、Excel、pClamp 在内的多种数据。

Tecplot 是 Amtec 公司推出的一个功能强大的科学绘图软件。其绘图格式丰富，界面友好，应用范围包括航空航天、国防、汽车等工业及流体力学、传热学等科研领域。Tecplot 有针对流体力学计算软件 FLUENT 的专用数据接口，可直接读入 *.cas 和 *.dat 的文件，同时也可以在 FLUENT 软件中选择相应的输出面和统计量，直接输出 Tecplot 格式的文档，其云图绘制简明直观，应用广泛。

ParaView 是一款开源、跨平台数据分析和可视化程序。它支持并行，可以运行于单处理器的工作站，也可以运行于分布式存储器的大型计算机。此外，在风力机问题中常用开源软件 OpenFOAM 进行程序编写和测试，OpenFOAM 是由 C++编写，在 Linux 下运行，面向对象的 CFD 类库。ParaView 有 OpenFOAM 专用接口，因而在风力机领域也应用广泛。

10.7 CFD 方法在风力机上的应用

在风力机相关的空气动力学问题研究中，前面章节提到的叶素动量理论还有涡尾迹方法，都依赖于风力机叶片所用翼型的气动力实验数据，这一理论基础决定了其无法预测三维旋转效应和动态失速等复杂流动状态。相较之下，计算流体力学方法可以克服以上缺陷，它使用数值方法对流体力学的控制方程进行求解，是一种通用的流场空间和时间信息求解方法。

最初，CFD 方法在风力机上的应用大量借鉴了航空飞行器特别是直升机旋翼的研究技术和成果。早期，学者们采用有限差分方法求解了定常和非定常的二维轴对称不可压缩欧拉方程和不可压缩的雷诺平均 N-S 方程，并将风力机叶轮简化为致动盘进行数值计算。到 20 世纪 80 年代中期，求解旋转叶片分离流的数值方法逐渐发展起来。这种方法将流场分为贴近叶片壁面的三维边界层黏性区域、尾流无黏区域和外部无黏区域三部分，在边界层区域内求解边界层方程并应用湍流模型；在无黏区域内求解欧拉方程，并在区域边界处进行耦合。研究发现旋转推迟了叶片流动分离的发生，使得最大升力系数显著提高，显示了 CFD 方法在增进对旋转流场物理特性认识方面的优势。

从 20 世纪 90 年代开始，大量的风力机 CFD 数值模拟采用有限体积法求解N-S 方程 [5-7]。采用雷诺平均 N-S 方法求解包含直接几何实体网格的流场，获得风力机的气动性能和流场机理，成为主要的研究手段。90 年代初期，对风力机气动特性和流场的 CFD 计算还主要局限在较为简单的轴流状态。之后，随着计算水平的逐渐提高，CFD 在风力机上的应用也从轴流状态的气动性能和流场的计算逐渐扩展到偏航等非定常状态的气动性能分析和流场的非定常机理研究。

在机理研究方面，CFD 也被应用于三维旋转效应和叶尖损失的研究方面 [8-11]。学者们采用一种准三维的 N-S 方程求解方法研究了三维旋转效应，发现三维旋转效应对附着流动状态的影响不大，对分离流动的影响显著，并在此基础上发展了一个三维旋转效应模型。除了对三维旋转效应和叶尖损失的研究，CFD 在其他方面也显示出对风力机气动性能计算和流动机理分析的强大能力。例如，钝尾缘翼型和叶片的气动特性分析，风力机机舱绕流的模拟和分析，流动控制技术在风力机叶片上的应用效果评估，风力机模型风洞实验中洞壁干扰的影响评估，大迎角条件下叶片的阻力预测，涵道式风力机的流场特性研究，考虑地形地貌的大气边界层流动模拟等。

除了风力机气动性能预测和绕流研究外，CFD 方法在风力机尾流研究中占有相当大的比重[12-14]。致动理论和 RANS 相结合的方法被广泛用于研究风力机叶轮和塔架流场的非定常气动特性分析、风力机相互间的尾流干扰模拟、风力机气动特性及风场干扰等问题的研究中。为了提高对流场湍流特性的求解，CFD 在风力机上的应用也从 RANS 方法逐渐扩展到更为精确的 LES 方法。大量学者们采用大涡模拟方法处理湍流，并结合致动线方法研究风力机的尾流问题，如单台风力机的尾流结构的发展和稳定性问题，入流角和湍流强度对尾流干扰的影响，大气湍流中风力机阵列的尾流干扰问题等。

在风力机空气动力学研究中，CFD 方法因为具有许多先天的优点而受到越来越多的重视。例如，直接包含叶片几何的 CFD 计算中不需要以翼型的二维气动力参数作为输入数据，不需要借助工程模型来体现叶尖损失、轮毂影响、三维旋转效应、塔影效应等因素的影响。更为重要的是，CFD 方法求解获得的是风力机全流场的所有流动信息，在深入分析风力机流场特征方面具有其他方法不可比拟的显著优势。

参 考 文 献

[1] Burton T, Sharpe D, Jenkins N, et al. Wind Energy Handbook [M]. 2nd ed. Hoboken: Wiley Publishing, 2011.

[2] Hinze J O. Turbulence [M]. 2nd ed. New York: McGraw-Hill, 1975.

[3] Patankar S V, Spalding D B. A calculation procedure for heat, mass and momentum transfer in three-dimensional parabolic flows[J]. Int. J. Heat Mass Transfer, 1972, 15(10): 1787-1806.

[4] Rhie C M, Chow W L. Numerical study of the turbulent flow past an airfoil with trailing edge separation[J]. AIAA Journal, 1983, 21(11): 1525-1532.

[5] Troldborg N, Zahle F, Rethore P E, et al. Comparison of wind turbine wake properties in non-sheared inflow predicted by different computational fluid dynamics rotor models[J]. Wind Energy, 2015, 18(7): 1239-1250.

[6] Troldborg N, Zahle F, Réthoré P-E, et al. Comparison of the wake of different types of wind turbine CFD models[C]//Proceedings of the 50th AIAA Aerospace Sciences Meeting including the New Horizons Forum and Aerospace Exposition, 2012.

[7] Mittal A, Sreenivas K, Taylor L K, et al. Blade-resolved simulations of a model wind turbine: effect of temporal convergence[J]. Wind Energy, 2016, 19(10): 1761-1783.

[8] Du Z, Selig M S. A 3D stall-delay model for horizontal axis wind turbine performance prediction[C]//Proceedings of the ASME Wind Energy Symposium, Reno, United States, 1998.

[9]　Glauert H. A general theory of the autogyro[J]. Journal of the Royal Aeronautical Society, 1927, 31(198): 483-508.

[10]　Pitt D M, Peters D A. Theoretical prediction of dynamic-inflow derivatives[C]// Proceedings of the 6th European Rotorcraft and Powered Lift Aircraft Forum, Bristol, England, 1980.

[11]　Coleman R P, Feingold A M, Stempin C W. Evaluation of the induced-velocity field of an idealized helicoptor rotor [R]. National Advisory Committee for Aeronautics, NACA-WR-L-126, 1945.

[12]　Fleming P, Gebraad P M O, Lee S, et al. Simulation comparison of wake mitigation control strategies for a two-turbine case[J]. Wind Energy, 2015, 18(12): 2135-2143.

[13]　Sørensen N N, Bechmann A, Réthoré P-E, et al. Near wake Reynolds-averaged Navier–Stokes predictions of the wake behind the MEXICO rotor in axial and yawed flow conditions[J]. Wind Energy, 2014, 17(1): 75-86.

[14]　Wu Y T, Porté-Agel F. Large-eddy simulation of wind-turbine wakes: Evaluation of turbine parametrisations[J]. Boundary Layer Meteorology, 2011, 138(3): 345-366.

第11章 风力机气动性能的数值模拟

风力机气动性能计算是风力机风轮设计中的重要环节，风轮气动性能计算结果的准确度直接影响所设计风力机的输出功率是否符合预期。本章介绍基于雷诺时均方法的风力机气动性能的数值模拟，并探讨了湍流模型参数校正和转捩预测对数值模拟结果的影响。

11.1 控制方程及其离散

11.1.1 控制方程

对于一个控制体流体微团 Ω，在不考虑热和彻体力影响的情况下，N-S 方程的积分形式为式 (10-1) 形式。在风力机叶片的数值模拟中，叶片相对地面坐标系存在旋转运动，流场相对地面坐标系是非稳态流动。如果直接以地面坐标系为参考系进行求解，需要对叶片的旋转运动进行处理，会涉及网格的运动问题；如果定义参考系跟随叶片一起旋转，则在此旋转坐标系下轴向来流条件下的风轮流场可转化为定常问题求解。本章以多参考坐标系方法 (multiple reference frame model，MRF) 为例，介绍风力机流场计算中所用到的控制方程及其离散，该方法中叶片的转动即采用前面所述的旋转坐标系的方法进行解决。

定义旋转参考系的转轴与风力机风轮转轴重合，转速与风轮转速相同，这是一个非惯性参考系。在旋转参考系下，仍然保持控制方程的形式不变，有两种方法定义速度矢量。一种方法是将其定义为旋转参考系下的速度，逆变速度 V 的表达式不变，为了表现因参考系旋转而附加给气流的离心力和科氏力，则需要采用考虑源项的不可压缩雷诺平均 Navier-Stokes 方程：

$$\frac{\partial}{\partial t}\int_{\Omega}\boldsymbol{W}\mathrm{d}\Omega + \oint_{\partial\Omega}(\boldsymbol{F}_c - \boldsymbol{F}_v)\mathrm{d}S = \int_{\Omega}\boldsymbol{Q}\mathrm{d}\Omega \tag{11-1}$$

源项 Q 为

$$\boldsymbol{Q} = \begin{bmatrix} 0 \\ -\rho[2\boldsymbol{\omega} \times \boldsymbol{u} + \boldsymbol{\omega} \times (\boldsymbol{\omega} \times \boldsymbol{r})] \end{bmatrix} \tag{11-2}$$

式中，$\boldsymbol{\omega}$ 为参考系的旋转角速度；$\boldsymbol{r}$ 为位置矢量。

另一种方法是仍将 $\boldsymbol{u}$ 定义为绝对速度, 源项 Q 定义为

$$Q = \begin{bmatrix} 0 \\ -\rho\,(\boldsymbol{\omega} \times \boldsymbol{u}) \end{bmatrix} \tag{11-3}$$

并将式 (10-3) 中逆变速度 V 的表达式改写为

$$V = (\boldsymbol{u} - \boldsymbol{\omega} \times \boldsymbol{r}) \cdot \boldsymbol{n} \tag{11-4}$$

考虑到除风力机叶轮附近外的大部分区域空气的绝对旋转速度较低, 为减小数值误差, 本章采用后一种方法。

11.1.2 空间离散

本章介绍的风力机数值模拟采用基于非结构网格的有限体积法, 控制体定义和流场参数存储采用格心格式, 控制体与网格单元重合, 基于控制体将方程转化为可数值求解的代数方程组。以标量 φ 为例, 其不可压缩的守恒型输运方程在任意控制体内可写为如下积分形式:

$$\rho \int_{\Omega} \frac{\partial \varphi}{\partial t} \mathrm{d}\Omega + \rho \oint \varphi \boldsymbol{u} \cdot \mathrm{d}\boldsymbol{S} = \oint \Gamma_{\varphi} \nabla \varphi \cdot \mathrm{d}\boldsymbol{S} + \int_{\Omega} Q_{\varphi} \mathrm{d}\Omega \tag{11-5}$$

式中, ρ 为空气密度; $\boldsymbol{u}$ 为速度矢量; $\boldsymbol{S}$ 为控制体的表面积矢量; Γ_{φ} 为 φ 的扩散系数; Q_{φ} 为 φ 在单位体积内的源; Ω 为控制体的体积。以上方程在控制体上进行离散可得

$$\rho \frac{\partial \varphi}{\partial t} \mathrm{d}\Omega + \rho \sum_{f}^{N_{\text{faces}}} \boldsymbol{u}_f \varphi_f \cdot \boldsymbol{S}_f = \sum_{f}^{N_{\text{faces}}} \Gamma_{\varphi} \nabla \varphi_f \cdot \boldsymbol{S}_f + Q_{\varphi} \Omega \tag{11-6}$$

式中, N_{faces} 为控制体所在网格单元的表面数; φ_f 为面 f 处的 φ 值; $\boldsymbol{S}_f$ 为面 f 的面积矢量。φ_f 可采用二阶迎风格式通过对网格单元中心值进行插值计算获得

$$\varphi_f = \varphi_{\text{up}} + \nabla \varphi_{\text{up}} \cdot \boldsymbol{r} \tag{11-7}$$

φ_{up} 和 $\nabla \varphi_{\text{up}}$ 分别为上游单元的 φ 值和 φ 的梯度, $\boldsymbol{r}$ 为从上游单元中心指向面 f 中心的位移矢量。任一单元 c_0 中心处 φ 的梯度按如下公式计算:

$$(\nabla \varphi)_{c0} = \frac{1}{\Omega} \sum_{f}^{N_{\text{faces}}} \frac{\varphi_{c0} + \varphi_{c1}}{2} \boldsymbol{S}_f \tag{11-8}$$

式中, φ_{c1} 为面 f 的右单元 c_1 (c_0 为左单元) 中心处的 φ 值。

在本章不可压缩 N-S 方程的离散求解中, 使用上一章中介绍的 SIMPLE 算法进行压力–速度解耦计算。

11.1.3　时间离散

依然以标量 φ 为例，控制体内标量值随时间的变化率可写为

$$\frac{\partial \varphi}{\partial t} = F(\varphi) \tag{11-9}$$

式中，$F(\varphi)$ 是空间离散的结果。如果 $F(\varphi)$ 取当前时间步的值，被称为显式时间积分；如果 $F(\varphi)$ 取下一个时间步的值，被称为隐式时间积分。隐式时间积分方法适用于不可压缩流动的求解，是本章采用的时间离散方法：

$$\varphi^{n+1} = \varphi^n + \Delta t F(\varphi^{n+1}) \tag{11-10}$$

由于隐式时间积分使用了下一个时间步的空间离散结果，因此需要在每一个时间步内采用迭代方式求解。

11.2　湍　流　模　型

本章对于湍流的计算采用 RANS 方法，下面对风力机流场数值模拟常采用的湍流模型进行介绍，主要包括零方程模型、Spalart-Allmaras 一方程模型和两方程模型，两方程模型又可分为 k-ε 和 k-ω 等模型。下面介绍不可压条件下这些湍流模型的具体形式。

11.2.1　零方程模型

零方程模型中，雷诺应力表达式如下：

$$\langle u_i' u_j' \rangle = 2\nu_t \langle S_{ij} \rangle - \frac{1}{3}\delta_{ij} \langle u_i' u_i' \rangle \tag{11-11}$$

零方程模型在不引入新的湍流量的前提下，试图直接利用平均物理量来得到 ν_t。常用的零方程模型为 Baldwin-Lomax(简称 B-L) 模型，该模型对湍流边界层内层和外层采用不同的混合场假设，在叶轮机等机械中应用广泛。计算实践表明，B-L 模型方法计算量较少，只要附加黏性模块就能利用平时使用的 N-S 数值计算程序，但该方法不具有普适性，需要对各种流动作特定修正。对于附体流动，如果关注重点为压强分布，零方程模型可以给出满意的结果而且模型应用起来十分简便，但是对于存在分离和黏附的流动或者计算摩擦阻力等情况时，零方程模型并不适用。

11.2.2　一方程模型

一方程模型又称为单方程涡黏系数输运模型，常用的有 Baldwin-Barth(B-B) 模型和 Spalart-Allmaras(S-A) 模型。其中 B-B 模型是通过二方程模型进行修改所得，B-B 模型将二方程模型中的湍流雷诺数作为基本物理量直接导出，由此避免了

求解二方程模型时会遇到的一些数值问题。此外 B-B 模型对于计算网格要求较低，壁面网格可以根据需要设定而不需要设定得过于精细，节省了计算资源。

S-A 模型与 B-B 模型不同，由 Spalart 从经验出发，在简单流动基础上逐步发展完善。S-A 模型既保持了涡黏模型的简单形式，又考虑到了雷诺应力的松弛效应，该方程仍采用涡黏形式的雷诺应力公式，并直接导出了涡黏的输运方程。雷诺应力输运方程的封闭模型加上对平均应变率表达式平方求质点导数，即可得到涡黏系数的封闭模型。在 S-A 湍流模型中，输运变量 $\tilde{\nu}$ 的输运方程为

$$\frac{\partial \tilde{\nu}}{\partial t} + \frac{\partial}{\partial x_i}(\tilde{\nu} u_i) = \frac{1}{\sigma} \left\{ \frac{\partial}{\partial x_j}\left[\left(\frac{\mu_{\mathrm{L}}}{\rho} + \tilde{\nu}\right) \frac{\partial \tilde{\nu}}{\partial x_j} \right] + C_{\mathrm{b}2}\left(\frac{\partial \tilde{\nu}}{\partial x_j}\right)^2 \right\}$$
$$- C_{\mathrm{w}1} f_{\mathrm{w}} \left(\frac{\tilde{\nu}}{d}\right)^2 + C_{\mathrm{b}1} \tilde{S} \tilde{\nu} \tag{11-12}$$

湍流黏性系数由以下公式计算：

$$\left.\begin{array}{l} \mu_t = \rho \tilde{\nu} f_{v1} \\ f_{v1} = \dfrac{\chi^3}{\chi^3 + C_{v1}^3} \\ \chi = \dfrac{\tilde{\nu}}{\mu_{\mathrm{L}}/\rho} \end{array}\right\} \tag{11-13}$$

方程中各参数的表达式如下：

$$\tilde{S} = S + \frac{\tilde{\nu}}{\kappa^2 d^2} f_{v2} \tag{11-14}$$

$$f_{v2} = 1 - \frac{\chi}{1 + \chi f_{v1}} \tag{11-15}$$

$$S = \sqrt{2\Omega_{ij}\Omega_{ij}}, \quad \Omega_{ij} = \frac{1}{2}\left(\frac{\partial u_i}{\partial x_j} - \frac{\partial u_j}{\partial x_i}\right) \tag{11-16}$$

$$f_{\mathrm{w}} = g\left(\frac{1 + C_{\mathrm{w}3}^6}{g^6 + C_{\mathrm{w}3}^6}\right)^{1/6}, \quad g = r + C_{\mathrm{w}2}(r^6 - r), \quad r = \frac{\tilde{\nu}}{\tilde{S}\kappa^2 d^2} \tag{11-17}$$

模型的封闭常数为

$$C_{\mathrm{b}1} = 0.1355, \quad C_{\mathrm{b}2} = 0.622, \quad \sigma = 2/3, \quad C_{v1} = 7.1,$$

$$C_{\mathrm{w}1} = \frac{C_{\mathrm{b}1}}{\kappa^2} + \frac{(1 + C_{\mathrm{b}2})}{\sigma}, \quad C_{\mathrm{w}2} = 0.3, \quad C_{\mathrm{w}3} = 2.0, \quad \kappa = 0.4187$$

11.2.3 二方程模型

本节对于二方程湍流模型主要介绍 k-ε 和 k-ω 两种模型。

1. k-ε 模型

k-ε 模型由涡黏模型发展而来，且应用广泛。该模型将涡黏系数和湍动能及湍动能耗散率结合起来，认为涡黏系数可以表达为以下形式：

$$\mu_{\mathrm{T}} = \rho C_{\mu} \frac{k^2}{\varepsilon} \tag{11-18}$$

其中湍动能 k 和湍流耗散率 ε 的输运方程如下：

$$\frac{\partial}{\partial t}(\rho k) + \frac{\partial}{\partial x_i}(\rho k u_i) = \frac{\partial}{\partial x_j}\left[\left(\mu + \frac{\mu_{\mathrm{T}}}{\sigma_k}\right)\frac{\partial k}{\partial x_j}\right] + \mu_{\mathrm{T}} S^2 - \rho\varepsilon \tag{11-19}$$

$$\begin{aligned}
\frac{\partial}{\partial t}(\rho\varepsilon) + \frac{\partial}{\partial x_i}(\rho\varepsilon u_i) &= \frac{\partial}{\partial x_j}\left[\left(\mu + \frac{\mu_{\mathrm{T}}}{\sigma_\varepsilon}\right)\frac{\partial \varepsilon}{\partial x_j}\right] \\
&\quad + C_{1\varepsilon}\frac{\varepsilon}{k}\mu_{\mathrm{T}} S^2 - C_{2\varepsilon}\rho\frac{\varepsilon^2}{k}
\end{aligned} \tag{11-20}$$

其中

$$\left.\begin{aligned}
S &= \sqrt{2S_{ij}S_{ij}} \\
S_{ij} &= \frac{1}{2}\left(\frac{\partial u_j}{\partial x_i} + \frac{\partial u_i}{\partial x_j}\right)
\end{aligned}\right\} \tag{11-21}$$

模型的封闭常数为

$$C_{1\varepsilon} = 1.44, \quad C_{2\varepsilon} = 1.92, \quad C_{\mu} = 0.09, \quad \sigma_k = 1.0, \quad \sigma_\varepsilon = 1.3$$

该模型求解了两个湍流标量湍动能 k 和湍动能耗散率 ε 的输运方程，对于压力梯度较小的自由剪切流和小于平均压力梯度的壁面流动，计算结果与实验结果基本一致。理论上 k-ε 模型以湍动能生成和耗散相平衡为基础，在固壁处分子黏性扩散在湍动能中起到重要作用，但实际情况中则多采用壁面函数进行处理。k-ε 模型适用于高雷诺数问题，但湍流黏性效应明显的近壁区十分重要，而近壁区雷诺数较低，因此为能够对近壁区流动进行分析，需要提升近壁面网格分辨率并继续修正 k-ε 模型，即低雷诺数模型。

2. k-ω 模型

k-ω 模型求解的是湍动能及它的比耗散率的对流输运方程，其中 ω 代表湍动能比耗散率。该模型将涡黏性系数作如下表示：

$$\omega = \frac{\varepsilon}{k} \tag{11-22}$$

$$\mu_{\mathrm{T}} = \rho C_{\mu}\frac{k}{\omega} \tag{11-23}$$

k-ω 模型是一种积分到壁面的两方程涡黏性模型，该模型在黏性子层与 k-ε 模型相比有更好的数值稳定性，同时由于 ω 在壁面处较大，因此该模型不需要显式的壁面衰减函数。在逆压梯度不太剧烈的情况下，k-ω 的结果也与实验数据较为吻合。

1994 年 Menter [1] 提出了一种混合二方程湍流模型 SST k-ω 模型，该模型结合了 k-ω 模型和 k-ε 模型的优点，通过混合函数从边界层内部到外部完成从适用于低雷诺数的 k-ω 模型到适用于高雷诺数的 k-ε 模型的逐渐转变。其输运变量为湍动能 k 和比耗散率 ω，输运方程如下：

$$\frac{\partial(\rho k)}{\partial t} + \frac{\partial(\rho u_i k)}{\partial x_i} = P_k - D_k + \frac{\partial}{\partial x_i}\left[(\mu + \sigma_k \mu_t)\frac{\partial k}{\partial x_i}\right] \tag{11-24}$$

$$\frac{\partial(\rho\omega)}{\partial t} + \frac{\partial(\rho u_i \omega)}{\partial x_i} = \alpha\rho S^2 - \beta\rho\omega^2 + \frac{\partial}{\partial x_i}\left[(\mu + \sigma_\omega \mu_t)\frac{\partial\omega}{\partial x_i}\right]$$
$$+ 2(1-F_1)\rho\sigma_{\omega 2}\frac{1}{\omega}\frac{\partial k}{\partial x_i}\frac{\partial\omega}{\partial x_i} \tag{11-25}$$

其中

$$P_k = \min\left(\mu_t \frac{\partial u_i}{\partial x_j}\left(\frac{\partial u_i}{\partial x_j} + \frac{\partial u_j}{\partial x_i}\right), 10\beta^*\rho k\omega\right) \tag{11-26}$$

$$D_k = \beta^*\rho k\omega \tag{11-27}$$

$$\sigma_k = \frac{1}{F_1/\sigma_{k1} + (1-F_1)/\sigma_{k2}} \tag{11-28}$$

$$\sigma_\omega = \frac{1}{F_1/\sigma_{\omega 1} + (1-F_1)/\sigma_{\omega 2}} \tag{11-29}$$

$$\alpha = F_1\alpha_1 + (1-F_1)\alpha_2 \tag{11-30}$$

$$\beta = F_1\beta_1 + (1-F_1)\beta_2 \tag{11-31}$$

S 为平均应变率张量的模：

$$\left.\begin{array}{l} S = \sqrt{2S_{ij}S_{ij}} \\ S_{ij} = \dfrac{1}{2}\left(\dfrac{\partial u_j}{\partial x_i} + \dfrac{\partial u_i}{\partial x_j}\right) \end{array}\right\} \tag{11-32}$$

混合函数 F_1 定义为

$$\left.\begin{array}{l} F_1 = \tanh(\arg_1^4) \\ \arg_1^4 = \min\left[\max\left(\dfrac{\sqrt{k}}{\beta^*\omega y}, \dfrac{500\mu_{\mathrm{L}}}{\rho\omega y^2}\right), \dfrac{4\rho\sigma_{\omega 2}k}{CD_{k\omega}y^2}\right] \\ CD_{k\omega} = \max\left(2\rho\sigma_{\omega 2}\dfrac{1}{\omega}\dfrac{\partial k}{\partial x_i}\dfrac{\partial\omega}{\partial x_i}, 10^{-10}\right) \end{array}\right\} \tag{11-33}$$

式中，y 表示与最近壁面的距离。湍流黏性系数定义为

$$\mu_{\mathrm{T}} = \frac{a_1 \rho k}{\max(a_1 \omega, SF_2)} \tag{11-34}$$

第二混合函数 F_2 定义为

$$\left.\begin{array}{l} F_2 = \tanh(\mathrm{arg}_2^2) \\ \mathrm{arg}_2 = \max\left(\dfrac{2\sqrt{k}}{\beta^* \omega y}, \dfrac{500\mu_{\mathrm{L}}}{\rho \omega y^2}\right) \end{array}\right\} \tag{11-35}$$

模型的封闭常数为

$$\beta^* = 0.09, \quad a_1 = 0.31, \quad \alpha_1 = 5/9, \quad \alpha_2 = 0.44, \quad \beta_1 = 3/40,$$

$$\beta_2 = 0.0828, \quad \sigma_{k1} = 0.85, \quad \sigma_{k2} = 1, \quad \sigma_{\omega1} = 0.5, \quad \sigma_{\omega2} = 0.856$$

11.2.4 湍流模型的选取

湍流模型并非方程数量越多越有效，而是应该根据实际情况选用相应合适的湍流模型。

零方程模型计算量较少，但不具有普适性，需要对各种流动作特定修正。特别是当流动有分离和黏附时，误差较大。工程实际表明，在零方程模型下，二维薄层湍流预测结果满意，但对于三维复杂湍流效果不佳。

与代数模型相比，一方程模型无须分别建立内外层模型或是壁面、尾流模型，因此可以运用于非结构网格之中。S-A 模型只需求解湍流黏性的输运方程，不需要求解当地剪切层厚度的长度尺度，因此并未考虑过长度尺度的变化，所以对于尺度变换较大的流动问题不太适合运用 S-A 模型。通常认为，S-A 模型对附壁流动的计算效果较好，但流动分离的预测上并不令人满意。

对于 k-ε 模型而言，在假定雷诺应力和当地平均切变成正比的情况下无法反映雷诺应力沿流向的松弛效应，同时由于该模型是各向同性的，因此无法反映雷诺应力的各向异性性质，这一点在近壁湍流情况下表现明显。此外该模型在壁面附近对网格要求较高，并需要采用相应壁面函数配套使用。为克服以上不足，在 k-ε 模型基础上又出现了修正后的非线性 k-ε 模型，该模型将雷诺应力的泛函表达式近似为代数表达式，并将其进行泰勒级数展开保留到二阶项，此时得到的二次式包括了涡黏系数的各向异性，并考虑到了平均涡量的影响。相较于标准模型，修正后的非线性 k-ε 模型虽然仍然无法体现雷诺应力的松弛效应，但已有很大改进。

k-ω 模型属于近壁面模型，通常仅在边界层计算中使用。SST k-ω 模型同时涵盖了 k-ω 模型和 k-ε 模型的优点，该模型利用 k-ω 模型完成了近壁面区域的计算，又利用 k-ε 模型对自由流动区域进行求解，剩余的过渡区通过构建加权处理的混

合函数进行求解。该模型将低雷诺数模型与高雷诺数模型耦合到一起，既可以实现对边界层内较高精度的模拟，又可以较好地计算自由流区域，因此在风力机数值计算中被广泛采用。

11.3 转捩预测方法

在叶片边界层中存在层湍流的转捩的过程，采用全湍流模型捕捉由逆压梯度引起的边界层分离现象的效率较低，不能够详细地预测边界层内的流动特性。近几年不少学者考虑了转捩效应并对翼型进行气动特性研究，结果都表明转捩效应在叶片气动研究中不可忽略。本节对两种常用的转捩预测模型进行介绍。

11.3.1 Michel 模型

Michel 模型是一种形式简单但获得广泛使用的经典转捩预测模型。该模型根据当地边界层的动量厚度来判断转捩是否发生，认为在转捩点处以下关系式成立：

$$Re_\theta = 1.718 Re_x^{0.435} \tag{11-36}$$

式中，Re_θ 是以当地动量厚度作为参考长度定义的雷诺数；Re_x 是以翼面当地位置到驻点间的曲线长度 x 为参考长度定义的雷诺数。当 $Re_\theta < 1.718 Re_x^{0.435}$ 时，则认为流动为层流，涡黏性设定为零；否则认为流动已发生转捩变为湍流，涡黏性由湍流模型计算。为了避免转捩过程太过突兀，在转捩之后的一段区域内将涡黏性系数乘以以下过渡因子：

$$\gamma_{tr} = 1 - \exp\left[-G(x - x_{tr})\int_{x_{tr}}^{x}\frac{\mathrm{d}x}{u_e}\right] \tag{11-37}$$

其中，

$$G = \left[\frac{3}{213(\ln R_{x_{tr}} - 4.7323)}\right]\frac{u_e^3}{\nu^2}R_{x_{tr}}^{-1.34} \tag{11-38}$$

$$R_{x_{tr}} = \left(\frac{u_e x}{\nu}\right)_{tr} \tag{11-39}$$

u_e 是当地自由流的速度，下标 tr 代表转捩点处的参数。考虑到翼型表面可能存在层流分离导致的转捩，因此在使用 Michel 判据的同时还应判断是否有层流分离发生，如果有则认为发生转捩。

11.3.2 γ-Re_θ 模型

Menter 等 [2] 发展的 γ-Re_θ 转捩模型是本章在翼型和叶片模拟中主要使用的转捩模型。这是一种基于当地变量的转捩模型，包含两个输运方程：一个关于间歇

因子 γ，另一个关于转捩动量厚度雷诺数 $\tilde{Re}_{qt}$。为了只使用当地变量，引入了一个被称为应变率雷诺数的参数：

$$Re_v = \frac{\rho y^2}{\mu} S \tag{11-40}$$

式中，ρ 是密度；μ 是层流黏性系数；y 是与最近壁面的距离；S 是应变率的模，这些参数都是当地的，可以在任意一个网格单元求得。Re_v 的最大值与基于当地动量厚度 θ 的雷诺数 Re_θ 之间成正比关系，表达式为

$$Re_\theta = \frac{Re_{v,\max}}{2.193} \tag{11-41}$$

根据方程 (11-41)，非当地参数 Re_θ 可以通过当地参数 Re_v 计算。

间歇因子 γ 的输运方程为

$$\frac{\partial (\rho\gamma)}{\partial t} + \frac{\partial (\rho U_j \gamma)}{\partial x_j} = P_{\gamma 1} - E_{\gamma 1} + P_{\gamma 2} - E_{\gamma 2} + \frac{\partial}{\partial x_j} \left[\left(\mu + \frac{\mu_t}{\sigma_\gamma} \right) \frac{\partial \gamma}{\partial x_j} \right] \tag{11-42}$$

方程中各参数定义为

$$P_\gamma = F_{\text{length}} c_{a1} \rho S (\gamma F_{\text{onset}})^{0.5} (1 - \gamma) \tag{11-43}$$

$$E_r = c_{a2} \rho \Omega \gamma F_{\text{turb}} (c_{e2} \gamma - 1) \tag{11-44}$$

$$F_{\text{onset1}} = \frac{Re_v}{2.193 Re_{\theta c}} \tag{11-45}$$

$$Re_v = \frac{\rho y^2 S}{\mu}, \quad R_T = \frac{\rho k}{\mu \omega}, \quad F_{\text{turb}} = e^{-\left(\frac{R_T}{4} \right)^4} \tag{11-46}$$

$$F_{\text{onset2}} = \min \left[\max(F_{\text{onset1}}, F_{\text{onset1}}^4), 2 \right] \tag{11-47}$$

$$F_{\text{onset3}} = \max \left[1 - \left(\frac{R_T}{2.5} \right)^3, 0 \right] \tag{11-48}$$

$$F_{\text{onset}} = \max(F_{\text{onset2}} - F_{\text{onset3}}, 0) \tag{11-49}$$

$$S = \sqrt{2 S_{ij} S_{ij}}, \quad S_{ij} = \frac{1}{2} \left(\frac{\partial u_j}{\partial x_i} + \frac{\partial u_i}{\partial x_j} \right) \tag{11-50}$$

$$\Omega = \sqrt{2 \Omega_{ij} \Omega_{ij}}, \quad \Omega_{ij} = \frac{1}{2} \left(\frac{\partial u_i}{\partial x_j} - \frac{\partial u_j}{\partial x_i} \right) \tag{11-51}$$

式中，Re_{qc} 和 F_{length} 是 $\tilde{Re}_{qt}$ 的函数，分别为

$$Re_{qc} = \beta \left(\frac{\tilde{Re}_{qt} + 12000}{25} \right) + (1 - \beta) \left(\frac{7 \tilde{Re}_{qt} + 100}{10} \right) \tag{11-52}$$

$$F_{\text{length}} = \min\left\{150\exp\left[-\left(\frac{\tilde{Re}_{qt}}{120}\right)^{1.2}\right] + 0.1, 30\right\} \tag{11-53}$$

$$\beta = \tanh\left[\left(\frac{\tilde{Re}_{qt} - 100}{400}\right)^4\right] \tag{11-54}$$

转换动量厚度雷诺数 $\tilde{Re}_{qt}$ 的输运方程为

$$\frac{\partial\left(\rho\tilde{Re}_{qt}\right)}{\partial t} + \frac{\partial\left(\rho U_j\tilde{Re}_{qt}\right)}{\partial x_j} = P_{\theta t} + \frac{\partial}{\partial x_j}\left[\sigma_{\theta t}\left(\mu + \mu_{\text{T}}\right)\frac{\partial\tilde{Re}_{\theta t}}{\partial x_j}\right] \tag{11-55}$$

上式中各参数定义为

$$P_{\theta t} = c_{\theta t}\frac{\rho}{t}(Re_{\theta t} - \widetilde{Re}_{\theta t})(1.0 - F_{\theta t}) \tag{11-56}$$

$$t = \frac{500\mu}{\rho U^2} \tag{11-57}$$

$$F_{\theta t} = \min\left\{\max\left[F_{\text{wake}}e^{-\left(\frac{y}{\delta}\right)^4}, 1.0 - \left(\frac{\gamma - 1/c_{e2}}{1.0 - 1/c_{e2}}\right)^2\right], 1.0\right\} \tag{11-58}$$

$$\theta_{BL} = \frac{\widetilde{Re}_{\theta t}\mu}{\rho U}, \quad \delta_{BL} = \frac{15}{2}\theta_{BL}, \quad \delta = \frac{50\Omega y}{U}\delta_{BL}, \quad Re_{\omega} = \frac{\rho\omega y^2}{\mu} \tag{11-59}$$

$$F_{\text{wake}} = e^{-\left(\frac{Re_{\omega}}{1\times10^5}\right)^2} \tag{11-60}$$

式中, U 为当地速度大小; Re_{qt} 为边界层外由经验关系式给出的转换动量厚度雷诺数:

$$Re_{qt} = 803.73\left(Tu + 0.6067\right)^{-1.027}F(\lambda_\theta, K) \tag{11-61}$$

$$Tu = 100\frac{\sqrt{2k/3}}{U}, \quad \lambda_\theta = \frac{\rho\theta^2}{\mu}\frac{\mathrm{d}U}{\mathrm{d}s}, \quad K = \frac{\mu}{\rho U^2}\frac{\mathrm{d}U}{\mathrm{d}s} \tag{11-62}$$

式中, s 表示流向坐标; θ 为动量厚度。

当 $\lambda_\theta \leqslant 0$ 时,

$$F(\lambda_\theta, K) = 1 - (-10.32\lambda_\theta - 89.47\lambda_\theta^2 - 89.47\lambda_\theta^3)e^{\frac{-Tu}{3.0}} \tag{11-63}$$

当 $\lambda_\theta > 0$ 时,

$$\begin{aligned}
F(\lambda_\theta, K) &= 1 + (0.0962\tilde{K} - 0.148\tilde{K}^2 - 0.0141\tilde{K}^3)(1 - e^{\frac{-Tu}{3.0}}) \\
&\quad + 0.556(1 - e^{-23.9\lambda_\theta})e^{\frac{-Tu}{1.5}}
\end{aligned} \tag{11-64}$$

$$\tilde{K} = 10^6 K \tag{11-65}$$

为了增强数值模拟的稳定性, 对 λ_θ、K 和 $Re_{\theta t}$ 作如下限制:

$$-0.1 \leqslant \lambda_\theta \leqslant 0.1 \tag{11-66}$$

$$-3 \times 10^{-6} \leqslant K \leqslant 3 \times 10^{-6} \tag{11-67}$$

$$Re_{\theta t} \geqslant 20 \tag{11-68}$$

间歇因子 γ 和转捩动量厚度雷诺数 $\tilde{Re}_{\theta t}$ 输运方程中的常数为

$$c_{a1} = 1.0, \quad c_{a2} = 0.03, \quad c_{e2} = 50, \quad \sigma_f = 1.0, \quad \sigma_{\theta t} = 2.0$$

此外, 分离诱导的转捩也被考虑:

$$\gamma_{\text{sep}} = \min \left\{ s_1 \max \left[0, \left(\frac{Re_v}{3.235 Re_{\theta c}} \right) - 1 \right] F_{\text{reattach}}, 2 \right\} F_{\theta t} \tag{11-69}$$

$$F_{\text{reattach}} = \mathrm{e}^{-\left(\frac{R_{\mathrm{T}}}{20} \right)^4}, \quad s_1 = 2 \tag{11-70}$$

$$\gamma_{\text{eff}} = \max(\gamma, \gamma_{\text{sep}}) \tag{11-71}$$

γ-Re_θ 转捩模型求解出的有效间歇因子 γ_{eff} 被耦合进 SST 湍流模型的 k 方程, 作用于湍动能的生成项 P_k 和耗散项 D_k, 并对混合函数 F_1 做出修改:

$$\frac{\partial(\rho k)}{\partial t} + \frac{\partial(\rho u_i k)}{\partial x_i} = \tilde{P}_k - \tilde{D}_k + \frac{\partial}{\partial x_i} \left[(\mu + \sigma_k \mu_t) \frac{\partial k}{\partial x_i} \right] \tag{11-72}$$

$$\tilde{P}_k = \gamma_{\text{eff}} P_k, \quad \tilde{D}_k = \min[\max(\gamma_{\text{eff}}, 0.1), 1.0] D_k \tag{11-73}$$

$$R_y = \frac{\rho y \sqrt{k}}{\mu}, \quad F_3 = \mathrm{e}^{-(R_y/120)^8}, \quad F_1 = \max(F_{1\text{orig}}, F_3) \tag{11-74}$$

11.4　初始条件和边界条件

流场数值模拟计算的定解条件是需要给定合适的初始条件和边界条件。在 CFD 数值计算迭代之前, 需要给出流场的初始状态的速度场、压力场和密度场, 在非定常计算状态, 即为 $t = 0$ 时刻的流场各参数的初始值:

$$V(x, 0) = V(x), \quad p(x, 0) = p(x), \quad \rho(x, 0) = \text{const} \tag{11-75}$$

除了初始条件外, CFD 数值计算还必须给出合适的边界条件。风力机数值模拟中常用的边界条件主要包括入口边界、出口边界、旋转周期边界和壁面边界。

11.4.1 入口边界

在风力机相关二维翼型或三维流场的数值模拟中，迎风面被设置为速度入口边界，其速度矢量和湍流参数被设定，总压则是浮动的。从入口边界进入计算域的质量流量和动量由设定的速度矢量确定。例如，单位时间内流入计算域的质量流量为

$$\dot{m} = \int \rho \boldsymbol{v} \cdot \mathrm{d}\boldsymbol{A} \tag{11-76}$$

11.4.2 出口边界

在翼型或风轮的数值模拟中，背风面被设置为压力出口边界，边界上的静压值被设定。

11.4.3 旋转周期边界

在轴对称来流条件下，风轮流场具有旋转周期性特征。对于包含 N 个叶片的叶轮，沿周向均分每个 $1/N$ 区域的流场是相同的。因此，轴对称来流条件下，可以采用旋转周期边界条件将计算域限定为叶轮流场区域的 $1/N$ 以减少计算量。

周期边界条件将两个形状完全相同的边界上的速度、压力及通量参数进行插值计算。周期边界组中两侧网格节点可以一一对应，也可以不完全对应。如果是一一对应的，周期边界两侧的数据传递简单且没有精度损失；如果是不完全对应的，周期边界两侧的数据传递需要通过插值实现并造成一定的精度损失。

本节就周期边界两侧节点一一对应的网格形式进行讨论。紧邻周期边界一侧的计算域外的"镜像单元"信息由紧邻另一侧的计算域内的单元提供。压力等标量参数可以直接赋值，速度矢量则需要进行旋转变换。以 z 轴为对称轴时为例，旋转变换公式为

$$\boldsymbol{v}_2 = \begin{bmatrix} \cos\theta & -\sin\theta & 0 \\ \sin\theta & \cos\theta & 0 \\ 0 & 0 & 1 \end{bmatrix} \boldsymbol{v}_1 \tag{11-77}$$

式中，$\boldsymbol{v}_2$ 为"镜像单元"的速度矢量；$\boldsymbol{v}_1$ 为对应的周期边界另一侧内单元的速度矢量；$\theta = 2\pi/N$ 为周期重复的角度。

11.4.4 壁面边界

翼型和叶片的表面等物面被设定为无滑移壁面边界，壁面流体速度 $\boldsymbol{v}$ 满足以下条件：

$$\boldsymbol{v} = \boldsymbol{v}_{\mathrm{grid}} \tag{11-78}$$

式中，$\boldsymbol{v}_{\mathrm{grid}}$ 为壁面网格运动速度，当计算中未涉及网格运动时，$\boldsymbol{v}_{\mathrm{grid}} = 0$。

11.5　数值模拟网格

11.5.1　二维翼型的网格描述

在二维翼型的气动特性数值计算中，常用的网格划分策略可分为 C 型网格、H 型网格、O 型网格等。

H 型划分 (图 11-1(a)) 特别适合于前缘及后缘为尖角的翼型，但会导致翼型的前部和尾部产生特别致密的网格。对于前缘为曲边的翼型，H 型划分会导致产生奇异点，可以通过在前缘垂直的方向继续划分而缓解，但是这会造成高纵横比网格，这种高纵横比网格会使得 CFD 计算中的当地时间步长非常小，进而影响计算效率。

O 型划分 (图 11-1(b)) 在绕翼型一周的网格分布相对均匀，有利于有分离涡存在时的流场求解，以及翼型存在俯仰运动时的求解。但是对于尖尾缘翼型，这种划分方法会产生较高偏斜度，进而影响 CFD 求解器的稳健性并且导致求解精度变差。

还有一种较好的网格划分策略是 C 型网格 (图 11-1(c))，这种划分策略可以匹配前缘的曲率且不产生任何奇异点。但是 C 型划分在翼型后缘依然会产生较高纵横比的网格，不过这种后缘致密网格也有利于捕捉尾流，这使得 C 型网格成为目前使用较为广泛的一种划分策略。

在翼型的网格划分中，可能涉及存在风洞洞壁边界的模型和不考虑风洞洞壁的远场边界模型。风洞洞壁边界模型考虑了风洞实验段的洞壁，计算域的高度由风洞实验段实际尺寸确定，两端适当延长；远场边界模型的计算域外边界为开口大气，计算域入口边界距离翼型前缘可取约 10 倍弦长，出口边界距离翼型后缘可取约 15 倍弦长，上下边界距离翼型可取约 10 倍弦长。如果可能存在流动分离，翼型表面网格沿弦长向建议不少于 200 个网格点，且翼型前缘和后缘处网格点分布密度适当增大；考虑对附面层的捕捉，需对壁面附近的网格进行法向加密，沿法向边界层中至少 40 层网格，且第一层网格无量纲高度应满足 $y^+ < 1$。其中，y^+ 的定义为

$$y^+ = \frac{\rho u_\tau y}{\mu} \tag{11-79}$$

式中，y 为首层网格高度；u_τ 与壁面摩擦力 τ_w 有关，定义如下：

$$u_\tau = \sqrt{\frac{\tau_w}{\rho}} \tag{11-80}$$

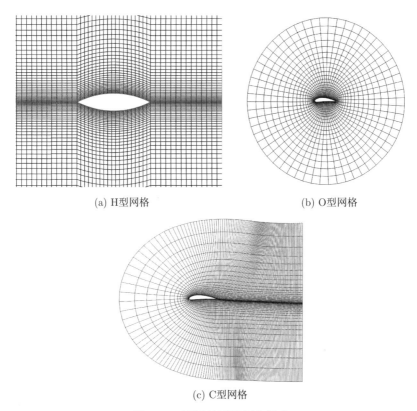

(a) H型网格 (b) O型网格

(c) C型网格

图 11-1 不同的网格划分策略

11.5.2 旋转风轮的网格描述

在风轮的数值模拟中,计算域分为叶片附近的旋转域和外层的静止域。图 11-2 展示了用于轴向来流条件数值模拟的两叶片风轮计算域,得益于周期边界的应用,计算域仅为实际流场区域的一半。计算域外侧边界与叶片的距离可取为 $20R$ (R 为风轮半径),上游入口边界距离叶片可取为 $10R$,下游的出口边界距离叶片可取为 $20R$。为准确捕捉叶片绕流,建议沿叶片弦向网格点数目达到 200 个以上,展向网格点数目达到 50 个以上,且边界层内至少 40 层网格,叶片表面 $y^+ < 1$。图 11-3 展示了风力机叶片表面及其附近的网格。

风力机流场计算中还需要处理动静区域的耦合问题,通常在旋转域中采用旋转参考系方程计算,在静止域中采用固定参考系方程计算,之后通过交界面处理来考虑多域流场的交互作用。根据交界面上的处理方式,可分为多参考系方法 (multiple reference frame model,MRF)、混合平面法 (mixing plane model,MPM) 和滑移网格方法 (sliding mesh model,SMM)。前两种属于近似稳态的建模方法,可以用于

定常计算和非定常计算；而后者由于网格随时间的运动具有固有的非定常性，只用
于非定常计算。

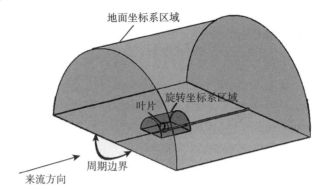

图 11-2　用于轴向来流条件数值模拟的两叶片风轮计算域

图 11-3　旋转风轮的网格

在多域间的交界处，多参考系方法采用简单的局部参考系变换法，使得一个区
域中的流动变量能够用于相邻域边界处通量的计算。这种方法没有考虑多域间的
相对运动，即网格保持固定，所以通常只用于多域交界处流动均匀的问题。多参考
系方法类似于将旋转的风轮冻结在特定位置并观察其在该位置的瞬时流场，因此
也被称为"转子冻结法"。

在混合平面方法中，每个流体区域被视为稳态问题。来自相邻区域的流场数据
通过一种"边界条件"来进行传输，这种"边界条件"在混合平面的交界处执行周
向的空间平均。该方法消除了由于多域之间相对周向运动而产生的非定常现象，提
供了一种近似稳态的结果。

滑移网格属于动网格的一个特例，即动区域中所有的边界和网格单元作为一
个整体进行刚性运动，故只需根据运动情况改变网格的节点坐标，而无须改变由网
格坐标顺序所定义的网格单元。由于运动域没有做任何假设，所以滑移网格本质上
可以考虑多域间的非定常效应。

在对风力机进行轴向来流条件的数值模拟时，通常采用多参考系方法进行定
常计算；而当进行非定常计算时，通常先通过多参考系方法计算到收敛状态，并将
此时的流场结果作为初始条件，随后采用滑移网格进行非定常计算。

11.6　数值模拟实例

本节给出了以 S809 翼型为对象的二维翼型数值模拟实例,以及以 NREL Phase VI 风力机为对象的三维旋转叶片数值模拟实例。NREL Phase VI 风力机叶片所采用的翼型正是 S809 翼型。S809 翼型是一种专门为失速控制型风力机设计的翼型,相对厚度为 21%,其已有的风洞实验数据全面,包括足够宽的雷诺数和迎角范围内的升阻力系数、压力分布、边界层分离位置、边界层转捩位置、流动显示结果等。该翼型曾在代尔夫特理工大学 (Delft University of Technology, DUT)、俄亥俄州立大学 (Ohio State University, OSU) 和科罗拉多州立大学 (Colorado State University, CSU) 等大学风洞中进行静态和动态实验 [3-7]。

下面分别从转捩预测模型和湍流模型参数校准两方面介绍如何获得更准确的风力机气动数值模拟结果。

11.6.1　全湍流模拟与转捩模拟的比较

采用雷诺平均 N-S 方程对二维翼型的气动性能进行计算。

图 11-4 显示了采用 SST k-ω 湍流模型的全湍流模拟,以及加入 γ-Re_θ 转捩模型的转捩模拟得到的 S809 翼型升力系数和极曲线。加入转捩模型后,小迎角下的升力系数误差从 10% 左右下降至 1% 以内,阻力系数误差从 100% 的量级下降至 10% 的量级。迎角较大时,翼型开始发生尾缘分离,转捩模拟的升力系数和阻力系数逐渐趋近于全湍流模拟结果。在附着流动状态,升力主要与翼型的气动外形有关,阻力主要来源于表面摩擦力,转捩的存在影响了翼型边界层状态,一方面稍许改变了翼型气动外形进而对升力产生一定影响,另一方面显著影响了翼型表面摩擦力进而对阻力产生较大影响。

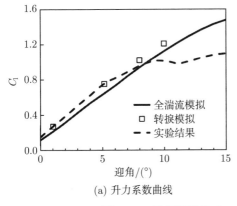

(a) 升力系数曲线

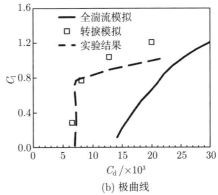

(b) 极曲线

图 11-4　转捩模拟的 S809 翼型升力系数和极曲线

11.6.2　湍流模型的参数校正

所有湍流模型的输运方程都不是湍流的精确控制方程,而只是一种简化和近似。因此,所有基于输运方程的湍流模型都不得不引入封闭常数。受制于输运方程的不精确和湍流与平均流动之间关系的未知,封闭常数的经验性质不可避免。由于有实验参照的条件一般来说是有限的和相对简单的,封闭常数的取值就不可能保证在任意实际场合都是合理的。针对具体的流动情况,调整封闭常数有可能获得更好的数值模拟效果。以 SST k-ω 模型为例,所涉及的封闭常数如下:

$$\beta^* = 0.09, \quad a_1 = 0.31, \quad \alpha_1 = 5/9, \quad \alpha_2 = 0.44, \quad \beta_1 = 3/40,$$

$$\beta_2 = 0.0828, \quad \sigma_{k1} = 0.85, \quad \sigma_{k2} = 1, \quad \sigma_{\omega1} = 0.5, \quad \sigma_{\omega2} = 0.856$$

经过大量的计算测试,选定封闭常数 β^* 作为调整参数,该封闭常数在输运方程中影响了湍动能 k 的耗散和比耗散率 ω 的生成。

图 11-5 显示了雷诺数 $Re = 1 \times 10^6$ 条件下,β^* 分别取模型默认值 0.09 和调整值 0.11 时数值模拟获得的 S809 翼型升力系数曲线。由图可见,当 β^* 由 0.09 调整为 0.11 后,轻失速阶段 (迎角范围约 8°~20°,对应于翼型的尾缘分离流动状态) 的升力系数计算结果显著改善,与实验数据吻合。

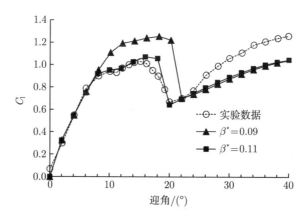

图 11-5　β^* 不同取值时 S809 翼型升力系数曲线

将在二维翼型数值模拟中获得的参数 β^* 校正值用于风轮的数值模拟,可以改善风轮叶片处于轻失速状态时的数值模拟准确性。图 11-6 显示了参数 β^* 分别取默认值 0.09 和校正值 0.11 时 NREL Phase Ⅵ风轮的计算扭矩。由图可见,参数调整显著改善了计算扭矩的准确程度,特别是在风速 9~13m/s 之间新计算结果准确捕捉了叶片进入失速的过程,与实验数据吻合。

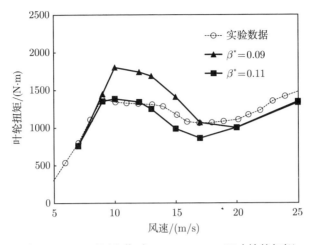

图 11-6 β^* 不同取值时 NREL Phase Ⅵ叶轮的扭矩

参 考 文 献

[1] Menter F R. Two-equation eddy-viscosity turbulence models for engineering applica-
     tions[J]. AIAA Journal, 1994, 32(8): 1598-1605.

[2] Menter F R, Langtry R, Völker S. Transition modelling for general purpose CFD
     codes[J]. Flow, Turbulence and Combustion, 2006, 77(1-4): 277-303.

[3] Ramsay R F, Hoffman M J, Gregorek G M. Effects of grit roughness and pitch oscil-
     lations on the S809 airfoil [R]. National Renewable Energy Lab., Golden, CO (United
     States), 1995.

[4] Somers D M. Design and experimental results for the S809 airfoil [R]. National Renew-
     able Energy Lab., Golden, CO (United States), 1997.

[5] Sheng W, Galbraith R A M, Coton F N, et al. The collected data for tests on an
     S809 airfoil, volume Ⅰ: Pressure data from static, ramp and triangular wave tests [R].
     Glasgow: University of Glasgow, 2006.

[6] Sheng W, Galbraith R A M, Coton F N, et al. The collected data for tests on an
     S809 airfoil, volume Ⅱ: Pressure data from static and oscillatory tests [R]. Glasgow:
     University of Glasgow, 2006.

[7] Sheng W, Galbraith R A M, Coton F N, et al. The collected data for tests on the
     sand stripped S809 airfoil, volume Ⅲ: Pressure data from static, ramp and oscillatory
     tests [R]. Glasgow: University of Glasgow, 2006.

第 12 章　风力机的大涡模拟和脱体涡模拟方法

风力机的运行有着自身的特点，其表现出的空气动力学特征和难点也与航空飞行器等其他与空气动力学密切相关的机械有所不同。风力机在近地面大气边界层内运转，大气边界层速度分布和湍流强度在陆地受到地表粗糙度的影响，还受到地理、地形、气候和风电场中风力机间的相互干扰等诸多因素影响，来流条件异常复杂，使得风力机气动现象表现出高度非定常性。随着 CFD 技术在风力机气动力以及近尾流特性数值模拟上应用的日趋成熟，CFD 本身面临的一些技术瓶颈也逐渐在风力机气动特性模拟中显现出来，其中比较典型的是湍流问题。由于雷诺平均方法 (RANS) 对复杂的分离流场及多尺度结构模拟能力的不足，越来越多的目光被投向大涡模拟 (LES) 及脱体涡模拟 (DES) 方法。

大涡模拟以其对湍流模拟的优势，成为计算风力机复杂非定常流动的有效手段，尤其对于多尺度效应明显的尾流数值模拟研究。由于其计算需要的网格量巨大，考虑风力机叶片实体的流场数值模拟需要数千万的网格量，计算成本高，在注重效率的工程研究中可行性低。针对这一问题，广义致动盘/线方法被提出，采用体积力作用于流场特定区域来代替叶片的作用力，降低了风力机复杂流场网格生成的难度，可以将有效的计算资源用在风力机的尾流计算中，能够精确捕捉风力机尾流的湍流特性和远尾流特性，有效地评估风力机尾流的相互干扰作用，对于风电场选址和布局优化等提供指导。

此外，风力机叶片常工作在旋转失速和动态失速状态，RANS 方法对这些状态的准确模拟还存在较大的困难，而大涡模拟针对实体叶片的计算成本又太高。相较之下，DES 方法继承了 RANS 方法和 LES 方法各自的优点，在附体边界层内采用RANS 方法能够较准确地模拟湍流附面层内的无分离及小分离流动，在流动分离区域使用 LES 捕捉大尺度涡。

本章分别就 LES 和 DES 两种湍流求解方法，以及风力机致动盘和致动线理论进行了详细介绍。

12.1　风力机致动线方法

风力机从风中提取能量，从流体微团的角度来看，流体微团感受到的是动量的变化，因此可以通过在 Navier-Stokes 方程中添加体积力动量源项来体现风轮的作用。代表风轮作用的体积力可借鉴叶素理论的气动力计算模型，由风轮所在位置的流场信息以及叶片几何外形信息、翼型性能数据计算获得,再将这些力作为体积力动量源项以适当的分布方式作用在计算流场中,这是风力机致动理论的主要思想。

致动类方法相较于常规真实叶片流场 CFD 计算方法的主要优势在于: 使用虚拟的体积力动量源项来代替风轮的作用,避免了生成复杂的叶片贴体网格的困难,而且由于不需要捕捉叶片的几何特征,其网格量会大幅下降,这大大降低了计算量。目前的计算资源已经能够满足风力机近尾流常规 CFD 方法的数值模拟,但是在风力机尾流领域,如要考虑多台风力机之间的尾流干扰问题,常规 CFD 方法的计算资源需求量巨大,难以满足。而致动类方法则正是弥补了这一空白,可以获得与常规 CFD 方法一样的尾流场信息,而且对计算资源的需求也相对要少得多,较容易实现。目前,对于风力机的大涡模拟方法,通常是采用致动线 (或进一步简化为致动盘) 方法替代真实叶片,显著降低了网格生成的难度,减少了所需的网格数量,使得对大规模的风力机阵列模拟成为可能,有利于对风力机尾流发展和相互干扰的研究,特别是与大涡模拟方法结合后使风力机尾流和风场模拟的 CFD 研究能力得到提升。本节重点阐述致动线方法。

12.1.1 致动线模型

致动线理论 (actuator line method,ALM) 是将风轮简化为个数等于叶片数的旋转的线段,在致动线上布置若干个计算点,将叶素理论计算所得的气动力加载到计算点上,以模拟风力机对周围流场的作用。以水平轴 2 叶片风力机为例,如图 12-1(a) 所示,计算风轮非定常气动载荷时,需要将旋转的风轮简化成 2 条旋转的致动线,在致动线上布置若干计算点,根据当地的流场信息与已知的翼型性能数据、叶片几何外形信息计算得到体积力。

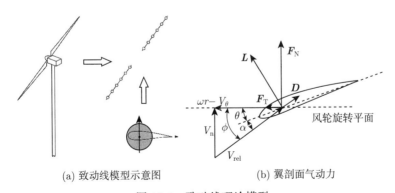

(a) 致动线模型示意图　　　　(b) 翼剖面气动力

图 12-1　致动线理论模型

在径向位置 r 处,根据图 12-1(b) 叶片当地的流场信息可以得到截面的流动特

征。截面当地相对速度 V_{rel} 计算公式为

$$V_{rel} = \sqrt{V_n^2 + (\omega r - V_\theta)^2} \tag{12-1}$$

式中, V_n 和 V_θ 分别代表垂直于风轮平面的法向速度和平行于风轮平面的切向速度。当地迎角 α 可以通过计算得到

$$\alpha = \phi - \theta, \quad \phi = \arctan\left(\frac{V_n}{\omega r - V_\theta}\right) \tag{12-2}$$

将叶片的微元段 (即叶素) 看成二维翼型截面,结合已知的二维翼型升力系数 C_l、阻力系数 C_d 插值计算得到单位展长叶素上受到的力

$$\boldsymbol{f}_{2D} = \frac{1}{2}\rho V_{rel}^2 c(C_l \boldsymbol{e}_l + C_d \boldsymbol{e}_d) \tag{12-3}$$

式中, $\boldsymbol{e}_l$ 和 $\boldsymbol{e}_d$ 分别为升力和阻力方向的单位向量。为了避免计算中的非连续性问题,叶片的二维体积力可通过三维高斯分布光顺处理转换为三维正交化分布体积力 $\boldsymbol{f}_{3D,\varepsilon}$,这就是作为体积力动量源项添加到 N-S 方程中的气动力。

$$\boldsymbol{f}_{3D,\varepsilon} = \boldsymbol{f}_{2D} \cdot \eta_\varepsilon \tag{12-4}$$

$$\eta_\varepsilon(d) = \varepsilon^{-2} \pi^{-3/2} \exp\left[-\left(\frac{d}{\varepsilon}\right)^2\right] \tag{12-5}$$

基于致动线方法的风力机尾流 CFD 数值模拟的主要步骤如下:

第一步,初始化流场,读入风力机的几何参数和致动线控制参数文件,数值计算状态和网格。

第二步,通过判断网格单元的坐标可以确定风轮所在的网格单元编号,读取致动线控制点网格单元的速度信息,根据获得风轮各截面的当地速度和入流角,最终获得当地迎角。

第三步,通过风轮各截面的展向位置,插值得出各自的弦长,根据当地迎角获得相应的升、阻力系数,计算得到叶片各截面的气动力。

第四步,通过分布函数将体积力动量源项加载到控制方程中,通过求解方程得到瞬态流场,随着时间推进,更新叶片位置,重复第二步和第三步,更新叶片气动力信息。

基于致动线方法的风力机流场数值计算的具体流程见图 12-2。

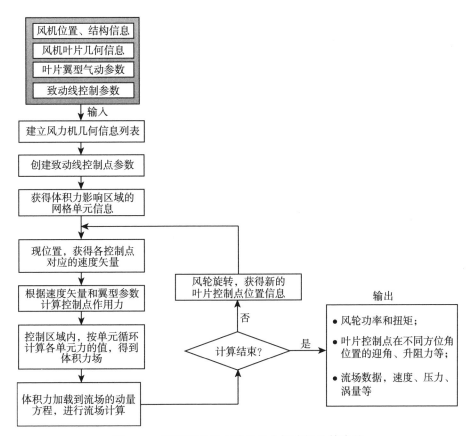

图 12-2 基于致动线方法的风力机流场计算步骤

12.1.2 叶片体积力分布模型

在数值模拟实际计算中，体积力源项的分布在避免空间物理振荡的同时，应保持与实际情况的较高一致性。由于风轮对流场的作用力并不是单独地存在于一个平面中，体积力的光滑连续的过渡可以保证数值模拟的稳定性并且加快计算的收敛速度。在致动理论中，体积力源项的分布通常选择高斯分布函数进行实现。

1. 一维高斯分布

在致动盘方法中，对于风轮平面上的每一个点，体积力在风轮平面法线方向上呈一维高斯分布，如图 12-3 所示。

首先将单位展长叶片上的升力与阻力在 360° 方位角上进行平均分布：

$$\overline{\boldsymbol{f}'_{2D}(r)} = F_1 \cdot \frac{1}{2} n_b \rho V_{rel}^2 c(C_l \boldsymbol{e}_l, C_d \boldsymbol{e}_d) / (2\pi r) \tag{12-6}$$

式中，n_b 代表风力机叶片数。再沿风轮平面法线方向进行一维高斯分布的单位体

积力为

$$\boldsymbol{f}_\varepsilon(r,l) = \overline{\boldsymbol{f}'_{2\mathrm{D}}(r)} \cdot \eta_\varepsilon(l) \tag{12-7}$$

式中，l 为网格单元中心点与风轮平面之间的距离；$\eta_\varepsilon(l)$ 为密度函数，具体形式如下：

$$\eta_\varepsilon(l) = \frac{1}{\varepsilon\sqrt{\pi}} \exp\left[-\left(\frac{l}{\varepsilon}\right)^2\right] \tag{12-8}$$

式中，ε 为控制分布密度的分布因子。

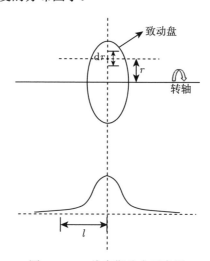

图 12-3　一维高斯分布示意图

2. 三维高斯分布

对于致动线方法，叶片的体积力分布要符合真实叶片的规律，才能获得较为精确的计算结果。因此，对于体积力的分布则需要考虑三维空间特性。体积力的三维高斯分布就是将致动线上每一点的体积力以自己为中心在三维空间内进行高斯分布，具体形式如图 12-4 所示，相当于致动线上每一个点上的体积力分布为三维空间上一个以该点为中心的球形的三维高斯分布力。

与一维高斯分布不同的是，三维高斯分布时空间任一点的分布体积力将不再是由致动线上某一点单独来决定，而是由致动线上一系列点共同决定。

柱坐标系下，空间任一点所对应的单位体积力为

$$\boldsymbol{f}_\varepsilon(r,l) = \int_0^R \boldsymbol{f}_{2\mathrm{D}}(r) \cdot \eta_\varepsilon(l)\,\mathrm{d}r \tag{12-9}$$

式中，$\boldsymbol{f}_{2\mathrm{D}}(r)$ 为叶片展向位置 r 处的单位展长气动力；l 为空间内任一网格单元中

心点到致动线上某一点的距离；$\eta_\varepsilon(l)$ 为密度函数，具体形式如下：

$$\eta_\varepsilon(l) = \frac{1}{\varepsilon^3 \pi^{3/2}} \exp\left[-\left(\frac{l}{\varepsilon}\right)^2\right] \tag{12-10}$$

式中，ε 为控制分布密度的分布因子，与网格尺寸和叶片几何相关。Troldborg 对 ε 的取值进行了研究，指出当 $\varepsilon \approx 2\Delta$ (Δ 为当地网格尺度) 时，计算结果相对较好，而结合现实情况，叶片体积力的分布应与其几何形状相近，所以 ε 也应是与叶片当地几何弦长 c 相关的函数。综合考虑各方面因素后，本章后续模拟中，分布因子的计算采用如下表达式：

$$\varepsilon = \max\left[c/4, 2\Delta\right] \tag{12-11}$$

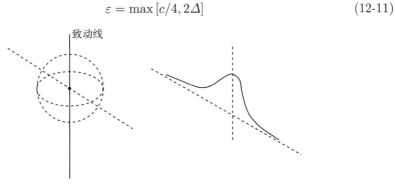

图 12-4 三维高斯分布示意图

12.1.3 机舱和塔架模型

机舱和塔架会对尾流的弯曲效应以及涡结构的发展产生影响，还会影响风力机的运行性能。例如，塔架的存在会对上游流场产生微弱扰动，当扰动足够大时则会造成叶片的迎角变化，从而造成叶片载荷的变化。对于下风向的风力机，塔架后的非定常尾流则会影响叶片的气动载荷。此外，机舱的存在还会造成附近绕流的局部加速。在经典致动线方法的基础上，可对机舱和塔架进行相应的体积力计算建模。

通常情况下，机舱可以简化为一个钝头圆柱体。机舱控制单元体积力求解中的流场速度 V_{mag} 通过在上游某一个位置进行采样获得，截面的阻力系数 $c_{\text{d,nacelle}}$ 可参考钝头圆柱体的阻力系数给定。机舱的体积力 (阻力) 可通过下面的公式进行求解，其中 A_{nacelle} 代表机舱截面面积。

$$F_{\text{nacelle}} = \frac{1}{2}\rho V_{\text{mag}}^2 c_{\text{d,nacelle}} A_{\text{nacelle}} \tag{12-12}$$

塔架作为细长体，可以采用与叶片相似的致动线方法进行处理，只是将翼型的气动力数据用圆柱的气动力数据替代。考虑到圆柱绕流的非定常特性，塔架的气动力计算既包含阻力又包含周期振荡的升力，其非定常特性可通过斯特劳哈尔数 $Sr = fD_{\mathrm{cyl}}/U_\infty$ 进行表征，其中 f 代表振荡周期，D_{cyl} 代表当地截面直径。式 (12-13) 和式 (12-14) 给出了塔架圆柱绕流的升、阻力系数计算公式，机舱和塔架的阻力系数的范围一般在 0.8~1.2。

$$C_{\mathrm{l,tower}} = A\sin(2\pi ft) \tag{12-13}$$

$$C_{\mathrm{d,tower}} = \mathrm{const} \tag{12-14}$$

不同于实体网格数值模拟，体积力方法的机舱和塔架模型不能满足无穿透的条件，但是为了体积力分布尽可能与实体几何相似，投影函数与叶片的处理方法略有不同。体积力在机舱和塔架几何体内为均值，超出几何实体的区域则采取与上文相似的高斯投影方法。在计算中，可采用柱坐标系进行描述 $\eta(r,\theta,z)$，z 为高度方向，投影函数具体形式如下：

$$\eta(r,\theta,z) = \begin{cases} Ce^{-\left(\frac{z-z_0}{\varepsilon_z}\right)^2}, & r \leqslant R \\ Ce^{-\left(\frac{z-z_0}{\varepsilon_z}\right)^2}e^{-\left(\frac{r-R}{\varepsilon_r}\right)^2}, & r > R \end{cases} \tag{12-15}$$

式中，$C = \left(\varepsilon_z R^2\pi^{3/2} + \varepsilon_z\varepsilon_r^2\pi^{3/2} + \varepsilon_z\varepsilon_r R\pi^2\right)^{-1}$。

12.2　大涡模拟方法

大涡模拟是介于直接数值模拟和雷诺平均方法之间的一种湍流计算方法，其核心思想是把湍流中的含能区大涡和耗散区小涡分开处理，大尺度涡结构通过 N-S 方程直接求解，根据 Kolmogorov 理论 [1]，小尺度运动在惯性区和耗散区有普遍共性，可以通过能量级串的能量输运理论将小尺度运动参数化解出。

大涡模拟一般采用滤波操作将湍流瞬时运动分解成为大尺度运动和小尺度脉动，滤波操作通常采用低通滤波在傅里叶波数空间或物理空间进行。大尺度 (又称可解尺度) 运动参数用上标 "−" 标识，而小尺度运动参数用上标 "′" 标识。例如，速度场 v 可以分解为大尺度运动 (可解尺度)$\bar{v}$ 和小尺度运动 (不可解尺度)v'，$v = \bar{v}+v'$。滤波后的大尺度运动满足 Navier-Stokes 方程，小尺度运动则通过模型求解。风力机流场大涡模拟计算的控制方程为三维滤波不可压 N-S 方程，描述了可解尺度运动在空间和时间上的演化，具体形式如下：

$$\frac{\partial \bar{u}_i}{\partial x_i} = 0 \tag{12-16}$$

$$\frac{\partial \bar{u}_i}{\partial t} + \frac{\partial}{\partial x_j}\left(\bar{u}_i\bar{u}_j\right) = -\frac{1}{\rho}\frac{\partial \bar{p}}{\partial x_i} + \nu\nabla^2\bar{u}_i - \frac{\partial \tau_{ij}^S}{\partial x_j} \tag{12-17}$$

式中，动量方程中的参数 τ_{ij}^S 代表亚格子应力张量，其表达式为

$$\tau_{ij}^S = \overline{u_i u_j} - \bar{u}_i \bar{u}_j \tag{12-18}$$

由式 (12-18) 可以看出，亚格子应力张量代表过滤掉的小尺度脉动和可解尺度湍流间的动量输运，从形式上可以分解为三个部分，即

$$\tau_{ij}^S = L_{ij} + C_{ij} + \tau_{ij}^{SR} \tag{12-19}$$

其中各部分的表达式和意义分别为：

$L_{ij} = \overline{\bar{u}_i \bar{u}_j} - \bar{u}_i \bar{u}_j$，为 Leonard 应力，代表大尺度运动之间的相互作用而产生小尺度运动，也是三部分中唯一可以根据大尺度运动进行直接求解的一项。

$C_{ij} = \overline{\bar{u}_i u_j'} + \overline{u_i' \bar{u}_j}$，为交叉应力项，代表大尺度涡和小尺度涡之间的相互作用。

$\tau_{ij}^{SR} = \overline{u_i' u_j'}$，为雷诺应力张量项，它反映了小尺度涡之间的相互作用。

由于 Leonard 应力项和交叉应力项并不能满足伽利略不变性，在实际数值模拟中并不采用上述分解方法进行计算，亚格子应力的具体计算方法会在后续章节阐述。

大涡模拟方法对空间分辨率的要求远小于直接数值模拟方法，能够模拟相对较高雷诺数和较复杂的湍流运动；LES 能够提供丰富的湍流流场信息，能给出一阶统计量 (如时间统计平均的脉动速度均方根值及瞬时速度值等) 和二阶关联量 (如湍流应力、湍流动能等)，与雷诺平均模拟相比具有明显优势。LES 能够用于分辨湍流中的拟序结构，以及描述流场不稳定的发展，例如层流到湍流的自然转捩、湍流间歇性、猝发等现象，可以作为修正 RANS 湍流模型的数据基础。

12.2.1 滤波方法

大涡模拟的过滤器尺度应位于惯性子区，耗散涡则被模型化处理。不同于 RANS 中的时均 (time-averaging)，LES 使用的是一种空间滤波 (spatial-filtering) 技术。在实际数值模拟中，网格尺度表示了滤波尺度，因此对于滤波宽度的要求就转变为对网格分辨率的要求。图 12-5 中为滤波操作在物理空间和傅里叶谱空间的具体形式。

滤波操作在数学上通常采用积分运算实现，过滤尺寸为 Δ，在空间 $(\boldsymbol{r}_0, t)$ 处，大尺度结构物理参数 $\bar{v}$ 计算表达式为

$$\bar{v}(\boldsymbol{r}_0, t) = \int_D v(\boldsymbol{r}, t) G(\boldsymbol{r}_0, \boldsymbol{r}, \Delta) \mathrm{d}\boldsymbol{r} \tag{12-20}$$

式中，$G(\boldsymbol{r}_0, \boldsymbol{r}, \Delta)$ 为滤波函数。常用的滤波函数有盒式滤波函数、傅里叶截断滤波函数及高斯滤波函数，不同滤波函数在一维状态的计算表达式如下：

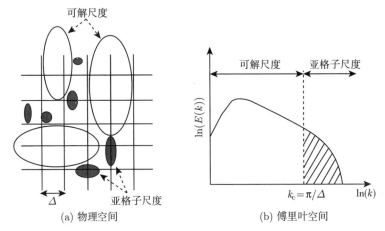

图 12-5　物理空间和傅里叶空间的滤波操作示意图

(1) 盒式滤波函数 (top-hat filter)

$$G = \begin{cases} 1/\Delta^3, & |(x_0)_i - x_i| \leqslant \Delta_i/2 \\ 0, & |(x_0)_i - x_i| > \Delta_i/2 \end{cases} \tag{12-21}$$

(2) 傅里叶截断滤波函数 (sharp Fourier cut-off filter)

$$G = \prod_{i=1}^{3} \frac{\sin\left(\dfrac{\pi}{\Delta_i}\left[(x_0)_i - x_i\right]\right)}{\pi\left[(x_0)_i - x_i\right]} \tag{12-22}$$

(3) 高斯滤波函数 (Gaussian filter)

$$G = \left(\frac{6}{\pi\Delta^2}\right)^{3/2} \exp\left(-\frac{6\left|\boldsymbol{r}_0 - \boldsymbol{r}\right|_2^2}{\Delta^2}\right) \tag{12-23}$$

式中，Δ_i 为 i 方向的过滤尺度，$\Delta = (\Delta_1\Delta_2\Delta_3)^{1/3}$。

12.2.2　亚格子模型

亚格子模型是大涡模拟方法的关键问题。目前，亚格子应力的计算模型主要基于 Boussinesq 的涡黏假设 ——"产生项等于耗散项" 推导得出。假定用各向同性滤波器过滤掉的小尺度脉动是局部平衡的，τ_{ij}^S 可以表达为偏应力以及法向应力部分：

$$\tau_{ij}^S = \left(\tau_{ij}^S - \frac{1}{3}\tau_{kk}^S\delta_{ij}\right) + \frac{1}{3}\tau_{kk}^S\delta_{ij} \tag{12-24}$$

式中, $\tau_{ij}^S - \dfrac{1}{3}\tau_{kk}^S\delta_{ij}$ 为偏应力部分; $\dfrac{1}{3}\tau_{kk}^S\delta_{ij}$ 为各向同性法向应力部分; δ_{ij} 为 Kronecker 函数。偏应力部分与可解尺度的应变率张量 $\bar{S}_{ij} = \dfrac{1}{2}\left(\dfrac{\partial \bar{u}_i}{\partial x_j} + \dfrac{\partial \bar{u}_j}{\partial x_i}\right)$ 成正比, 偏应力部分可以和亚格子动能 k_{SGS} 联系起来, 即

$$\tau_{ij}^S - \frac{1}{3}\tau_{kk}^S\delta_{ij} = -2\nu_{\mathrm{SGS}}\bar{S}_{ij} + \frac{2}{3}\nu_{\mathrm{SGS}}S_{ii}\delta_{ii} \tag{12-25}$$

$$\frac{1}{3}\tau_{kk}^S\delta_{ij} = \frac{2}{3}\left(\frac{1}{2}\tau_{kk}^S\right)\delta_{ij} = \frac{2}{3}k_{\mathrm{SGS}}\delta_{ij} \tag{12-26}$$

即

$$k_{\mathrm{SGS}} = \frac{1}{2}\tau_{kk}^S \tag{12-27}$$

亚格子应力可表示为

$$\tau_{ij}^S = -2\nu_{\mathrm{SGS}}\bar{S}_{ij} + \frac{2}{3}\nu_{\mathrm{SGS}}S_{ii}\delta_{ii} + \frac{2}{3}k_{\mathrm{SGS}}\delta_{ij} \tag{12-28}$$

最终, 不可压湍流亚格子应力的计算公式:

$$\tau_{ij}^S = -2\nu_{\mathrm{SGS}}\bar{S}_{ij} + \frac{2\delta_{ij}}{3}k_{\mathrm{SGS}} \tag{12-29}$$

亚格子模型的核心就是对 ν_{SGS} 和 k_{SGS} 进行封闭, 大多数亚格子雷诺应力模型都是用涡黏性来描述, 即把湍流脉动所造成的影响用一个湍流黏性系数来描述。常用模型有标准 Smagorinsky 模型、动态 Smagorinsky 模型、尺度相似和混合模型等。

1. Smagorinsky 模型

Smagorinsky 模型是 1963 年由 Smagorinsky [2] 在局部平衡和涡黏假设基础上提出, 其亚格子模型中涡黏系数的表达式为

$$\nu_{\mathrm{SGS}} = \left(C_{\mathrm{s}}\overline{\Delta}\right)^2\left|\bar{S}\right| \tag{12-30}$$

式中, $\left|\bar{S}\right| = \left(2\bar{S}_{ij}\bar{S}_{ij}\right)^{1/2}$; C_{s} 为 Smagorinsky 模型常量。

后续研究中对 C_{s} 的合理取值开展了大量研究工作。1966 年 Lilly 从 Kolmogorov 谱中得出了 Smagorinsky 模型中常数 $C_{\mathrm{s}}=0.18$。在实际计算中, C_{s} 的取值需要参照流动的状态, 例如在剪切流动中, $C_{\mathrm{s}} = 0.1$。1970 年, Deardorff [3,4] 采用 Smagorinsky 模型对三维槽道湍流计算时发现, 采用 Lilly 估算的 C_{s} 值会导致亚格子雷诺应力出现过大的黏性, 当 C_{s} 取为 0.1 时, 所得的计算结果与 Laufer 的实验结果吻合很好。Deardorff 将这种差异归结为主剪切存在的缘故, 而 Lilly 的分析中未考虑到主剪切的存在。Deardorff 还发现 C_{s} 取 0.21 更适用于模拟没有主剪切存在的非均匀流动。在衰减各向同性湍流的大涡模拟中, Kwak [5]、Shaanan [6] 和

Ferziger [7,8] 将计算得到的能量衰减率与 Comte-Bellot 和 Corrsin 的实验值进行匹配后，得出 C_s 的范围为 0.19～0.24。

在工程中，标准 Smagorinsky 模型中 C_s 为常量，这与真实的复杂湍流不符。此外，在壁面附近的黏性底层、在层流到湍流的转捩阶段，涡黏性系数都应该趋于零，但在标准的 Smagorinsky 模型里没有考虑这些问题。在近壁面处，C_s 应取更小的值以减小 SGS 应力扩散，Moin 和 Kim [9] 采用 $C_s = 0.1$ 的 Smagorinsky 模型模拟了自由剪切流和槽道流，并在壁面处的 C_s 计算添加 van Driest 黏滞函数，表达式如下：

$$\nu_{\mathrm{SGS}} = \left[C_s \Delta (1 - \mathrm{e}^{y^+/A^+}) \right]^2 |\bar{S}| \tag{12-31}$$

式中，y^+ 代表到壁面的最近距离；A^+ 是半经验常数。

Smagorinsky 模式和黏性流体运动的数值计算有很好的适应性。但实际计算过程中发现这种模式的主要缺点是：耗散过大，尤其是在近壁区和层流到湍流的过渡阶段。在近壁区湍流脉动等于零，亚格子应力也应当等于零。但是亚格子涡黏模式给出壁面亚格子应力等于有限值，这显然和物理实际不符。在层流到湍流过渡的初始阶段，湍动能耗散很小，但式中计算的湍动能耗散和充分发展湍流的耗散几乎一样，因此，Smagorinsky 模式不能用于湍流转捩的预测。

2. 尺度相似模型

尺度相似亚格子模型的主要思想是：从大尺度脉动到小尺度脉动的动量输运主要由大尺度脉动中的最小尺度脉动来产生，并且过滤后的最小尺度脉动速度和过滤掉的小尺度脉动速度相似，因此，通过二次过滤和相似性假定可以导出亚格子应力的表达式。

根据尺度相似理论，采用尺度 Δ 进行第一次滤波，小尺度脉动为 $u_i' = u_i - \overline{u_i}$，此时亚格子应力为 $\overline{u_i u_j} - \overline{u_i}\,\overline{u_j}$。在第一次滤波的基础上进行第二次滤波操作，第二次滤波的尺度 $\Delta_2 \geqslant \Delta$，由此可以得到第一次滤波后最小可解尺度的脉动为 $\overline{u_i'} = \overline{u_i} - \overline{\overline{u_i}}$，根据尺度相似假定：

$$u_i' \sim \overline{u_i'} = \overline{u_i} - \overline{\overline{u_i}} \tag{12-32}$$

雷诺应力简化为

$$R_{ij} = \overline{u_i' u_j'} \sim \overline{u_i'}\,\overline{u_j'} = \left(\overline{u_i} - \overline{\overline{u_i}} \right) \left(\overline{u_j} - \overline{\overline{u_j}} \right) \tag{12-33}$$

交叉应力可以简化为

$$C_{ij} = \overline{\overline{u_i} u_j'} + \overline{u_i' \overline{u_j}} = \overline{\overline{u_i} u_j'} + \overline{\overline{u_j} u_i'} \sim \left(\overline{u_j} - \overline{\overline{u_j}} \right) \overline{u_i} + \left(\overline{u_i} - \overline{\overline{u_i}} \right) \overline{u_j} \tag{12-34}$$

Leonard 应力简化为

$$L_{ij} = \overline{\overline{u_i}\,\overline{u_j}} - \overline{u_i}\,\overline{u_j} \tag{12-35}$$

经过代数运算, 可得亚格子应力:

$$\tau_{ij}^S = \overline{\overline{u_i u_j}} - \overline{\dot{u}_i \overline{u_j}} \sim \overline{\overline{u_i u_j}} - \overline{\overline{u_i} \,\overline{u_j}} \tag{12-36}$$

带有上标 "=" 的量都是可分辨的大尺度脉动量的二次过滤, 所以是封闭量。由式 (12-36) 可以得出, 经过对可解尺度及其流动通量进行二次过滤之后, 得到的亚格子应力关系不含有涡黏系数, 且无须假定亚格子应力与应变率的线性关系。尺度相似模型的应力与直接数值模拟的结果相关性很好, 通过实验测定的相似系数 $C \approx 1$。但是在实际应用中, 由于尺度相似模型的耗散主要来自于最大的可解尺度, 在最小可解尺度上的耗散性严重不足, 计算容易发散, 即使能够得到计算结果, 也和精确的数值结果相差较远。为了弥补尺度相似模型耗散的不足, Vreman 利用 Smagorinsky 模型耗散大的特点, 将其引入尺度相似的模型, 提出一种混合模型。

$$\tau_{ij}^S = -2\nu_{\text{SGS}}\bar{S}_{ij} + \overline{\overline{u_i}\,\overline{u_j}} - \overline{\overline{u_i}\,\overline{u_j}} \tag{12-37}$$

式中, ν_{SGS} 为亚格子涡黏模型系数, 可以采用前文的 Smagorinsky 模型, 也可以采用 Germano 动力模型来计算。实际应用表明, 这种模式既有和实际亚格子应力的良好相关性, 又有足够的湍动能耗散。

3. 动态 Smagorinsky 模型

动态模型由 Germano[10] 于 1991 年提出, 动态模型依赖于一种基本的亚格子尺度模型, 例如 Smagorinsky 模型。在 Smagorinsky 模型中 C_s 受流动状态、网格分辨率和滤波宽度等因素影响, 而实际流动中 C_s 并非一个常量, 考虑到这一问题对流场中的 C_s 求解方法进行修正, 通过在模拟过程中动态计算 C_s 结果取代原来的常量值, 这类模型就属于动态亚格子模型。

以 Smagorinsky 模型为例, 动态 Smagorinsky 亚格子模型在常系数 Smagorinsky 模型的基础上, 将涡黏系数常量 C_s 转变为随时间空间变化的函数 $C_d(r, t)$, 动态亚格子模型的涡黏系数表达式为

$$\nu_{\text{T}} = C_d(r, t)\,\Delta^2\,|S| \tag{12-38}$$

动态涡黏系数 $C_d(r, t)$ 根据湍流最小尺度的含能量计算, 对流场进行二次过滤 (又称 test 过滤), test 过滤尺度 $\hat{\Delta}$ 比计算网格大, 通常 $\hat{\Delta} = 2\Delta$。二次滤波后的方程会产生 test 滤波应力项 τ_{ij}^{ST}:

$$\tau_{ij}^{ST} = \widehat{\overline{u_i u_j}} - \hat{\bar{u}}_i\hat{\bar{u}}_j \tag{12-39}$$

test 滤波应力项 τ_{ij}^{ST} 与 SGS 亚格子应力 τ_{ij}^S 满足 Germano 提出的恒等式:

$$\hat{L}_{ij} = \tau_{ij}^{ST} - \hat{\tau}_{ij}^S = \widehat{\overline{u_i}\,\overline{u_j}} - \hat{\bar{u}}_i\hat{\bar{u}}_j \tag{12-40}$$

式中, $\widehat{L}_{ij}$ 为 test 滤波后的 Leonard 应力项, 代表尺度在过滤尺度 Δ 和 test 滤波尺度 $\widehat{\Delta}$ 之间的涡结构的雷诺应力。参照涡黏模型的表达式, $\widehat{L}_{ij}$ 可以表达为

$$\widehat{L}_{ij} - \frac{\delta_{ij}}{3} L_{kk} = -2C_{\mathrm{d}} M_{ij} \tag{12-41}$$

$$M_{ij} = \widehat{\Delta}^2 \left|\widehat{S}\right| \widehat{S}_{ij} - \left[\widehat{\Delta}^2 \left|\widehat{S}\right| \widehat{S}_{ij}\right]^{\wedge} \tag{12-42}$$

式中, "[ ]^" 表示括号内参数整体进行 test 滤波。可运用最小二乘法得到 $C_{\mathrm{d}}\,(\boldsymbol{r},t)$ 的完整表达式:

$$C_{\mathrm{d}}\,(\boldsymbol{r},t) = -\frac{1}{2} \frac{L_{ij} M_{ij}}{M_{mn} M_{mn}} \tag{12-43}$$

动态 Smagorinsky 模型克服了常系数 Smagorinsky 的一些缺陷, 在壁面附近模型系数无须修正, 但是模型系数在一些区域可为负, 没有把能量逆向传递过程排除。折中措施是动态模型在计算 $C_{\mathrm{d}}\,(\boldsymbol{r},t)$ 时进行平均操作, 因此限制了该模型只能用到至少在一个方向上是均匀的简单几何形状的流体中。平均也可以沿流线进行, 这需要求解另外的附加输运方程, 计算量比 Smagorinsky 模型大得多。

$$C_{\mathrm{d}}\,(\boldsymbol{r},t) = -\frac{1}{2} \frac{\langle L_{ij} M_{ij}\rangle}{\langle M_{mn} M_{mn}\rangle} \tag{12-44}$$

4. 动态 k 方程亚格子模型

动态 k 方程亚格子模型中对亚格子湍动能 k_{SGS} 的输运方程进行求解, 完成对亚格子应力的计算。亚格子湍动能和亚格子应力之间的关系为

$$\tau_{ij}^S = -2\nu_{\mathrm{SGS}} \overline{S_{ij}} \tag{12-45}$$

$$k_{\mathrm{SGS}} = \frac{1}{2} \sum_i \tau_{ii} \tag{12-46}$$

$$\nu_{\mathrm{SGS}} = C_{\mathrm{k}} k_{\mathrm{SGS}}^{1/2} \Delta \tag{12-47}$$

亚格子湍动能输运方程则表达为

$$\frac{\partial k_{\mathrm{SGS}}}{\partial t} + \nabla \cdot (k_{\mathrm{SGS}} \overline{u_i}) = \prod_{k_{\mathrm{SGS}}} + \nabla \cdot \left[(\nu + C \cdot k_{\mathrm{SGS}}^{1/2} \Delta)\nabla K_{\mathrm{SGS}}\right] - C_* k_{\mathrm{SGS}}^{3/2}/\Delta \tag{12-48}$$

方程的右端第一项代表亚格子湍动能的耗散, 求解公式如下:

$$\prod_{k_{\mathrm{SGS}}} = 2C\Delta k_{\mathrm{SGS}}^{1/2} \overline{S_{ij}}\,\overline{S_{ij}} \tag{12-49}$$

输运方程中, 动态参数 C 以及耗散系数 C_* 的计算公式如下:

$$C = \frac{L_{ij}\sigma_{ij}}{2\sigma_{ij}\sigma_{ij}}, \quad \sigma_{ij} = -\widehat{\Delta} k_{\mathrm{test}}^{1/2} \widehat{\overline{S_{ij}}}, \quad k_{\mathrm{test}} = \frac{1}{2} L_{ij} \tag{12-50}$$

$$C_* = \frac{\hat{\Delta}}{k_{\text{test}}^{3/2}} (\nu + \nu_{\text{SGS}}) \left(\widehat{\frac{\partial \overline{u_i}}{\partial x_j} \frac{\partial \overline{u_i}}{\partial x_j}} - \frac{\partial \widehat{\overline{u_i}}}{\partial x_j} \frac{\partial \widehat{\overline{u_i}}}{\partial x_j} \right) \tag{12-51}$$

5. 谱空间涡黏模型

谱空间涡黏模式基于均匀湍流场中的脉动动量输运公式, 假定截断波数 k_c 在各向同性湍流的惯性子区内, 可以得到 $\nu_{\text{SGS}}(k, k_c)$ 的表达式如下:

$$\nu_{\text{SGS}}(k, k_c) = 0.441 C_K^{-3/2} \left[\frac{E(k_c)}{k_c} \right]^{1/2} \nu_{\text{SGS}}^* \left(\frac{k}{k_c} \right) \tag{12-52}$$

将 Komolgrov 常数 $C_K = 1.5$ 代入得到

$$\nu_{\text{SGS}}(k, k_c) = 0.267 \left[\frac{E(k_c)}{k_c} \right]^{1/2} \nu_{\text{SGS}}^* \left(\frac{k}{k_c} \right) \tag{12-53}$$

式中, $\nu_{\text{SGS}}^* \left(\dfrac{k}{k_c} \right)$ 是无量纲系数, 在 $k \to k_c$ 时, $\nu_{\text{SGS}}^* \left(\dfrac{k}{k_c} \right)$ 急剧地增加 (称为尖峭现象), 在自变量 $k < k_c$ 的绝大部分范围内, $\nu_{\text{SGS}}^* \left(\dfrac{k}{k_c} \right) \to 1$。由于 $k \to k_c$ 时, 湍动能急剧下降, 在实际算例中发现, 采用常数谱涡黏系数的计算结果和考虑尖峭现象的结果几乎相同, 常用的近似谱涡黏公式为

$$\nu_{\text{SGS}}(k, k_c) = 0.267 \left[\frac{E(k_c)}{k_c} \right]^{1/2} \tag{12-54}$$

谱涡黏模式有较好的理论基础, 但谱方法 (或伪谱方法) 只能用于均匀湍流, 谱涡黏模型也只能用于均匀湍流。如果可以将涡黏模式的构建方法推广到物理空间, 那么物理空间的亚格子模型将有较好的物理基础。

12.2.3 大涡模拟的湍流入流条件

脉动入流条件是大涡模拟计算的必需边界条件之一, 在入口边界需给定大尺度脉动速度、压力等时空变化序列的离散形式。入流边界条件在时间及空间上均应随机变化, 应接近所需的真实物理湍流, 并且与流体控制方程相容。同时, 脉动入流条件还应具有易于制定湍流特性 (湍流强度、积分尺度等) 和易于实现等特性。对于风力机相关的风场入流, 其雷诺数高、湍流度高、速度符合一定的频谱特性, 且时空相关性强、流动特征受地表形态影响显著, 因此在数值计算中, 入流条件需满足这一非稳态特性。脉动入流的特点及其实现技术难点逐渐引起关注, 并形成了研究的一个重要分支。现有的脉动入流条件的生成方法总体可以分为两类: 预前模拟方法和序列合成方法。

1. 预前模拟方法

1998 年, Lund [11] 首次提出了预前模拟法的概念, 基本思想是: 在进行主模拟之前, 建立另外一个单独的计算域并进行一段时间的湍流 "预" 模拟, 见图 12-6; 在 "预" 计算过程中, 将垂直于流向的某平面 (图中的 P 平面) 的瞬时速度场、压力场等变量按时间序列存储生成 "数据库"; 在进行主模拟时, 将 "数据库" 中 P 平面的瞬时速度、压力等流场参数按时间序列映射到主模拟入口 I 平面上, 从而在主计算中完成脉动湍流输入。

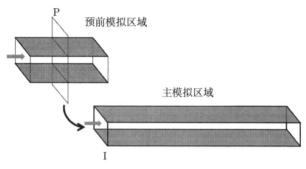

图 12-6　预前模拟方法示意图

预前模拟方法的优点是: 入口平面的流场数据来源于真实的湍流模拟, 湍流脉动发展具备时空特性, 且满足 Navier-Stokes 方程以及能量频谱特性。采用存储的 "数据库" 作为主计算的输入, 可以快速得到与预前模拟流场中相似的湍流旋涡结构。预前模拟方法存在一定的局限性: 首先预前模拟中 "数据库" 的建立局限于形状简单的平面, 当主模拟入流边界形状较复杂时, 数据映射的过程较难实现; 其次, 主模拟需要足够长时间的脉动输入才能发展得到准确的统计信息及湍流流场演化过程, 这意味着预前模拟生成 "数据库" 的时间需足够长, 导致存储相当巨大; 除此之外, 对于每种不同的流动预前模拟方法都需要建立相应的 "数据库", 计算周期较长, 通用性差。

2. 序列合成方法

序列合成法指人工合成满足指定特性 (例如谱特性、湍流强度、湍流积分尺度等) 的时间序列, 并将其作用在计算域入口的节点上, 从而产生湍流脉动流场。相较于被动生成脉动风场的预前模拟方法, 序列合成方法则是一种主动生成入口脉动条件的方法。序列合成类方法的优点是在脉动风速场生成过程中已设定其满足连续性方程, 无须在大涡模拟计算之前生成并保存数据, 并能很好地适用于并行计算。常用的序列合成法包括谱合成法、POD 重构法及涡量扰动等方法。

以涡量扰动法为例，其基本原理是在入口平均风速上添加一个随机的二维旋涡场作为脉动分量，各点对应的脉动分量和平均风速之和构成各点的瞬时风速，考虑了入流面空间点的相关性。该方法生成随机脉动的速度比较快，消耗资源较少，涡扰动法入流边界只需要经过较短距离的发展即可形成真实的湍流。

涡扰动法遵循二维拉格朗日旋涡方程

$$\frac{\partial \omega}{\partial t} + (\boldsymbol{v} \cdot \nabla)\omega = \nu \nabla^2 \omega \tag{12-55}$$

式中，ν 为运动黏性系数，该方程在入流边界进行离散求解。假设入流方向为 $(0,0,1)$，在入流边界点 $\bar{x} = (x,y)$ 处的涡量大小由所有旋涡点的诱导叠加而得。假设入流边界上共有 N 个旋涡点，则 $\bar{x}$ 处的涡量计算表达式为

$$\omega_i(\boldsymbol{x},t) = \sum_{i=1}^{N} \Gamma_i(t)\eta(|\boldsymbol{x} - \boldsymbol{x}_i|, t) \tag{12-56}$$

式中，Γ_i 代表速度脉动强度，可表达为与当地湍流动能相关的函数：

$$\Gamma_i(\boldsymbol{x}_i) \approx 4\sqrt{\frac{\pi S k(\boldsymbol{x}_i)}{3N[2\ln(3) - 3\ln(2)]}} \tag{12-57}$$

η 代表涡的空间分布，表达式为

$$\eta(\boldsymbol{x}) = \frac{1}{2\pi\sigma^2}\left(2c^{-\frac{|\boldsymbol{x}|^2}{2\sigma^2}} - 1\right)2c^{-\frac{|\boldsymbol{x}|^2}{2\sigma^2}} \tag{12-58}$$

涡的尺寸大小受局部网格尺寸 Δ 限制，以确保生成的旋涡的尺寸处于大涡模拟方法的可解尺度。上式中 σ 可以为常量，也可以通过湍流长度尺度计算：

$$\sigma = \frac{C_\mu^{3/4} k^{3/2}}{\varepsilon} \tag{12-59}$$

入流边界上的切向速度可以通过毕奥–萨伐尔定律求解：

$$u(\boldsymbol{x}) = \frac{1}{2\pi}\sum_{i=1}^{N} \Gamma_i \frac{(\boldsymbol{x}_i - \boldsymbol{x}) \times \boldsymbol{n}_z}{|\boldsymbol{x}_i - \boldsymbol{x}|^2}\left(1 - e^{\frac{|\boldsymbol{x}_i - \boldsymbol{x}|^2}{2\sigma^2}}\right)e^{\frac{|\boldsymbol{x}_i - \boldsymbol{x}|^2}{2\sigma^2}} \tag{12-60}$$

图 12-7 给出了基于涡量扰动方法的湍流入流边界的实现步骤，图 12-8 中给出了基于涡扰动法的湍流入流边界生成效果示意图。

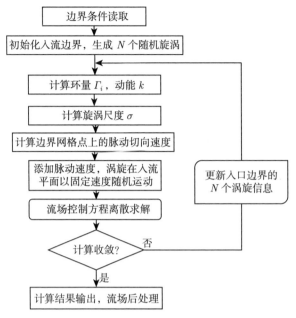

图 12-7　涡扰动法湍流入流生成示意图

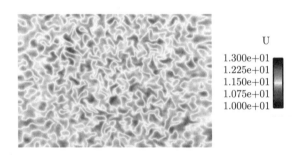

图 12-8　涡扰动法湍流入流生成的边界速度大小示意图

12.3　脱体涡模拟方法

亚格子模型在壁面边界的处理是大涡模拟的一个关键问题。对于高雷诺数的复杂湍流，壁面附近的湍流尺度很小，若要准确模拟，则壁面附近的网格尺度无异于 DNS，这与 LES 方法的核心思想即网格尺度只由大尺度的流动决定相悖。在此条件下，学者们针对大涡模拟壁面边界的解决办法进行了各种探索，从而催生出了一类混合模型。

脱体涡模拟方法 (detached eddy simulation, DES) 最早由 Spalart [12] 在 1997 年基于 S-A 湍流提出，它结合了传统 RANS 方法和 LES 方法各自的优点。DES 模

型的主要思想是：在湍流附面层内采用雷诺平均 N-S 方程模拟附面层内的湍流流动，在其他区域采用 Smagorinsky 大涡模拟。目前，DES 模型逐步成熟，并在计算流体力学中得到广泛运用。

12.3.1　基于 Spalart-Allmaras 的 DES 模型

S-A 湍流模型中，当物面衰减项与湍流生成项达到平衡，即

$$C_{\mathrm{b1}}\Omega\nu = C_{\mathrm{w1}}f_{\mathrm{w}}\left(\frac{\nu}{d}\right)^2 \tag{12-61}$$

此时的涡黏性与 Ωd^2 成比例关系：

$$\nu \propto \Omega d^2 \tag{12-62}$$

式中，d 为与物面之间的距离。在 Smagorinsky 大涡模拟方法中，其亚格子尺度湍流黏性随当地旋转率 Ω 和网格尺度 Δ 的变化关系为

$$\nu_{\mathrm{SGS}} \propto \Omega\Delta^2, \quad \Delta = \max(\Delta x, \Delta y, \Delta z) \tag{12-63}$$

通过式 (12-61)、式 (12-62) 和式 (12-63) 的对比可知：如果把式 (12-62) 中的 d 换为 Δ，则 S-A 模型就充当了 Smagorinsky 大涡模拟。因此，基于 S-A 湍流模型的 DES 模型将 S-A 模型中的 d 替换为

$$\tilde{d} = \min\left(d, C_{\mathrm{DES}}\Delta\right), \quad C_{\mathrm{DES}} = 0.65 \tag{12-64}$$

当 $d \ll \Delta$ 时，DES 模型充当 S-A 湍流模型；$d \gg \Delta$ 时，DES 模型就充当了 Smagorinsky 大涡模拟。

12.3.2　基于 SST k-ω 的 DES 模型

Strelets 将 DES 方法引入 Menter-SST 两方程湍流模型中。下面介绍基于 SST k-ω 模型的 DES 方法。

首先，SST 模型的长度尺度 $l_{k\text{-}\omega}$ 及 DES 模型中的长度尺度 $\tilde{l}$ 的定义如下：

$$l_{k\text{-}\omega} = k^{1/2}/(\beta^*\omega) \tag{12-65}$$

$$\tilde{l} = \min(l_{k\text{-}\omega}, C_{\mathrm{DES}}\Delta) \tag{12-66}$$

式中，$\Delta = \max(\Delta x, \Delta y, \Delta z)$，代表网格单元在每个方向上的最大网格步长，参数 C_{DES} 通常情况下取值为 0.61。SST k-ω 湍流模型向 SST-DES 转化只需要修改 k 方程中的耗散项。k 方程中的耗散项原始表达式如下：

$$D_{\mathrm{RANS}}^{k} = \beta^* k\omega = k^{3/2}/l_{k\text{-}\omega} \tag{12-67}$$

SST-DES 转换只需用 $\tilde{l}$ 替换 $l_{k\text{-}\omega}$, 可得

$$D_{\text{DES}}^k = \beta^* k\omega \cdot F_{\text{DES}} = k^{3/2}/\tilde{l} \tag{12-68}$$

$$F_{\text{DES}} = \max\left(\frac{l_{k\text{-}\omega}}{C_{\text{DES}}\Delta}, 1\right) \tag{12-69}$$

Strelets 基于 Menter 的 SST 模型对 C_{DES} 提出了校准, 采用了 Menter-SST 模型中采用的混合参数, 其表达式如下:

$$C_{\text{DES}} = (1 - F_1)C_{\text{DES}}^{k\text{-}\varepsilon} + F_1 C_{\text{DES}}^{k\text{-}\omega} \tag{12-70}$$

式中, F_1 定义见前文 SST k-ω 湍流模型。需要说明的是, 对于 DES 计算, 式 (12-70) 中 k-ε 部分为主要部分, 可采用 $C_{\text{DES}}^{k\text{-}\varepsilon} = 0.61$, $C_{\text{DES}}^{k\text{-}\omega} = 0.78$ 作为校准参数。

在后续研究中, Menter 对 DES 做出了进一步修正:

$$D_{\text{DES}}^k = \beta^* k\omega \cdot F_{\text{DES-CFX}} \tag{12-71}$$

$$F_{\text{DES-CFX}} = \max\left(\frac{l_{k\text{-}\omega}}{C_{\text{DES}}\Delta}(1 - F_{\text{SST}}), 1\right), \quad F_{\text{SST}} = 0, F_1, F_2 \tag{12-72}$$

式中, F_1 和 F_2 为 M-SST 湍流模型中的混合函数。当 $F_{\text{SST}} = 0$ 时, 式 (12-72) 恢复为式 (12-69); 当 $F_{\text{SST}} = F_2$ 时, 能有效避免边界层内网格诱导分离问题。

另一方面, Spalart 提出了延迟分离涡模拟 (delayed detached-eddy simulation, DDES) 模型, 引入长度尺度的混合函数避免 GIS 问题:

$$l_{\text{DDES}} = d_{\text{w}} - f_{\text{d}} \max(0, d_{\text{w}} - C_{\text{DES}}\Delta) \tag{12-73}$$

式中, d_{w} 为离最近壁面的距离, C_{DES} 采用校准公式 (12-70), 混合函数 f_{d} 的计算公式如下:

$$f_{\text{d}} = 1 - \tanh(8r_{\text{d}}^3) \tag{12-74}$$

$$r_{\text{d}} = \frac{\nu_{\text{t}} + \nu}{\max[\sqrt{U_{ij}U_{ij}}, 10^{-10}]\kappa^2 d_{\text{w}}^2} \tag{12-75}$$

式中, $\kappa = 0.41$, 为卡门常数。f_{d} 的作用是判断计算单元是否在边界层内, $f_{\text{d}} = 0$, 代表在边界层内, $f_{\text{d}} = 1$, 则表示在边界层的边缘。

DES 方法以其在处理高雷诺数大分离湍流流动问题时所体现出的高效性与准确性在工程实际流动问题中得到了越来越广泛的应用。

12.4 风力机气动特性和尾流数值模拟实例

在大型风电场中常布置多台风力机,上游风力机的尾流中存在速度亏损,造成处在尾流中的下游风力机的风能输出功率和风能转化效率的明显降低。上游风力机产生的叶尖涡和多尺度的涡结构会造成尾流湍流强度的增加,使得下游风力机的动态气动载荷明显增加,疲劳载荷的产生会缩短下游风力机的运行寿命。风力机尾流以及尾流干扰现象的研究对风电场布局的优化设计具有重要意义。

本节以致动线耦合大涡模拟方法 (简称 ALM-LES 方法) 为主要技术手段,选取挪威科技大学 (Norwegian University of Science and Technology, NTNU) 风力机尾流干扰系列风洞实验为参考对象,分别针对单台风力机以及不同布局方式条件下两台风力机之间的尾流干扰特性给出了数值模拟算例。

12.4.1 基于 DES 的风力机非定常载荷模拟

以欧盟 MexNext 风洞试验项目 MEXICO 风力机模型为对象,采用 DES 方法对其偏航状态的非定常气动特性开展数值模拟,并与 RANS 方法的结果进行比较。计算网格包含全部叶片,通过滑移网格技术实现对叶片旋转运动的模拟。数值模拟计算域的外边界为正六面体,分为远场的静止坐标系区域和随叶片刚性旋转区域。网格为纯六面体网格,叶片附近采用 O 型网格拓扑结构,并进行局部加密。叶片表面的网格及叶根叶尖处网格细节如图 12-9 所示。

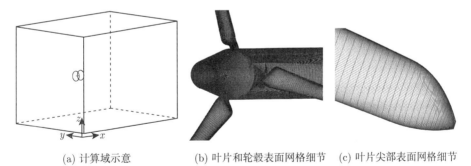

(a) 计算域示意   (b) 叶片和轮毂表面网格细节   (c) 叶片尖部表面网格细节

图 12-9 偏航状态风力机流场计算网格

计算风速为 15m/s,偏航角为 30°,桨距角 −2.3°,转速为 425.1r/min。风力机偏航流场的求解对流项离散采用三阶 MUSCL 格式,时间推进采用二阶 Crank-Nicolson 格式。流场入口采用速度入口边界,给定速度的值为远场来流速度。出口采用压力出口边界。叶片表面为无滑移壁面边界,滑移界面采用 cyclicAMI 条件。数值计算的时间步长为 $\Delta t = 0.0004\text{s}$,即旋转一周需要 360 步,数值计算结果取 20~25 圈的结果在各个方位角进行平均处理。DES 湍流求解采用了 Menter

SST-DES 模型，用于对比的 RANS 湍流求解采用了 SST k-ω 模型。

图 12-10 和图 12-11 分别给出了风速 15 m/s、尖速比 $\lambda = 6.68$、偏航角为 30° 的状态下，叶片展向五个不同截面 25%R、35%R、60%R、82%R 和 92%R 的法

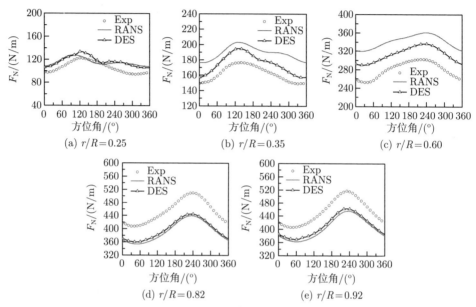

图 12-10　偏航角 30°，$U_\infty = 15\text{m/s}$，$\lambda = 6.68$，五个典型截面法向力结果对比

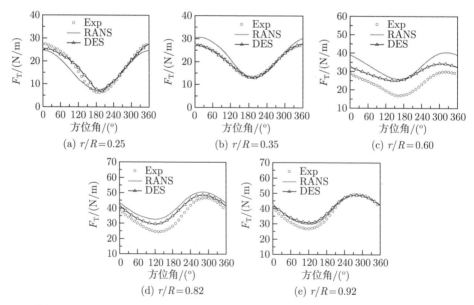

图 12-11　偏航角 30°，$U_\infty = 15\text{m/s}$，$\lambda = 6.68$，五个典型截面切向力结果对比

向力和切向力随方位角变化的 DES 模拟结果，并给出了与 RANS 模拟结果和实验数据的对比。由图可见，DES 模拟相比 RANS 模拟显著改善了风力机非定常载荷的计算准确性。这主要是得益于 DES 模拟能够更好地模拟叶片上的非定常分离流和尾流中的湍流流动。

12.4.2 基于 LES 的风力机尾流及尾流干扰模拟

1. 计算网格和参数

尾流计算研究模型为挪威科技大学风洞尾流干扰实验中的三叶片水平轴风力机模型。上游风力机直径 $D_1 = 0.994$m，下游风力机直径 $D_2 = 0.894$m。两台风力机的叶片相同，均由 14% 厚度的 NREL S826 翼型构成。风力机的设计尖速比均为 6，设计风速为 10m/s，设计转速约为 1200r/min。后文中采用 T_1 代表上游风力机，T_2 代表下游风力机。尾流的数值计算均采用笛卡儿网格，计算域设置依照风洞测试段尺寸，长宽高分别为 11.15m×2.7m×1.8m。

单台风力机尾流计算示意图见图 12-12。数值模拟采用笛卡儿网格，并在风轮附近区域进行加密处理，见图 12-13，网格单元总数约为 2.2×10^7。

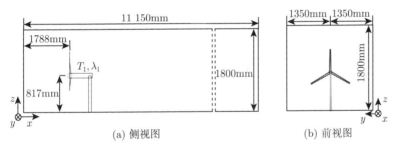

图 12-12 单台风力机流场计算域示意图

图 12-13 单台风力机尾流数值计算笛卡儿网格示意图

风力机尾流干扰的数值模拟中，分别考虑了全尾流和偏尾流两种不同的布局方式。在全尾流布局方式风力机尾流干扰的数值计算中，上游风力机距入流边界 $2D_2$，风力机之间流向距离固定为 $3D$，$D = D_2 = 0.894$m。偏尾流布局方式下，两台风力机流向间距保持不变，横向间距为 0.4m，约为风轮直径的一半。图 12-14 中分别展示了不同布局状态尾流干扰数值研究的计算示意图，图中 x 方向为来流方向，z 为风轮高度方向，y 为风力机宽度方向。尾流干扰数值模拟同样采用笛卡儿网格，在风轮平面以及尾流干扰区域进行局部加密处理，网格总数为 2.5×10^7。

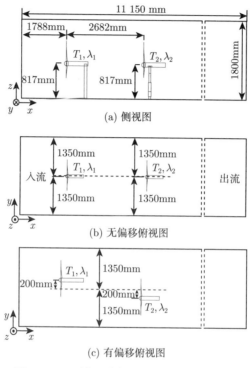

图 12-14　两台风力机尾流干扰计算示意图

数值模拟采用致动线耦合大涡模拟方法。致动线方法中风力机叶片控制点数为 30，叶片截面的升阻力特性采用雷诺数 10^5 的 S826 翼型的风洞实验数据。塔架气动力的计算采用等效圆柱方法，塔架截面的气动特性参考雷诺数为 10^5 的圆柱气动特性。数值计算对流项离散采用三阶 MUSCL 格式，时间推进采用二阶 Crank-Nicolson 格式，压力修正采用 PISO 算法，计算时间步长 $\Delta t = 10^{-4}\text{s}$，湍流求解采用动态 Smagorinsky 亚格子模型。

2. 数值模拟结果

1) 单台风力机尾流数值模拟

本节给出了单台风力机气动性能和尾流特性数值计算结果和风洞试验结果的对比验证分析。数值计算中入口速度为 10m/s 的均匀来流，湍流强度为 0.23%。图 12-15 给出了单台风力机的功率系数和推力系数计算结果和风洞实验结果的对比，计算结果与实验结果较为吻合。

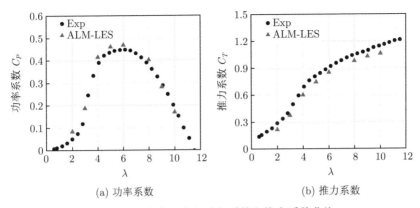

(a) 功率系数   (b) 推力系数

图 12-15   单台风力机功率系数和推力系数曲线

图 12-16 分别为 $\lambda=6$ 设计尖速比状态，风力机尾流中不同位置处的无量纲流向速度和湍动能分布。

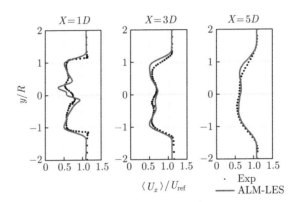

图 12-16 $\lambda=6$ 时，尾流 $X/D=1,3,5$ 位置处的无量纲轴向平均速度分布

图 12-17 中给出了不同尖速比条件下风力机尾流中的涡系结构，ALM-LES 方法计算结果清晰地描述了尾流膨胀现象以及叶尖涡和塔架涡系及其发展演变过程。

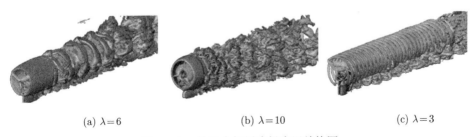

(a) $\lambda=6$ (b) $\lambda=10$ (c) $\lambda=3$

图 12-17   单风力机尾流场中涡结构图

2) 串列风力机尾流干扰数值模拟

图 12-18 给出了串列全尾流条件下风力机气动特性和尾流特征。在串列全尾流状态下，受到上游风力机尾流中速度亏损的影响，下游风力机的最佳功率系数约为上游风力机的 1/4。

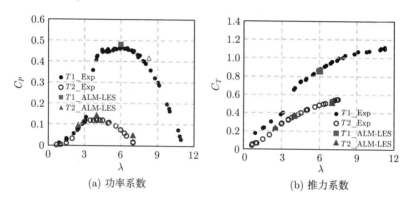

(a) 功率系数　　　　　　　　　　　(b) 推力系数

图 12-18　上下游风力机功率系数和推力系数曲线

图 12-19 中分别给出了 $\lambda_1 = 6, \lambda_2 = 4$ 条件下流场三维涡结构图及二维垂直对称截面内的涡量分布图。图中分别给出了四种亚格子模型：Smagorinsky 模型、动态 k 方程模型、动态混合 Smagorinsky 模型、动态 Smagorinsky 模型的计算结果。可以看出：四种亚格子模型的数值模拟结果均清晰地描述上游风力机产生的叶尖涡叶根涡及塔架后脱落涡结构。

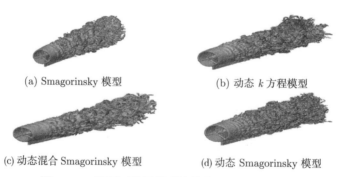

(a) Smagorinsky 模型　　　　　　　(b) 动态 k 方程模型

(c) 动态混合 Smagorinsky 模型　　　(d) 动态 Smagorinsky 模型

图 12-19　不同亚格子模型计算结果涡量等值面图

3) 错列风力机尾流干扰数值模拟

图 12-20 中给出了在错列偏尾流布局下两台风力机的功率系数和推力系数。相较于全尾流状态，下游风力机的功率系数呈现明显提升，在叶尖速比 5.5 左右达到最佳输出功率约为上游最佳输出功率的 62% 左右。

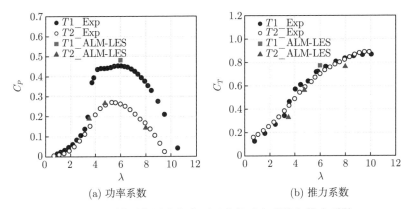

(a) 功率系数 (b) 推力系数

图 12-20　错列偏尾流状态两风力机功率系数和推力系数

　　图 12-21 给出了两风力机轴向之间存在偏移时的尾流水平面内涡量分布。图 12-22 中则展示了错列偏尾流状态的风力机尾流涡量等值面。从这两张图上可以观察到 ALM-LES 数值模拟结果精确地描述了错列偏尾流状态流场中的涡系发展规律。

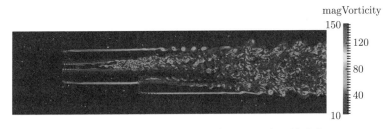

图 12-21　轴向有偏移两风力机水平面内涡量分布

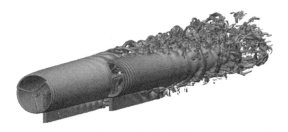

图 12-22　偏尾流状态，两台风力机尾流涡量等值面图

参 考 文 献

[1] Kolmogorov A N. The local structure of turbulence in incompressible viscous fluid for very large Reynolds numbers[C]. Proceedings of the Dokl Akad Nauk SSSR, F, 1941.

[2] Smagorinsky J. General circulation experiments with the primitive equations: I. The basic experiment[J]. Monthly Weather Review, 1963, 91(3): 99-164.

[3] Deardorff J W. A numerical study of three-dimensional turbulent channel flow at large Reynolds numbers[J]. Journal of Fluid Mechanics, 1970, 41(2): 453-480.

[4] Deardorff J W. Preliminary results from numerical integrations of the unstable planetary boundary layer[J]. Journal of the Atmospheric Sciences, 1970, 27(8): 1209-1211.

[5] Kwak D, Reynolds W, Ferziger J. Large eddy simulation of strained turbulence [R]. Technical Report TF-5, Department of Mechanical Engineering, Stanford University, California, 1975.

[6] Shaanan S, Ferziger J H, Reynolds W C. Numerical simulation of turbulence in the presence of shear[R]. Technical Report TF-6, Department of Mechanical Engineering, Stanford University, California, 1975.

[7] Ferziger J, Mehta U, Reynolds W. Large eddy simulation of homogeneous isotropic turbulence[C]. Proceedings of the Symposium on Turbulent Shear Flows, 1977.

[8] Ferziger J H. Large eddy numerical simulations of turbulent flows[J]. AIAA Journal, 1977, 15(9): 1261-1267.

[9] Moin P, Kim J. Numerical investigation of turbulent channel flow[J]. Journal of Fluid Mechanics, 1982, 118: 341-377.

[10] Germano M, Piomelli U, Moin P, et al. A dynamic subgrid—scale eddy viscosity model[J]. Physics of Fluids A: Fluid Dynamics, 1991, 3(7): 1760-1765.

[11] Lund T S, Wu X, Squires K D. Generation of turbulent inflow data for spatially-developing boundary layer simulations[J]. Journal of Computational Physics, 1998, 140(2): 233-258.

[12] Spalart P R. Comments on the feasibility of LES for wings, and on a hybrid RANS/LES approach[C]// Proceedings of First AFOSR International Conference on DNS/LES, Greyden Press, 1997.

索　引